零起点
看图学

LINGQIDIAN KANTUXUE

万用表检测电子元器件

WANYONGBIAO JIANCE
DIANZI YUANQIJIAN

杨宗强　辜竹筠　编

化学工业出版社

·北京·

图书在版编目(CIP)数据

万用表检测电子元器件/杨宗强，辜竹筠编．—北京：化学工业出版社，2010.6（2022.6重印）
零起点　看图学
ISBN 978-7-122-08243-5

Ⅰ.万…　Ⅱ.①杨…②辜…　Ⅲ.①复用电表-检测-电子元件②复用电表-检测-电子器件　Ⅳ.TN606

中国版本图书馆CIP数据核字（2010）第068887号

责任编辑：宋　辉　　　　装帧设计：王晓宇
责任校对：洪雅姝

出版发行：化学工业出版社（北京市东城区青年湖南街13号　邮政编码100011）
印　　装：三河市延风印装有限公司
880mm×1230mm　1/32　印张7½　字数182千字
2022年6月北京第1版第21次印刷

购书咨询：010-64518888
售后服务：010-64518899
网　　址：http://www.cip.com.cn
凡购买本书，如有缺损质量问题，本社销售中心负责调换。

定　　价：29.80元

前言

FOREWORD

万用表是从事电气安装、调试和维修时常用的一种测量仪表。为了适应有意从事电气工作的初学者的学习特点和要求，帮助初学者较快地掌握万用表的使用方法和测量技巧，编者结合多年电气工作和培训工作的经验编写了本书。

本书内容结合生产实际，取材于实践经验，采用图片与文字相结合的方式，介绍万用表的各种常用功能和使用技巧。从实用角度着重介绍了使用万用表检测常用电子元件、电力电子器件等的检测方法和技巧。同时还介绍了常用电气元件的基础知识，选择、使用电气元件时的注意事项，使读者在学习使用万用表的同时，对电气元器件的特性有较全面的总结。本书内容丰富、图文并茂，文字简明扼要、通俗易懂。

本书内容包括：万用表的结构、原理及使用方法，使用万用表检测电器元件和电子元器件的方法，使用万用表检测半导体二极管和晶体三极管的方法，使用万用表检测晶闸管和场效应晶体管的方法，使用万用表检测集成电路的方法，使用万用表检测基本电量和电路的方法。本书共10章，第1章～第3章由刘春英编写，第4章～第7章由辜竹筠编写，第8章～第10章由杨宗强编写，杨宗强负责全书的统稿。

由于编者水平有限，书中难免存在纰漏之处，敬请广大读者批评指正。

编者

学习视频

1. 熟悉指针式万用表测量挡位
2. 指针式万用表欧姆校零方法
3. 熟悉数字式万用表测量挡位
4. 数字式万用表测量电阻器阻值
5. 指针式万用表测量双声道电位器
6. 指针式万用表测量普通电源变压器
7.指针式万用表测量电源开关
8.指针式万用表测量单刀双掷开关
9.数字式万用表测量电容器方法
10.指针式万用表测量小电容器方法
11.指针式万用表测量有极性电解电容器方法
12.指针式万用表测量普通二极管
13.数字式万用表测量发光二极管
14.指针式万用表测量NPN型三极管
15.指针式万用表测量带阻尼管的行管
16.万用表测量扬声器
17.万用表测量晶振
18.电解电容器立式安装焊接方法
19.指针式万用表测量磁棒线圈方法
20.指针式万用表测量双联可变电容器方法

目录

CONTENTS

目录 >> CONTENTS

第1章 指针式万用表的结构、原理及使用方法

1.1 指针式万用表

1.1.1 指针式万用表的组成

万用表是从事电类工作岗位人员常用的一种仪表。万用表又称为欧姆表，它是用测量机构配合测量电路来实现对各种电量测量的仪表。目前一般的万用表都可以用来测量直流电流、交流电流、直流电压、交流电压、音频电平、电阻、电容及晶体管的放大倍数等电量。

万用表的种类很多，分类形式也很多。按其读数形式可分为机械指针式万用表和数字式万用表两类。机械指针式万用表是通过指针摆动角度的大小来指示被测量的值，因此也被称为指针式万用表。数字式万用表是采用集成模/数转换技术和液晶显示技术，将被测量的值直接以数字的形式反映出来的一种电子测量仪表。我们先介绍指针式万用表，图 1-1 是指针式 M-47 型万用表的示意图。

万用表主要由测量机构（习惯上称为表头）、测量线路、转换开关和刻度盘四部分构成。万用表的面板上有带有多条标度尺的刻度盘、转换开关旋钮、调零旋钮和接线插孔等。各种类型的万用表外型布置不完全相同。

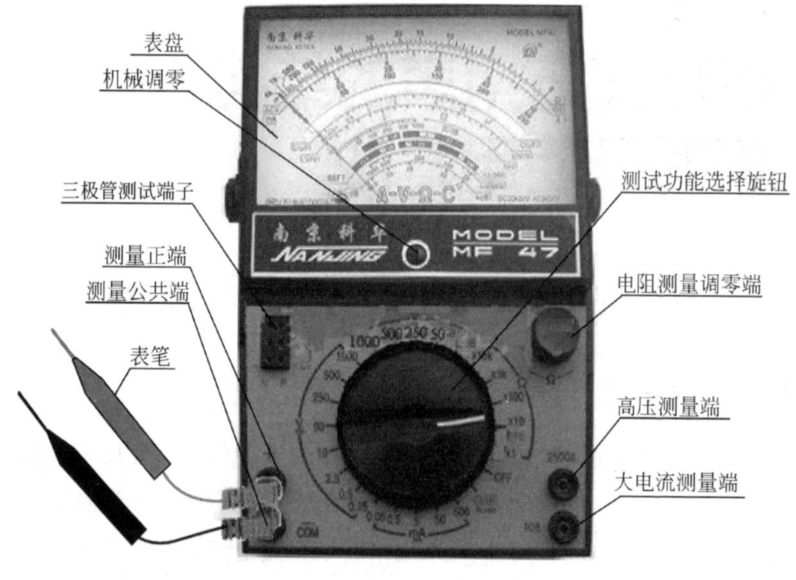
表盘
机械调零
三极管测试端子
测量正端
测量公共端
表笔
测试功能选择旋钮
电阻测量调零端
高压测量端
大电流测量端
MODEL
MF 47
NANJING

图 1-1　M-47 型万用表示意图

1.1.2　指针式万用表的结构

① 表头　指针式万用表的表头通常采用灵敏度高、准确度好的磁电系测量机构，它是指针式万用表的核心部件，其作用是指示被测电量的数值。指针式万用表性能的好坏，很大程度上取决于表头的质量。

② 测量线路　测量线路是指针式万用表的中心环节。它实际上包括了多量程电流表、多量程电压表和多量程欧姆表等几种测量线路。正因为有了测量线路，指针式万用表才能满足实际测量中对各种不同电量和不同量程的需要。

③ 转换开关　转换开关用来选择不同的量程和被测量的电量。它由固定触点和活动触点两大部分构成。指针式万用表所用的转换开关有多个固定触点和活动触点，包括交流电压挡、欧姆挡、直流

电流挡和直流电压挡四大部分。

④ 表盘　如前所述，指针式万用表是多电量、多量程的测量仪表。在测量不同电量时，为了便于读数，指针式万用表表盘上都印有多条刻度线，并附有各种符号加以说明。因此正确理解表盘上各符号、字母的意义及每条刻度线的读法，是使用好指针式万用表的前提。

1.1.3　指针式万用表的技术指标

为了能够使测量结果准确、可靠，对指针式万用表的性能提出了一系列要求，即指针式万用表的性能指标，主要有以下几个方面：

① 准确度　指针式万用表的准确度通常称为精度。它反映了指针式万用表在测量中基本误差的大小。基本误差是指指针式万用表在规定的正常温度和放置方式、不存在外界电场或磁场影响的情况下，由于活动部分的摩擦、标尺刻度不准确、结构工艺不完善等原因造成的误差。它是仪表所固有的一种误差。基本误差越小仪表的准确度越高。根据国家标准仪表的规定，准确度可分为七个等级，即 0.1、0.2、0.5、1.0、1.5、2.5 和 5.0 级。万用表的等级一般在 1.0～5.0 级之间。

② 电压灵敏度　电压灵敏度为电压挡内阻与该挡量程电压的比值，其单位为Ω/V 。国产指针式万用表中，电压灵敏度最高的可以达到 100kΩ/V 。而一般的指针式万用表电压灵敏度为 20kΩ/V 。在测量电压时指针式万用表要与被测电路并联，这样会产生分流，从而使测量产生误差。电压灵敏度高时，指针式万用表的内阻比较大，对被测电路的分流小，电压的测量误差较小。同时电压灵敏度愈高，指针式万用表消耗的功率也愈小。

③ 工作频率范围　指针式万用表测量交流电压的电路中，采用了整流二极管元件，而二极管存在极间电容，当被测电压频率很高时，二极管将失去整流作用，从而使测量产生严重的误差。因此

指针式万用表测量的交流电压的频率范围受到了限制，一般指针式万用表工作频率范围为50～2000Hz。

④ 测量范围　指针式万用表测量种类和测量范围也是指针式万用表的重要性能之一。不同型号的指针式万用表，测量的种类和范围也不相同。

1.2　指针式万用表的原理

1.2.1　指针式万用表的测量原理

指针式万用表是把被测量电量转换为指针的偏转角，并使二者之间保持一定的比例关系。偏转角的大小就反应了被测电量的数值，而表头就是用来实现这一转换的核心部件。

表头由固定部分和活动部分两部分组成。固定部分主要用来产生一个均匀的辐射状的磁场。而活动部分则在外部电量产生的电流的作用下产生转动力矩。固定部分和活动部分共同配合，就可以带动指针产生角度的偏移，从而指示出被测电量的大小。

当线圈流过电流时，固定部分的磁场会对通电线圈产生电磁力，从而形成转动力矩，使指针发生偏转。线圈转动时，会引起游丝的形变，产生反抗力矩。反抗力矩的大小与偏转角的大小成正比。当反抗力矩与转动力矩相等时，活动部分停止转动。指针稳定在某一个偏转角上，从而起到指示作用 。当线圈电流断开时，游丝使线圈返回平衡位置。

1.2.2　指针式万用表的选择电路

测量电压、电流和电阻是指针式万用表的三种基本功能，通过测量转换开关实现。

① 直流电流的测量选择电路　测量直流电流时，通过选择开

关的转换使指针式万用表构成电流表，选择的电路如图 1-2 所示。图中 I 为被测电流，R 为分流器，PA 为电流表头，被测电流由 A 端流入，B 端流出，流经表头和分流器电流的大小由分流器的阻值和表头的内阻的比例决定。表头按比例指示被测电流的大小。为扩大量程，指针式万用表的电流测量电路采取扩量程的方法。电路如图 1-2（b）所示。

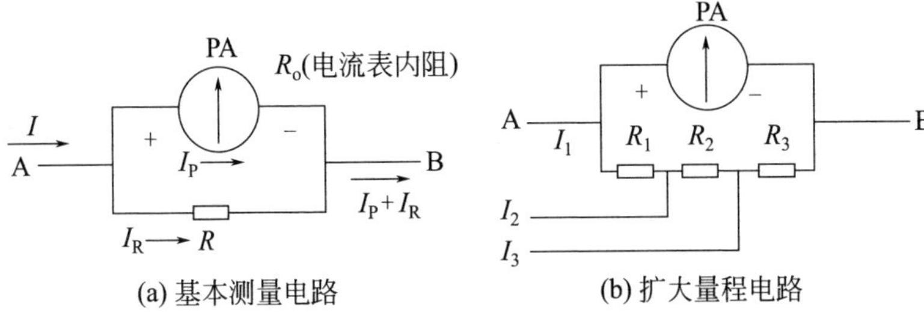
PA
R_o(电流表内阻)
I
A
+
−
I_P
B
I_P+I_R
I_R
R
(a) 基本测量电路
PA
+
−
A
I_1
R_1
R_2
R_3
B
I_2
I_3
(b) 扩大量程电路

图 1-2　测量直流电流电路

② 直流电压测量选择电路　测量直流电压时，通过选择开关的转换使指针式万用表构成电压表，选择的电路如图 1-3 所示。

被测量加在 A、B 两端，注意电压极性，A 端为正极，B 端为负极。被测电压为分压器压降与表头压降之和，分配比例由表头内阻值和分压器的阻值之比决定。表头按比例指示被测电压的大小。为扩大量程，指针式万用表采用了图 1-3（b）的扩量程电路。

③ 交流电压测量选择电路　测量交流电压时，通过选择开关

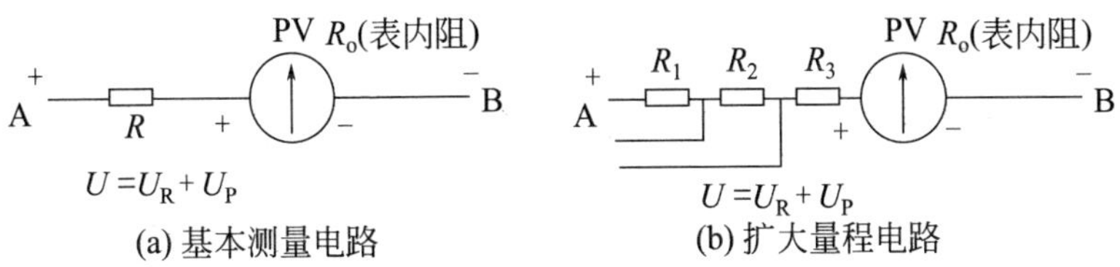
PV R_o(表内阻)
+
A
R
+
−
B
$U=U_R+U_P$
(a) 基本测量电路
PV R_o(表内阻)
+
A
R_1
R_2
R_3
+
−
B
$U=U_R+U_P$
(b) 扩大量程电路

图 1-3　测量直流电压电路

的转换使指针式万用表构成交流电压表，选择的电路如图 1-4 所示。分压器、整流二极管 VD1、VD2 和表头 PA 串联，交流电压正半周时经 VD1 整流后通过表头，VD2 为负半周续流二极管。此测量原理与直流电压相同。

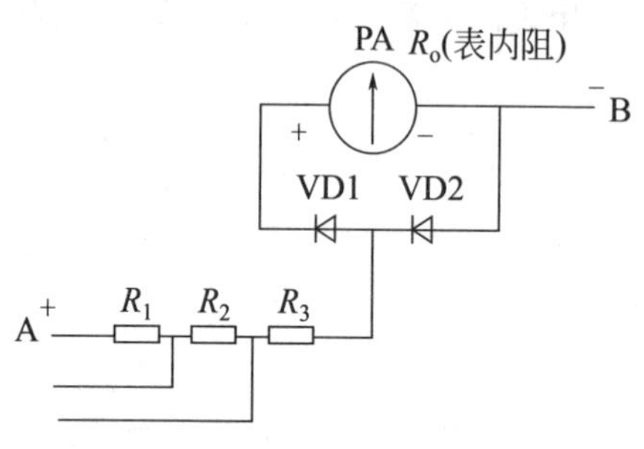
PA R_o(表内阻)
+
–
B
VD1 VD2
A
+
R_1 R_2 R_3

图 1-4　交流电压测量选择电路

④ 测量电阻值的选择电路　测量电阻时，通过选择开关的转换使指针式万用表构成欧姆表，选择的电路如图 1-5 所示。

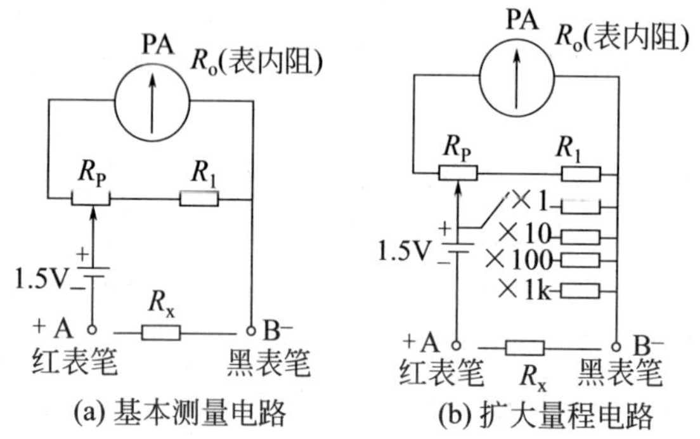
PA R_o(表内阻)
R_P R_1
1.5V
R_x
+A
B–
红表笔
黑表笔
(a) 基本测量电路
PA R_o(表内阻)
R_P R_1
×1
×10
×100
×1k
1.5V
+A
B–
红表笔
R_x
黑表笔
(b) 扩大量程电路

图 1-5　测量电阻值的选择电路

欧姆表电路由表头、分流器、调零电位器和电池组成。当 A、B 两端短接时，调节电位器 R_P 实现表的电气调零功能。当 A、B 两端接入被测电阻 R_x 时，指针式万用表的指针就直接指示出欧姆值。欧姆表电路换挡原理如图 1-5 所示。

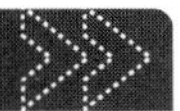

提示！

万用表欧姆挡刻度线的特点是，刻度线最右边是0Ω，最左边的刻度线为∞，而且为非线性。

读数方法：表指针所指数值乘以量程挡位，即为被测电阻的阻值。

1.3 指针式万用表的使用方法

1.3.1 指针式万用表使用前的准备

指针式万用表的结构和型式多种多样。表盘、旋钮的分布也各不相同。使用指针式万用表之前，必须熟悉每个转换开关、旋钮、按键、插座和接线柱的作用。了解表盘上每条刻度的特点及其对应的被测电量。这样可以充分发挥指针式万用表的作用，使测量准确可靠，还可以保证指针式万用表在使用中不被损坏。

① 使用指针式万用表测量时，要将其水平放置，指针调零位，如不在零位，应使用一字螺丝刀调整表头下方“机械零位”调整处，将指针调到零位，如图 1-6 所示。

② 正确选择指针式万用表上的测量项目及量程开关，进行电气调零，如图 1-7 所示。

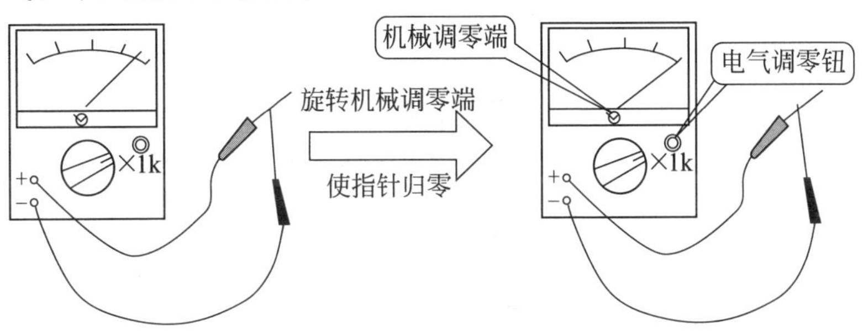
×1k
+
−
旋转机械调零端
使指针归零
机械调零端
电气调零钮
×1k
+
−

图 1-6 万用表机械零位调整

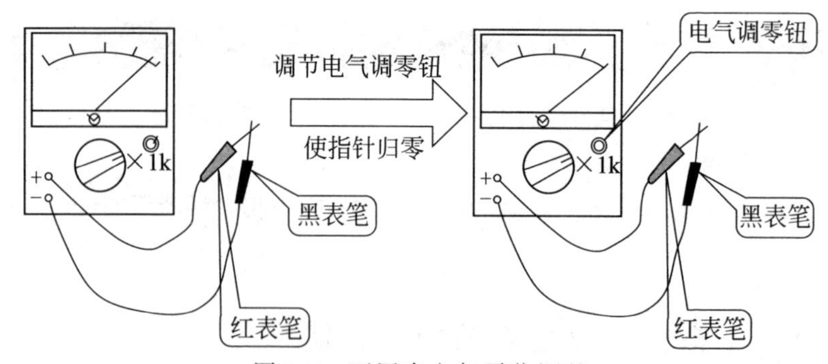
调节电气调零钮
使指针归零
电气调零钮
×1k
×1k
黑表笔
黑表笔
红表笔
红表笔

图 1-7　万用表电气零位调整

③ 选择与被测物理量数值相当的数量级量程。如果不知道被测量值量级，应选择最大量程开始测量。如指针偏转太小，再把量程调小，一般以指针偏转角不小于最大刻度 30%为合理量程。如测量 220V 交流电时，转换开关应置于交流电压挡，并选择量程 250V 或 500V。在读数时，眼睛应位于指针的正上方。对于有反射镜的指针式万用表，应使指针和镜像中的指针相重合，这样可以减小读数误差，提高读数准确性。一般在指针式万用表盘上有多条标度尺。它们分别在测量不同电量时使用。在选好被测电量种类和量程后，还要在相应的标度尺上去读数。如标有“DC”或“—”的标度尺可用来读取直流量；标有“AC”或“∽”的标度尺可以用来读取交流量等。在测量电流和电压时，还要根据所选择的量程，来确定刻度线上每一个小格所代表的值，从而确定最终的读数值。如图 1-8 所示。

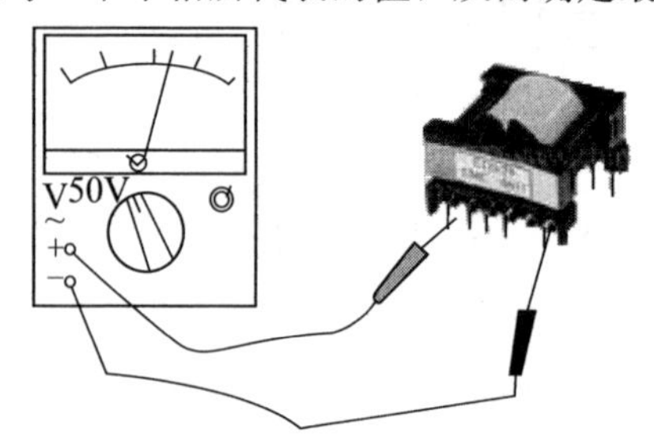
V50V

输入电压：~220V
输出电压：~24V
测量时选择交流50V挡位，根据所选量程确定读数刻度线上的每一小格所代表的数值，从而确定最终读数。

图 1-8　选择量程

1.3.2 使用指针式万用表时应注意的事项

① 测量电阻时，如图 1-9 所示，要将两只表笔并接在电阻的两端，严禁在被测电路带电的情况下测量电阻，或用电阻挡去测量电源的内阻，这相当于接入一个外部电压，将会损坏指针式万用表。

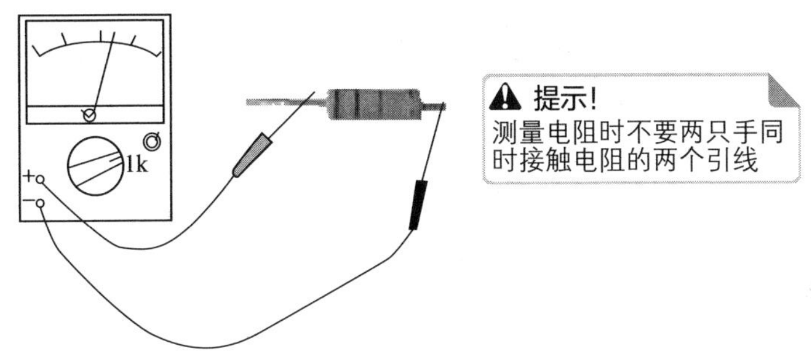
1k
+
−
提示!
测量电阻时不要两只手同时接触电阻的两个引线

图 1-9 测量电阻

② 测量电压应注意的事项。测量电压时应将两表笔并联在被测电路的两端，测量直流电压时应注意电压的正、负极性。如果不知道极性，应将量程旋至较大挡，迅速检测一下，如果指针向左偏转，说明极性接反，应该将红、黑表笔调换（在这种情况下，如果有数字万用表的话最好使用数字万用表）。

③ 当被测电压高于几百伏时必须注意安全，要养成单手操作的习惯。事先把一只表笔固定在被测电路的公共端，用另一只表笔去碰触测试点。测量 1000V 以上的高压时，应把插头插牢，避免因插头接触不良而造成打火，或因插头脱落而引起意外事故。

④ 测量显像管上的高压时，要使用高压探头，确保安全。高压探头有直流和交流之分，其内部均有电压衰减器，可将被测电压衰减 10 倍或 100 倍，高压探头的顶部均带有弯钩或鳄鱼夹，以便于固定。严禁在测较高电压时转动量程开关，以免产生电弧，烧坏转换开关的触点。

⑤ 测量电流应注意的事项。在测量电流时，要与被测电路串联，切勿将两只表笔跨接在被测电路的两端，以防止万用表损坏。测量直流电流时应注意电流的正、负极性（极性的判别以及量程的选择同直流电压挡的使用）。若负载电阻比较小，应尽量选择高量程挡，以降低内阻，减小对被测电路的影响。

提 示!

电压挡的测量误差以满量程的百分数表示，因此在测量时应使指针具有最大限度的偏转，这样测量误差最小。

第2章 数字式万用表的结构、原理及使用方法

2.1 数字式万用表

2.1.1 数字式万用表的组成

① 数字万用表与一般指针式万用表相比具有体积小、功能全、显示直观、测量准确度高、灵敏度高、可靠性好及过载能力强等优点。一般数字万用表的构成如图 2-1 所示。

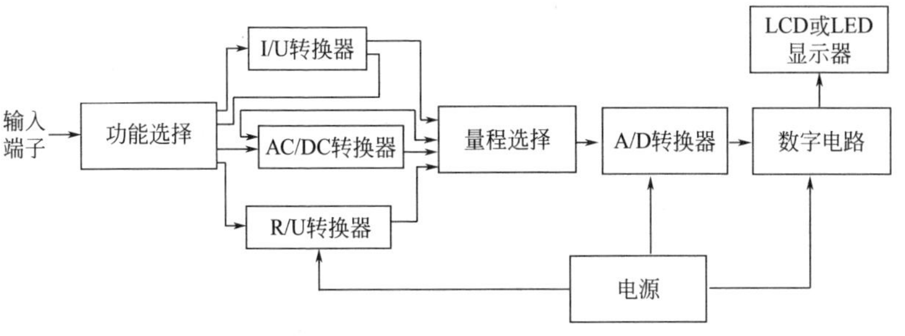

输入端子
功能选择
I/U转换器
AC/DC转换器
R/U转换器
量程选择
A/D转换器
数字电路
LCD或LED显示器
电源

图 2-1 一般数字万用表的构成

② FLUKE17B 型数字万用表的端子如图 2-2 所示。

2.1.2 数字式万用表的结构

数字式万用表测量线路主要由电阻、电容、转换开关和表头等部件构成。在测量交流电量的线路中，还使用了整流元件，将交流电变换成为脉动直流电，实现对交流电量的测量。

图 2-3 是一种数字式万用表的直流电压测量电路和比例法测量电阻的电路。

图 2-4 是一种数字式万用表测量二极管的测量电路。

图 2-5 是一种数字式万用表测量三极管的测量电路。

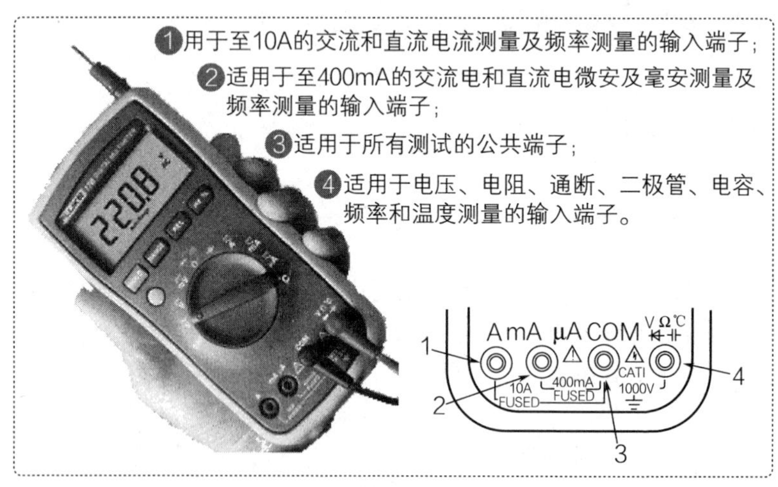

❶用于至10A的交流和直流电流测量及频率测量的输入端子；
❷适用于至400mA的交流电和直流电微安及毫安测量及频率测量的输入端子；
❸适用于所有测试的公共端子；
❹适用于电压、电阻、通断、二极管、电容、频率和温度测量的输入端子。
A mA µA COM VΩ℃
10A FUSED
400mA FUSED
CATI 1000V
1
2
3
4

图 2-2 FLUKE17B 型数字万用表的端子

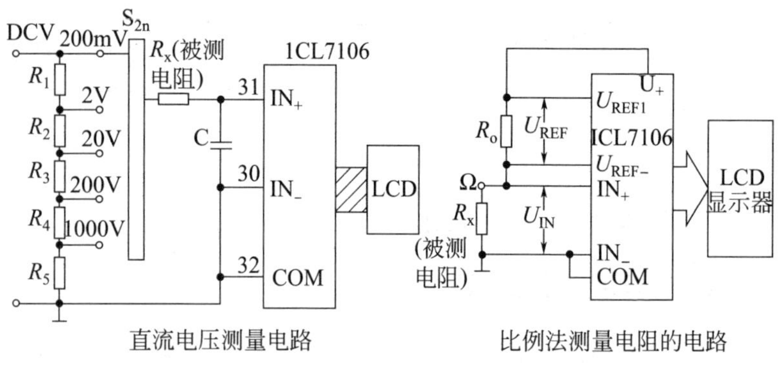

DCV
200mV
S2n
Rx(被测电阻)
1CL7106
R1
2V
R2
20V
R3
200V
R4
1000V
R5
C
31
30
32
IN+
IN-
COM
LCD
直流电压测量电路
U+
UREF1
Ro
UREF
ICL7106
UREF-
Ω
IN+
Rx
UIN
(被测电阻)
IN-
COM
LCD 显示器
比例法测量电阻的电路

图 2-3 数字式万用表的直流电压测量电路和比例法测量电阻的电路

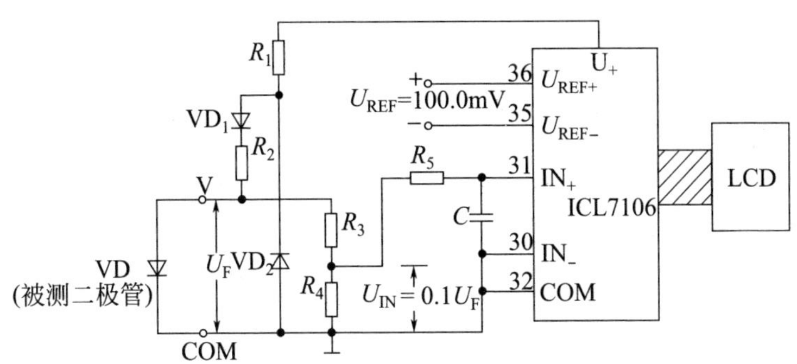
R1
U+
36
+
UREF+
UREF=100.0mV
VD1
35
−
UREF−
R2
R5
31
LCD
V
IN+
C
ICL7106
R3
30
IN−
VD
UF
VD2
R4
32
(被测二极管)
UIN=0.1UF
COM
COM

图 2-4　二极管的测量电路

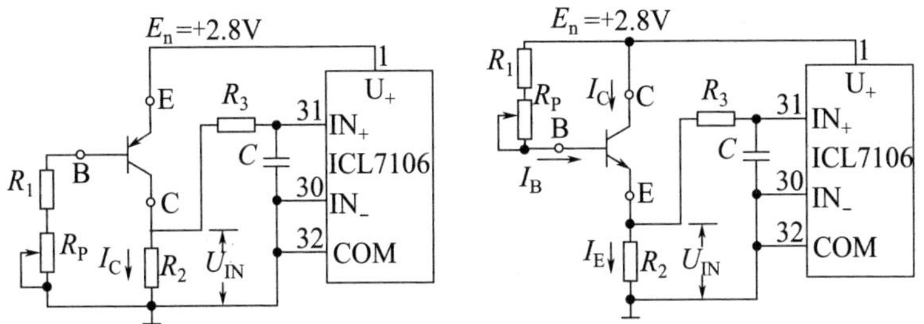
En=+2.8V
1
U+
E
R3
31
IN+
R1
B
C
ICL7106
30
IN−
C
RP
IC
R2
UIN
32
COM
En=+2.8V
1
R1
U+
RP
IC
C
R3
31
IN+
B
C
ICL7106
IB
E
30
IN−
IE
R2
UIN
32
COM

图 2-5　三极管的测量电路

2.1.3　数字式万用表的技术指标

以 UT58A 数字式万用表为例，介绍数字万用表的主要技术指标。UT58A 是 3-1/2 数位手动量程数字式万用表，可测量交直流电压、交直流电流、电阻、二极管、电路通断、三极管、电容、温度和频率。主要技术指标如表 2-1。

表 2-1　主要技术指标

测量量	量程	分辨力	准确度± (%读数+数字)	备注
直流电压	200mV	0.1mV	±(0.5%+1)	输入阻抗:约为 10MΩ 过载保护:1000V DC(除200mV 挡为 250V DC 外)
	2V	1mV		
	20V	10mV		
	200V	100mV		
	1000V	1V	±(0.8%+2)	
交流电压	2V	1mV	±(0.8%+2)	输入阻抗:约为 10MΩ 过载保护:1000V AC 频率响应: 40Hz～1kHz ＜500V 40～400Hz ≥500V ≥500 Hz 为参考读数
	20V	10mV		
	200V	100mV		
	1000V	1V	±(0.8%+1)	
直流电流	20μA	0.01μA	±(0.8%+1)	过载保护: μA、mA 量程保险丝 0.5mA 250V A 量程无保险丝 提示! 当大于 10A 时,测量时间要小于 10s,测量间隔大于 15min
	2mA	1μA		
	20mA	10μA		
	200mA	0.1mA	±(1.5%+1)	
	20A	10mA	±(2%+5)	
交流电流	1μA	1μA	±(1.0%+3)	频率响应:40Hz～1kHz 过载保护: mA 量程:保险丝 0.5mA 250V A 量程:无保险丝 提示! 当大于 10A 时,测量时间要小于 10s,测量间隔大于 15min
	0.1mA	0.1mA	±(1.8%+3)	
	10mA	10mA	±(3.0%+5)	

第2章 数字式万用表的结构、原理及使用方法

续表

测量量	量程	分辨力	准确度± (%读数+数字)	备注
电阻	200Ω	0.1Ω	±(0.8%+3) +表笔电阻	过载保护:250V AC
	2 kΩ	1Ω	±(0.8%+1)	
	20kΩ	10Ω		
	2MΩ	1kΩ		
	20MΩ	10kΩ	±(1.0%+2)	
	200MΩ	100kΩ	±[5%(读数-10)+10]	
二极管	▶|	1mV	开路电压约为3V,硅PN结正常电压约为500～800 mV	过载保护:250V AC
电路通断	♫	1Ω	开路电压约为3V,电路断开电阻设定为:>70Ω,蜂鸣器不发声,电路良好导通电阻值为:≤10Ω,蜂鸣器连续发声	
电容	2nF	1pF	±(4.0%+3)	测试频率:约400Hz 保险丝0.5mA 250V *:≥40μF测量仅供参考
	200nF	0.1nF		
	100μF	0.1μF	±(5.0%+4)*	

2.2 数字式万用表的原理

2.2.1 数字式万用表的测量原理

尽管目前国内外生产的数字万用表型号繁多，组成电路各不相同，但是，其基本测量工作原理是相同的。

① 测量直流电压的工作原理　数字万用表的直流电压挡(DCV)一般有200mV、2V、20V、200V及1000V 5挡，基本量程

设计为 200mV。可将 0～1000V 的被测直流电压一律衰减到 200mV 以下，再送至 200mV 基本表进行测量。直流电压测量电路如图 2-6 所示。

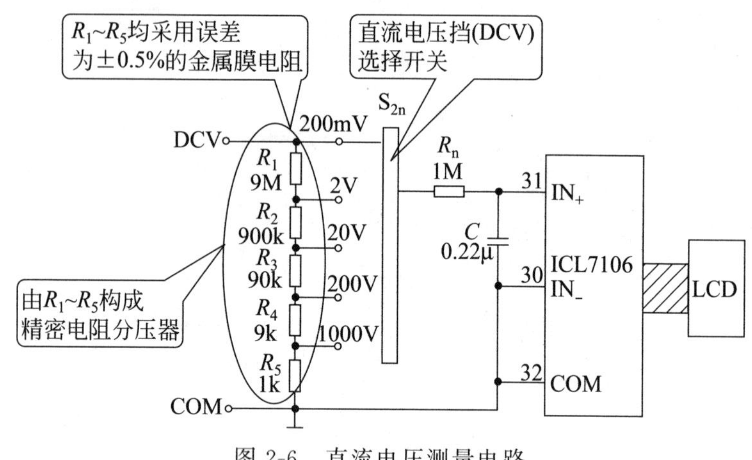
R_1~R_5均采用误差
为±0.5%的金属膜电阻
直流电压挡(DCV)
选择开关
S_{2n}
200mV
DCV
R_1
9M
2V
R_2
900k
20V
R_3
90k
200V
R_4
9k
1000V
R_5
1k
COM
R_n
1M
31
IN_+
C
0.22μ
30
ICL7106
IN_-
LCD
32
COM
由R_1~R_5构成
精密电阻分压器

图 2-6　直流电压测量电路

② 测量交流电压的工作原理　平均值响应的 AC/DC 转换器如图 2-7 所示。

平均值响应的 AC/DC 转换器是由运算放大器和二极管组成的半波（或全波）线性整流电路。由于它是按照正弦波平均值与有效值的关系而定义的，因此所构成的仪表仅适合于测量不失真的正弦波电压。图中电位器 R_P 是校准交流电压的，调整 R_P 可使仪表直接显示出被测电压的有效值。C_3 是运放的频率补偿电容。R_2 和 C_4 还向 VD_3 提供偏压，以减小 TL061 对小信号放大时的波形失真。TL061 的电源取自 IC_1 内部的＋2.8V 基准电压源。

③ 测量直流电流的工作原理　数字万用表的直流电流挡（DCA）一般设置 4 挡：2mA、20mA、200mA、20A，电路如图 2-8 所示。

被测电流经过分流器可转换成电压信号。分流器由 R_1～R_4 组成，总电阻为 100Ω。其中，R_1 和 R_2 采用精密金属膜电阻，R_4 为线绕电阻。R_4 需由电阻温度系数极低的锰铜丝制成，以承受 10A 的大电流。各电流挡的满度压降均为 200mV，可直接配

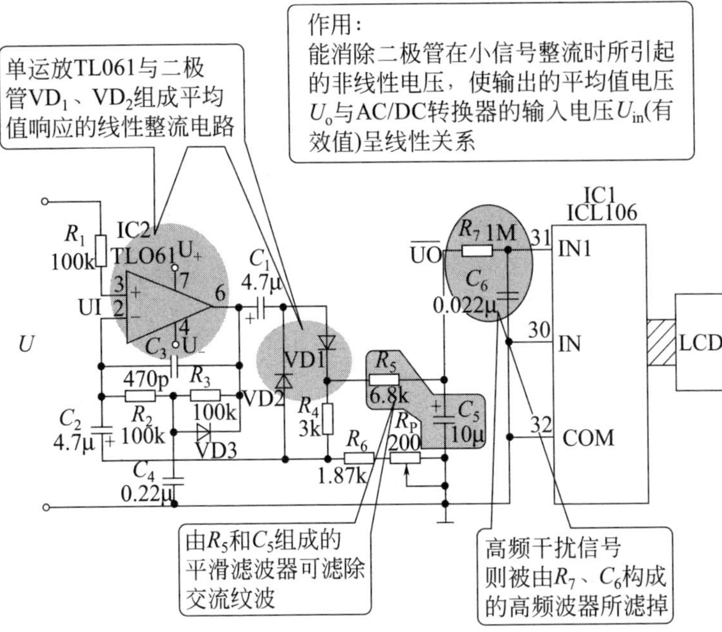
单运放TL061与二极管VD1、VD2组成平均值响应的线性整流电路
作用：
能消除二极管在小信号整流时所引起的非线性电压，使输出的平均值电压Uo与AC/DC转换器的输入电压Uin(有效值)呈线性关系
IC1
ICL106
R1
100k
IC2
TLO61
U+
UI
U
C1
4.7μ
VD1
VD2
VD3
C3
470p
R3
100k
R2
100k
C2
4.7μ
C4
0.22μ
R4
3k
R5
6.8k
RP
200
R6
1.87k
C5
10μ
UO
R7 1M
C6
0.022μ
IN1
IN
COM
LCD
由R5和C5组成的平滑滤波器可滤除交流纹波
高频干扰信号则被由R7、C6构成的高频波器所滤掉

图 2-7　线性全波整流式 AC/DC 转换器

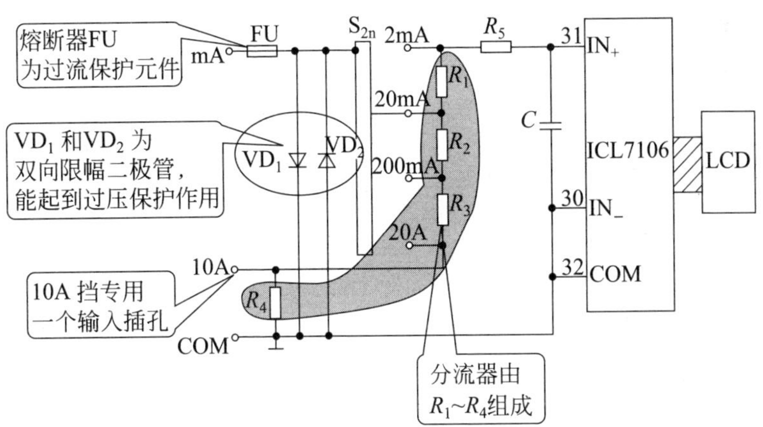
熔断器FU为过流保护元件
mA
FU
S2n
2mA
20mA
200mA
20A
R5
R1
R2
R3
R4
C
IN+
ICL7106
IN_
COM
LCD
VD1和VD2为双向限幅二极管，能起到过压保护作用
VD1
VD2
10A
10A 挡专用一个输入插孔
COM
分流器由R1~R4组成

图 2-8　数字万用表的直流电流测量电路

200mV 基本表。测量交流电流（ACA）时，需在分流器后面增加 AC/DC 转换器。

④ 使用容抗法测量电容的原理　容抗法测量电容的原理是首先用 400Hz 正弦波信号将被测电容量变成容抗 X_c，然后进行 C/U 转换，把 X_c 转换成交流信号电压，再经过 AC/DC 转换器取出平均值电压送至 A/D 转换器。均值电压与被测电容量成正比，只要适当调节电路参数，即可直读电容量。测量电容量的过程可简单归纳为：文氏桥振荡器→C/U 转换器→AC/DC 转换器→A/D 转换器。

将数字万用表的 200Ω 电阻挡配上蜂鸣器电路，即可检测线路的通断。其优点是操作者不必观察显示值，只需注视被测线路和表笔，凭有无声音及是否发光来判定线路的通断，不仅操作简便，而且能大大缩短检测时间。

2.2.2　数字式万用表的显示原理

数字万用表一般使用 200mV 数字电压表作为基本显示部件，类似于指针式万用表的表头。显示电路构成如图 2-9 所示。本电路由 A/D（模拟/数字）转换器、译码驱动器和显示器件组成。一般情况下 A/D（模拟/数字）转换器、译码驱动器被集成在一块芯片中。被测电压由输入端（IN）接入，经 A/D（模拟/数字）转换器将模拟电压转换成数字信号，译码驱动器进行译码并驱动显示器件显示测量结果。最大量程为 200mV。再配以分压

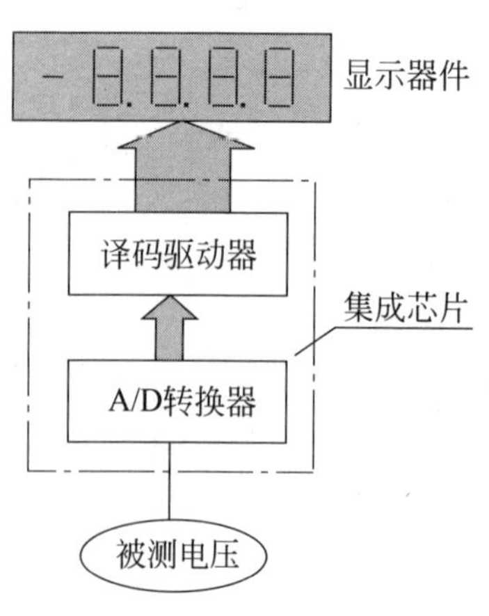
显示器件
译码驱动器
集成芯片
A/D转换器
被测电压

图 2-9　数字式万用表显示电路示意图

器、电流/电压转换器、交流/直流转换器、电阻/电压转换器、电容/电压转换器等电路，形成了扩量程的多功能万用表显示电路。

数字万用表使用数字毫伏表作为基本测量显示部件，属于电压型测量，而指针式万用表使用微安表作为测量显示部件，属于电流型测量，因此，数字式万用表的测量精度高于指针式万用表的测量精度。

2.3 数字式万用表的使用方法

2.3.1 数字式万用表使用前的准备

① 使用之前，应仔细阅读数字万用表的说明书，熟悉电源开关、功能及量程转换开关、功能键、输入插孔、专用插口、旋钮、仪表附件等的作用。

② 了解仪表的极限参数，出现过载显示、极性显示、低电压指示、其他标志符显示以及声光报警的特征，掌握小数点位置的变化规律。

③ 测量前，需要仔细检查表笔绝缘棒有无裂痕，表笔线的绝缘层是否破损，表笔位置是否插对，以确保操作人员的安全。

④ 确认电池已装好，电量充足之后，才允许进行测量。

⑤ 确认所选测量挡位与被测量相符合，以免损坏仪表。

⑥ 每一次准备测量时，务必再核对一下测量项目及量程开关是否拨对了位置，输入插孔（或专用插口）是否选对。对于自动转换量程式数字万用表，也要注意不得按错功能键，输入插孔亦不要搞错。

⑦ 确认使用条件和环境符合说明书的规定。

⑧ 数字万用表具有自动关机功能，当仪表停止使用或停留在

某一挡位的时间超过规定时间时，能自动切断主电源，使仪表进入低功耗的备用状态。此时仪表不能继续测量，必须按动两次电源开关，才可恢复正常。

⑨ 假如事先无法估计被测电压（或电流）的大小，应先拨至最高电压（或电流）量程挡位试测一次，再根据情况选择合适的量程。

2.3.2 使用数字式万用表时应注意的事项

① 检查　使用前检查项目如图 2-10 所示。

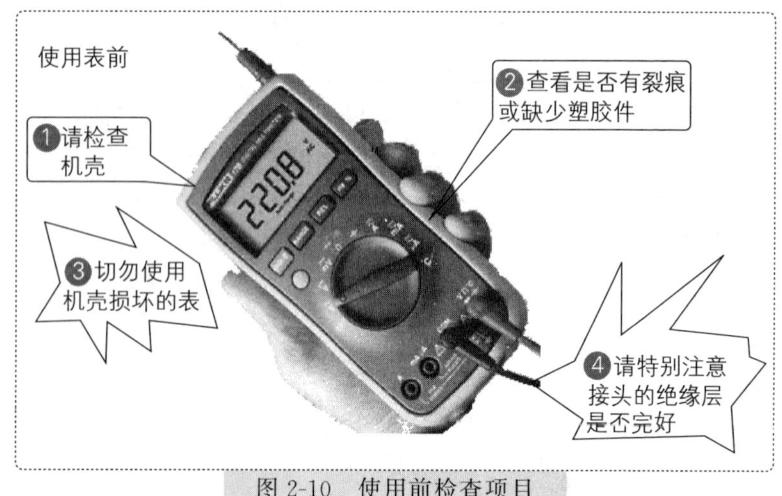
使用表前
❶请检查机壳
❷查看是否有裂痕或缺少塑胶件
❸切勿使用机壳损坏的表
❹请特别注意接头的绝缘层是否完好

图 2-10　使用前检查项目

② 注意安全性　安全性检查项目如图 2-11 所示。

③ 有故障及时修理　注意事项如图 2-12 所示。

④ 注意连接时的顺序　具体连接顺序如图 2-13 所示。

⑤ 使用时不要超出极限值　如图 2-14 所示。

在超出 30V 交流电均值、42V 交流电峰值或 60V 直流电时使用数字万用表请特别留意，该类电压会有电击的危险。测量时，必须用正确的端子、功能和量程。

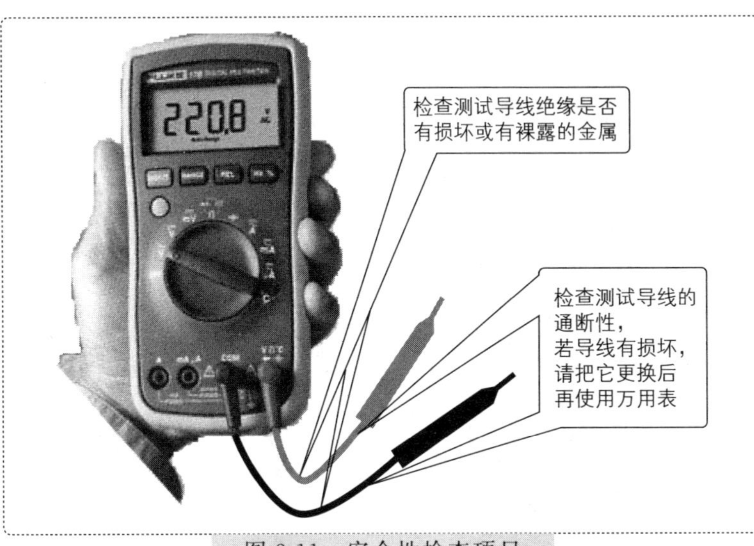
检查测试导线绝缘是否有损坏或有裸露的金属
检查测试导线的通断性，若导线有损坏，请把它更换后再使用万用表

图 2-11　安全性检查项目

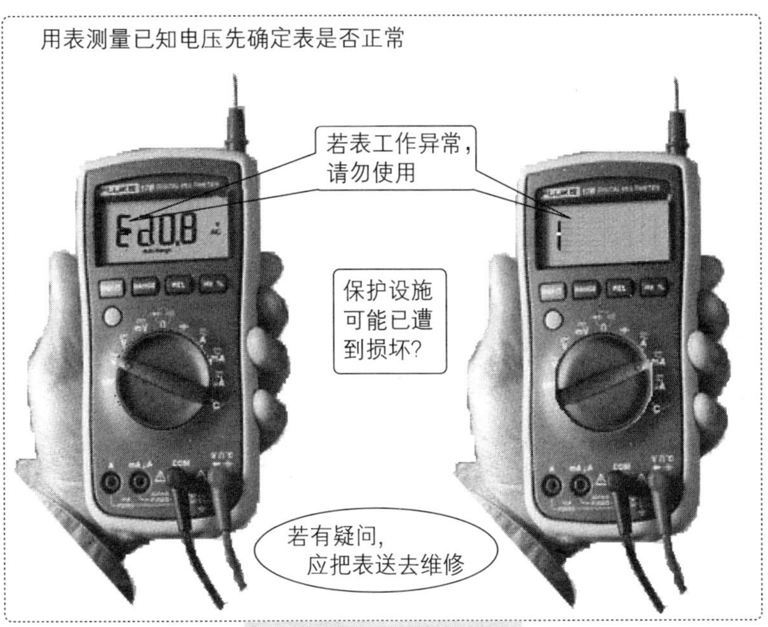
用表测量已知电压先确定表是否正常
若表工作异常，请勿使用
保护设施可能已遭到损坏?
若有疑问，应把表送去维修

图 2-12　注意事项

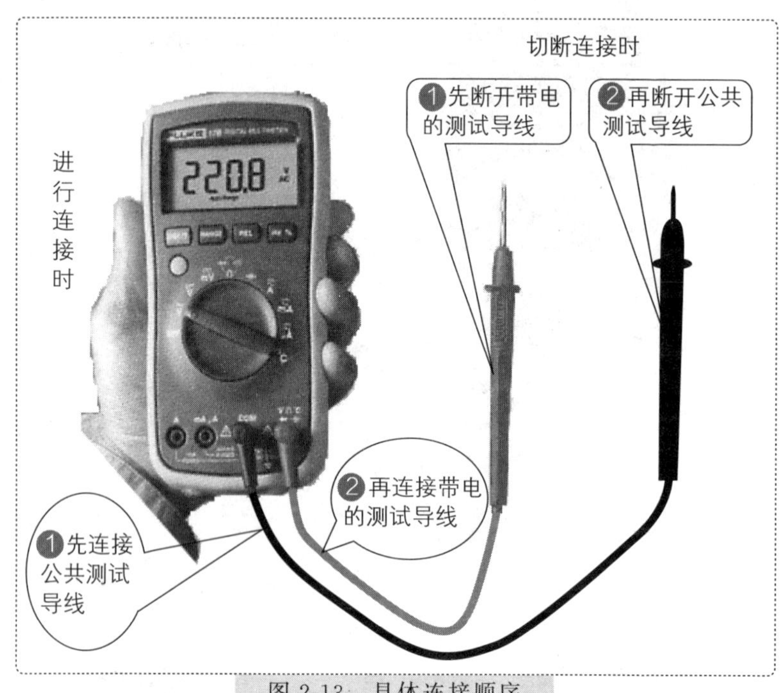
切断连接时
❶先断开带电的测试导线
❷再断开公共测试导线
进行连接时
220.8
❶先连接公共测试导线
❷再连接带电的测试导线

图 2-13　具体连接顺序

提 示!

切勿在爆炸性的气体、蒸汽或灰尘附近使用本表。

使用测试探针时，手指应保持在保护装置的后面。

测试电阻、通断性、二极管或电容以前，必须先切断电源，并将所有的高压电容器放电。

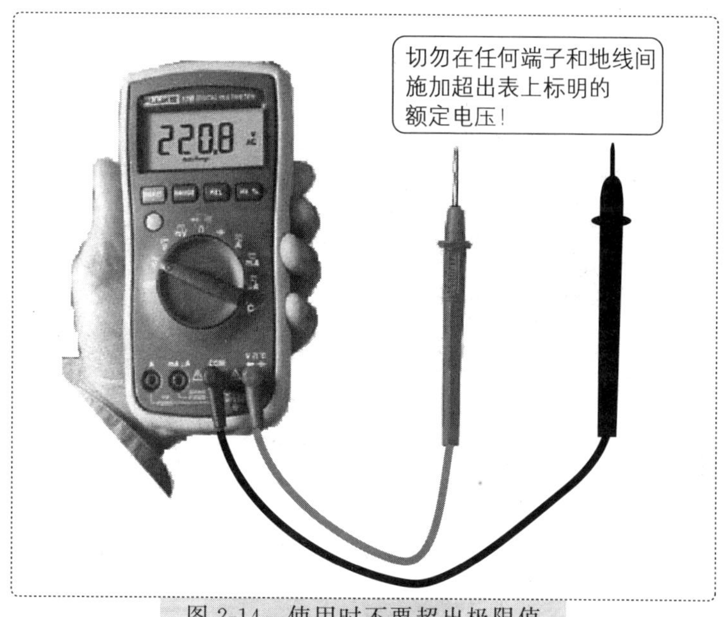
切勿在任何端子和地线间
施加超出表上标明的
额定电压！
220.8

图 2-14　使用时不要超出极限值

提 示！

对于万用表所有的直流电功能，包括手动或自动量程，为避免由于可能的不正确读数而导致电击的危险，请先使用交流电功能并确认是否有任何交流电压存在。然后，选择一个等于或大于交流电量程的直流电压量程。

⑥ 测量电流前应先检查万用表的保险丝，并关闭电源，再将万用表与电路连接。具体方法如图 2-15 所示。

警 告！

REL 模式下显示警示符号时，由于危险电压可能存在，请务必当心。

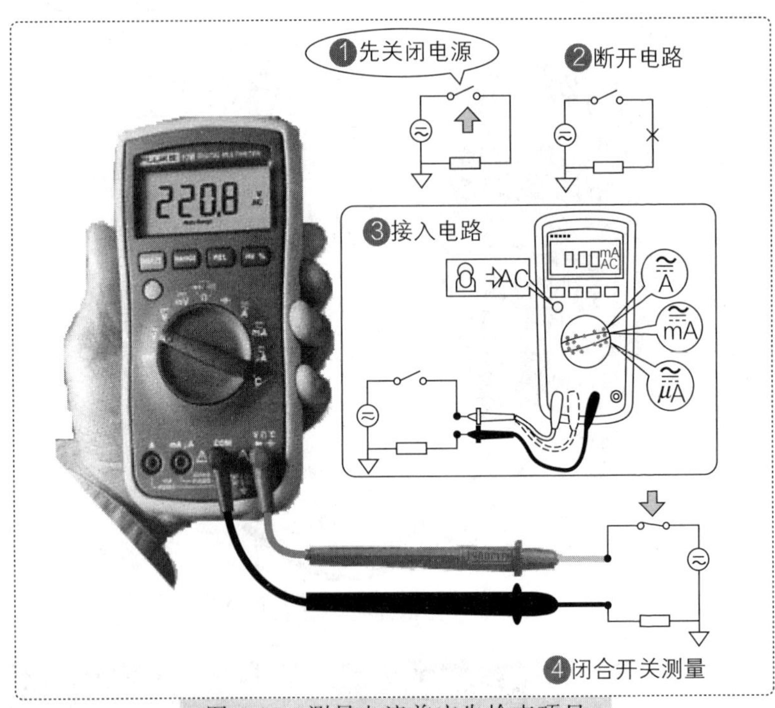
①先关闭电源
②断开电路
③接入电路
④闭合开关测量

图 2-15　测量电流前应先检查项目

第3章 使用万用表检测电气元件

在设备的电气控制装置（系统）中，导线连接的可靠性，直接影响设备功能的实现和稳定运行。在检测线路的连接通路和断路时，主要使用万用表的电阻挡（或蜂鸣器挡），并且应该在设备断电的情况下进行测量。

3.1 线路中连接导线的检测

在设备线路中使用的多芯电缆，由于外力的作用，易造成断裂或各线芯之间的绝缘被破坏，造成断路或短路，从而影响设备正常运行。可以使用万用表进行检测，使用数字式万用表检测电缆通断的方法如下。

3.1.1 测量多芯电缆的通断

具体方法如图 3-1 和图 3-2 所示。

测量电缆中各线芯之间是否短路，具体方法如图 3-3 所示。

测量带插接件连接线通断的具体方法如图 3-4 所示。

3.1.2 印制电路板上线路通断的检测

在电气和电子设备中，印制电路板起着重要的作用，它不仅是电子元件安装的基板，而且也是各元件连接的通路。印制电路板有单面板、双面板和多层板之分。印制电路板的检测除外观质量外，可使用万用表的电阻挡位检测线路的通断和金属化孔的通断。

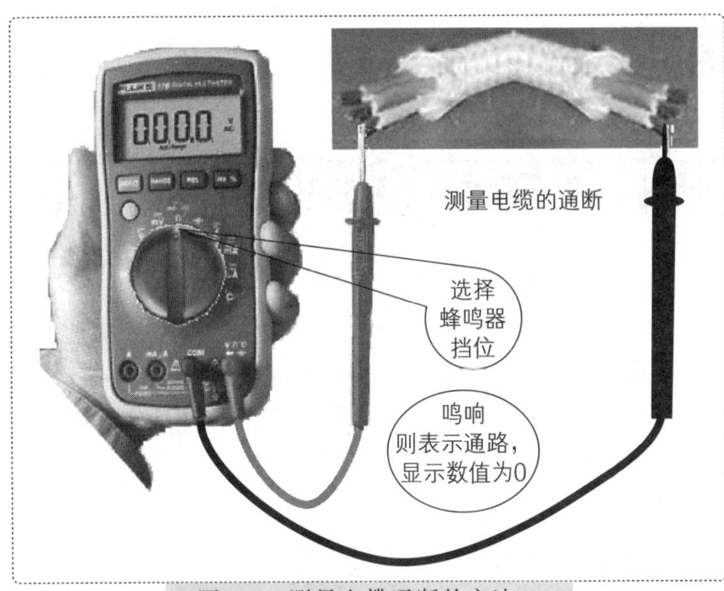
测量电缆的通断
选择
蜂鸣器
挡位
鸣响
则表示通路，
显示数值为0

图 3-1　测量电缆通断的方法一

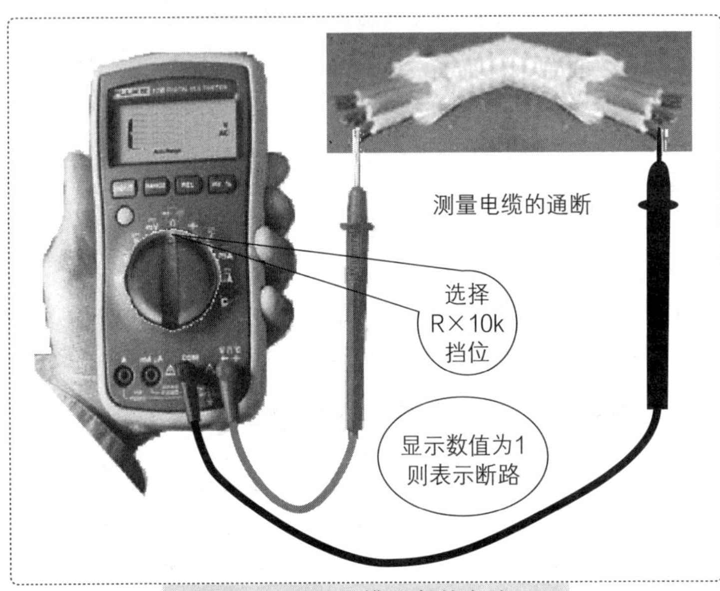
测量电缆的通断
选择
R×10k
挡位
显示数值为1
则表示断路

图 3-2　测量电缆通断的方法二

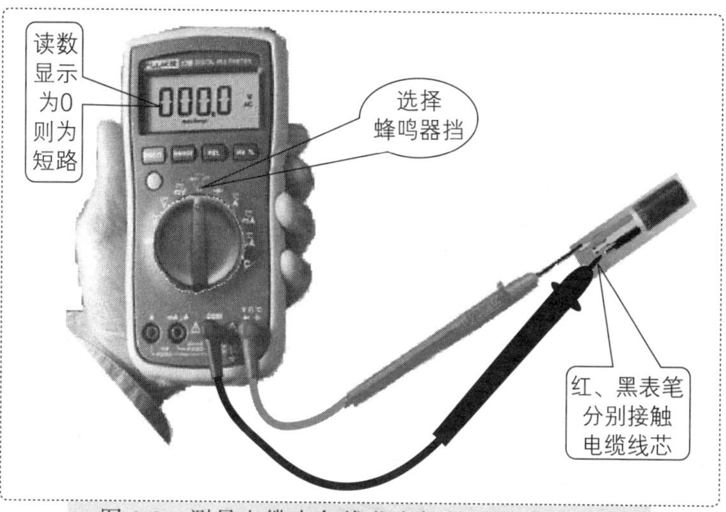
读数
显示
为0
则为
短路
选择
蜂鸣器挡
红、黑表笔
分别接触
电缆线芯
0000

图 3-3　测量电缆中各线芯之间是否短路的方法

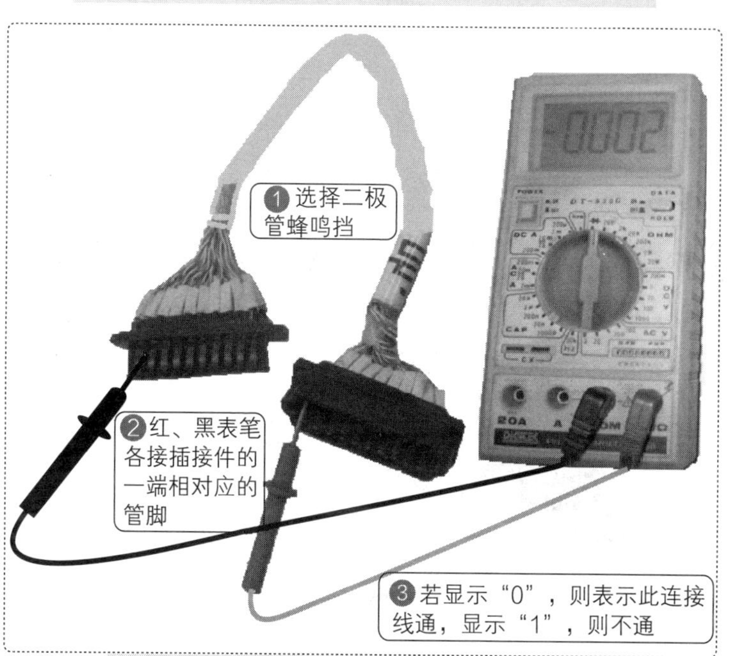
①选择二极
管蜂鸣挡
②红、黑表笔
各接插接件的
一端相对应的
管脚
③若显示“0”，则表示此连接
线通，显示“1”，则不通
-0002

图 3-4　测量带插接件连接线通断的方法

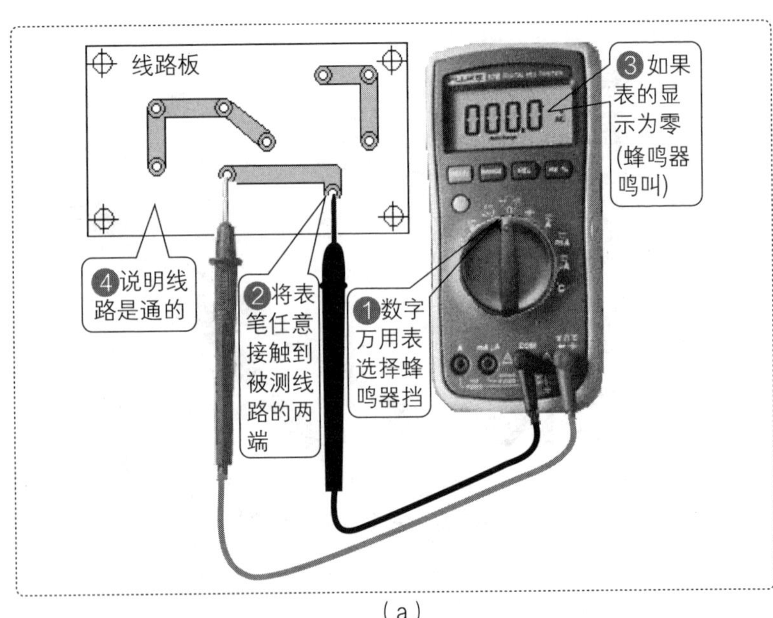
线路板
③如果表的显示为零(蜂鸣器鸣叫)
④说明线路是通的
②将表笔任意接触到被测线路的两端
①数字万用表选择蜂鸣器挡

(a)

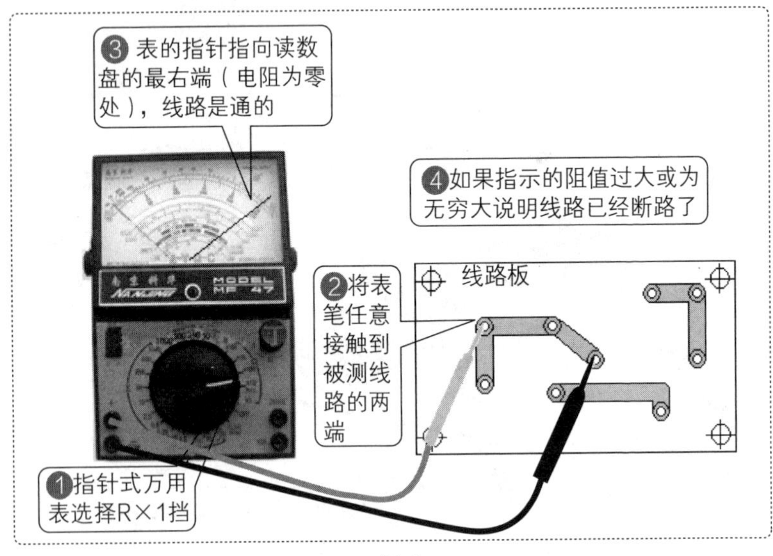
③ 表的指针指向读数盘的最右端（电阻为零处），线路是通的
④如果指示的阻值过大或为无穷大说明线路已经断路了
线路板
②将表笔任意接触到被测线路的两端
①指针式万用表选择R×1挡

(b)

图 3-5　万用表检测线路的通断方法

① 使用万用表的电阻挡位检测印制板上敷铜线的通断，具体方法如图 3-5 所示。

② 使用万用表的电阻挡位检测金属化孔的通断。具体方法如图 3-6 所示。

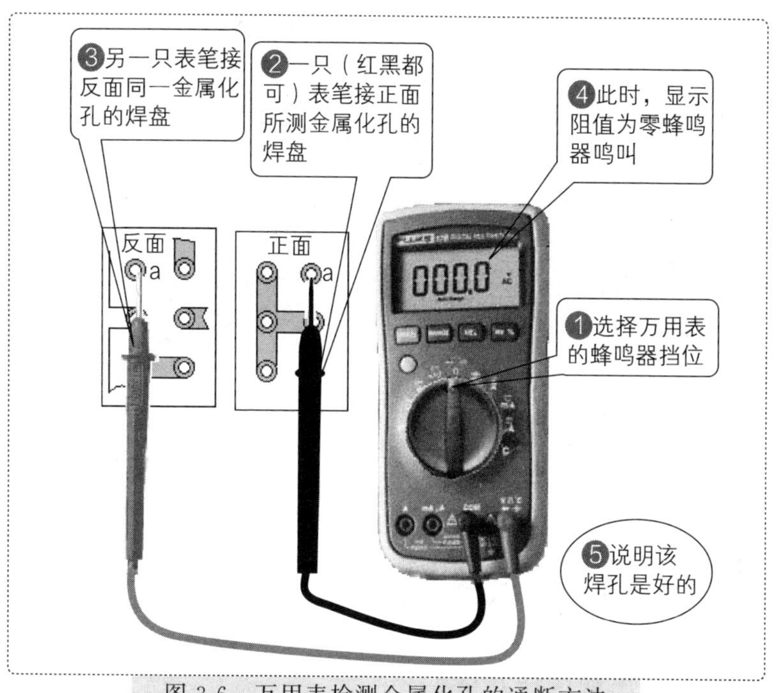

3另一只表笔接反面同一金属化孔的焊盘
2一只（红黑都可）表笔接正面所测金属化孔的焊盘
4此时，显示阻值为零蜂鸣器鸣叫
反面
正面
a
a
000.0
1选择万用表的蜂鸣器挡位
5说明该焊孔是好的

图 3-6　万用表检测金属化孔的通断方法

3.1.3　线路虚接的检查

在设备、仪器中使用导线将元件连接起来，以实现信号、能量的传递。导线与元件连接的方式有焊接、压接、绕接等多种。在连接时或使用后会发生接触不良情况，也就是虚接，就会影响设备、仪器的正常功能。检查线路虚接情况一般靠直接检查方法，但借助万用表可以更准确检查出虚接情况。可按照如图 3-7 所示步骤进行。

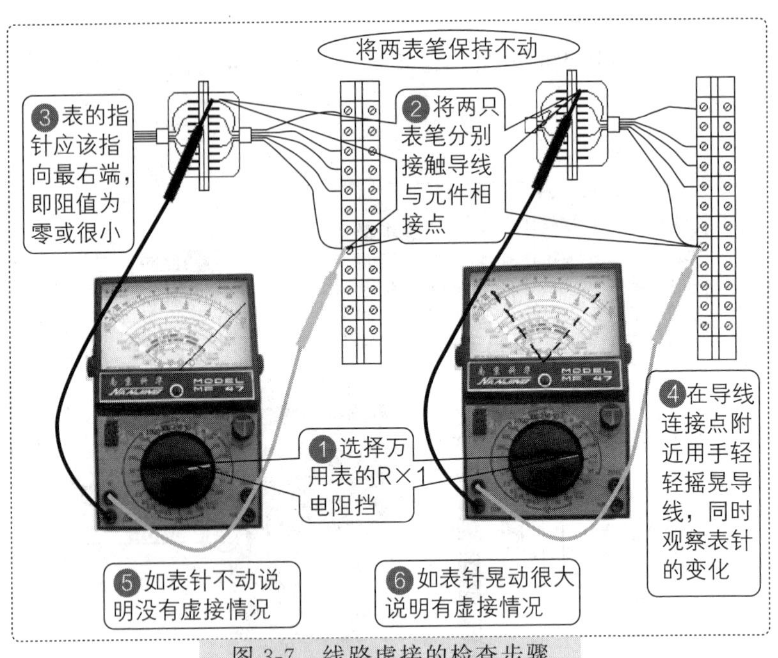
将两表笔保持不动
③表的指针应该指向最右端，即阻值为零或很小
②将两只表笔分别接触导线与元件相接点
④在导线连接点附近用手轻轻摇晃导线，同时观察表针的变化
①选择万用表的R×1电阻挡
⑤如表针不动说明没有虚接情况
⑥如表针晃动很大说明有虚接情况

图 3-7　线路虚接的检查步骤

3.2　插接件的检测

3.2.1　常用插接件介绍

① 继电控制电路中使用的插接件额定电流比较大。主要有矩形和圆形两种形状，有带锁紧和不带锁紧之分。一般使用螺钉紧固方式固定，与导线采取焊接形式连接。插接件在使用中的故障一般表现为接触不良，也就是平常所说的虚接。常用的接插件如图 3-8 所示。

② 电子电路中常用插接件，如图 3-9 所示。

图 3-8 常用的接插件

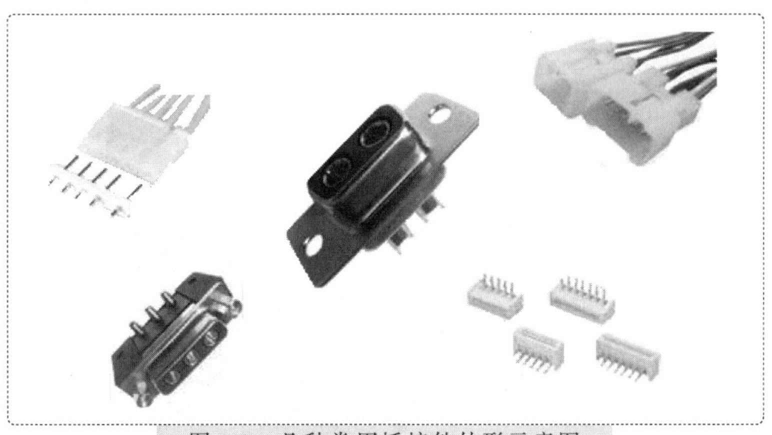

图 3-9 几种常用插接件外形示意图

3.2.2 插接件的检测

插接件检测的具体方法如图 3-10 所示。

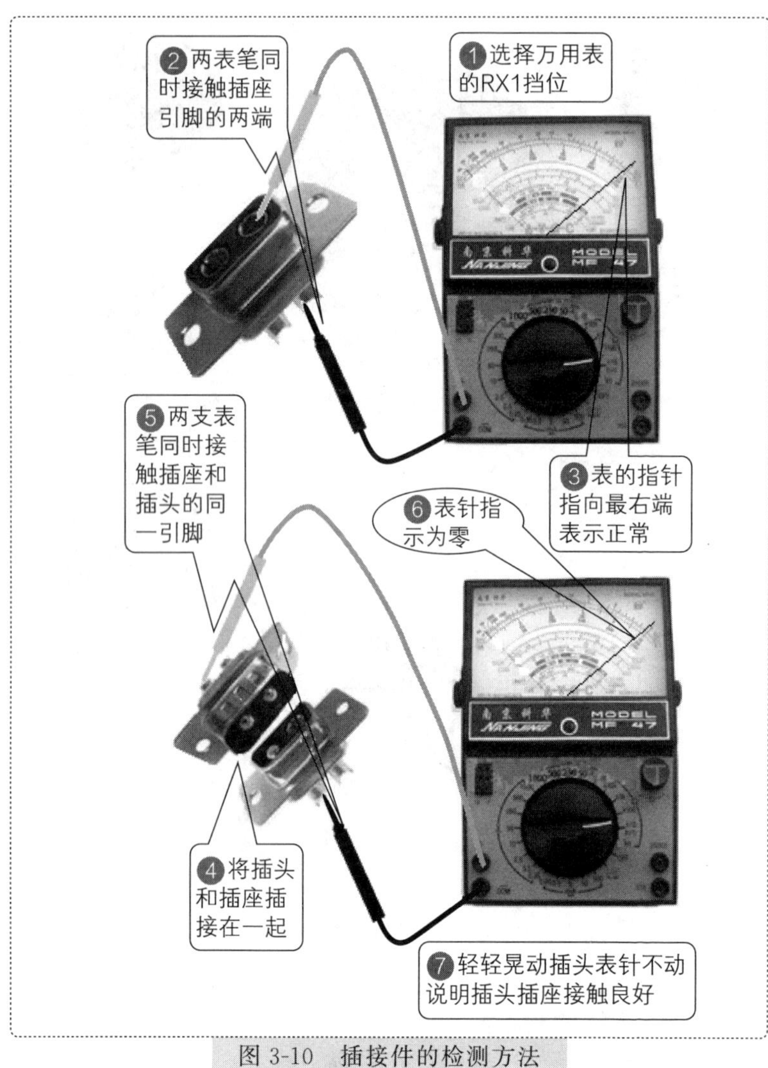
①选择万用表的RX1挡位
②两表笔同时接触插座引脚的两端
③表的指针指向最右端表示正常
④将插头和插座插接在一起
⑤两支表笔同时接触插座和插头的同一引脚
⑥表针指示为零
⑦轻轻晃动插头表针不动说明插头插座接触良好
MODEL MF 47

图 3-10　插接件的检测方法

3.3 开关器件的检测

3.3.1 常用开关器件类型

按钮开关种类很多，常用的有拨动开关、按钮开关、船形开关、滑动开关、旋转开关、微动开关等。虽然结构不同，但在电路中起的作用基本上是一样的。

按钮开关有自锁型和非自锁型两种。自锁型就是按一下开关闭合（或断开），再按一下就断开（或闭合），如急停按钮。而非自锁型按钮要使其保持闭合（或断开）状态，就必须用外力使其保持在按下位置。

因为开关属于操作器件类，动作频率比较高，属于易损件。常常由于开关的损坏，使设备发生停机故障。在日常的维修工作中，开关是维修工程师关注度比较高的元器件。对于开关类器件的检测方法很简单，一般使用万用表检测其通断，以此判断是否正常。按钮开关有两大类，一类像拨动开关，广泛应用在电子电路。另一类额定电流大，一般应用在继电控制电路中。这种按钮开关包括两种不同类型的开关：按钮开关及选择开关。

3.3.2 继电控制电路中常用开关器件的检测

检测开关器件，先靠目测检查开关的外观是否有破损，接线端子是否松动，按下和抬起开关时，是否有卡住现象。

检测常闭触点的方法如图 3-11 所示。检测常开触点的方法如图 3-12 所示。

3.3.3 电子电路中常用开关器件的检测

① 检测拨动开关。具体方法如图 3-13 和图 3-14 所示。

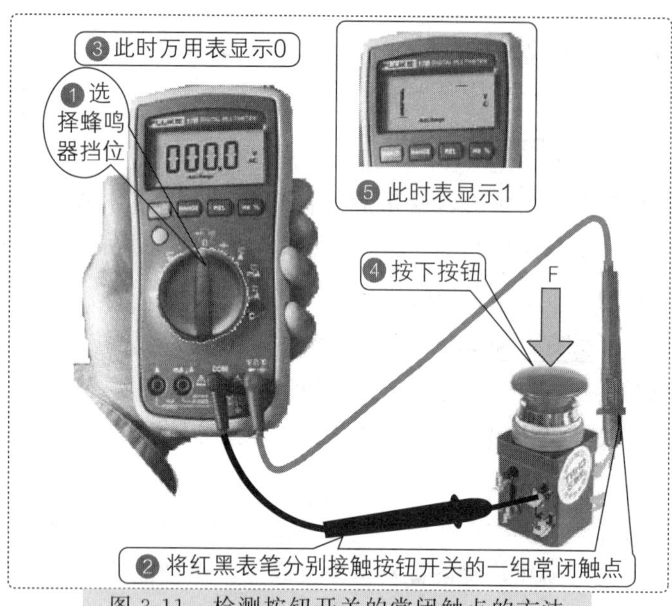
③ 此时万用表显示0
① 选择蜂鸣器挡位
⑤ 此时表显示1
④ 按下按钮
F
② 将红黑表笔分别接触按钮开关的一组常闭触点

图 3-11 检测按钮开关的常闭触点的方法

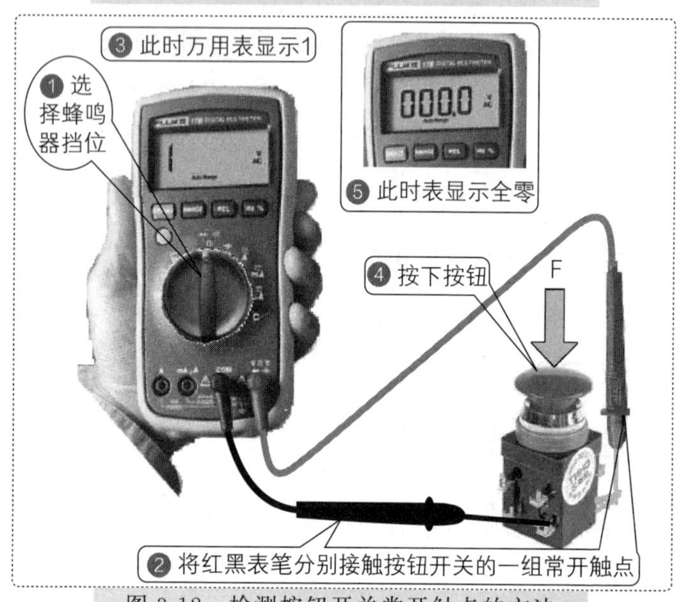
③ 此时万用表显示1
① 选择蜂鸣器挡位
⑤ 此时表显示全零
④ 按下按钮
F
② 将红黑表笔分别接触按钮开关的一组常开触点

图 3-12 检测按钮开关常开触点的方法

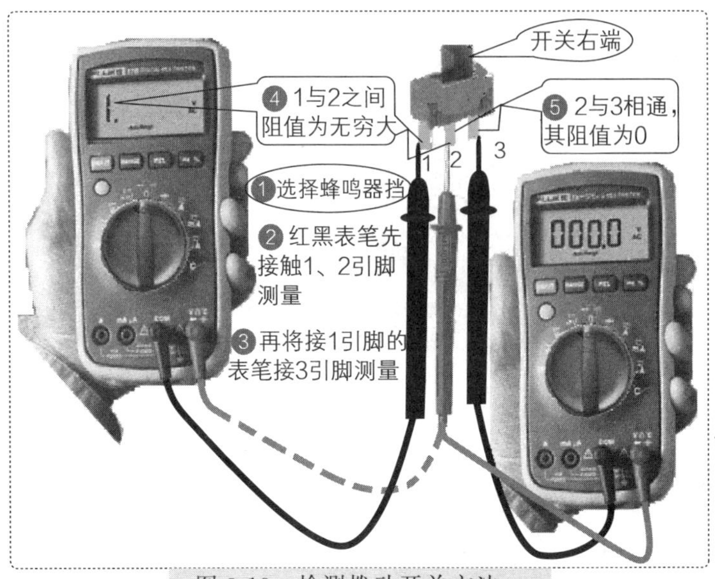
开关右端
④1与2之间
阻值为无穷大
⑤2与3相通，
其阻值为0
1
2
3
①选择蜂鸣器挡
②红黑表笔先
接触1、2引脚
测量
③再将接1引脚的
表笔接3引脚测量
图 3-13 检测拨动开关方法一

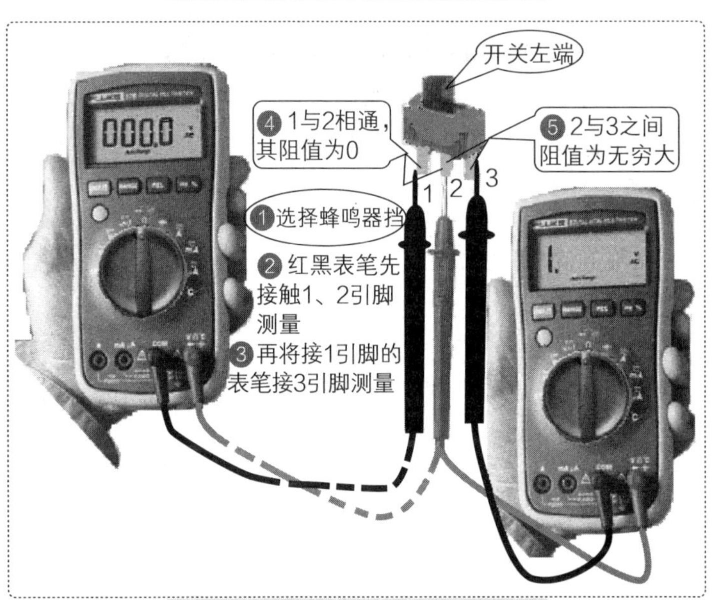
开关左端
④1与2相通，
其阻值为0
⑤2与3之间
阻值为无穷大
1
2
3
①选择蜂鸣器挡
②红黑表笔先
接触1、2引脚
测量
③再将接1引脚的
表笔接3引脚测量
图 3-14 检测拨动开关方法二

② 旋转式开关的检测方法。图 3-15 所示为一波段开关。它共有 11 个触片，其中有一公共触片，十个静止触片，另外有一个动触片。

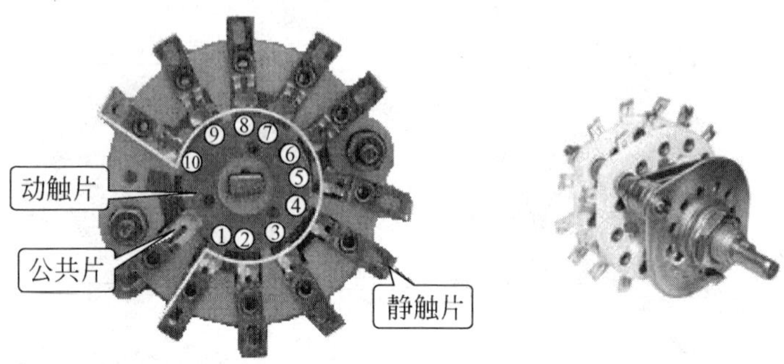
动触片
公共片
静触片
1
2
3
4
5
6
7
8
9
10

图 3-15　波段开关

判断旋转式开关是否正常，可对公共触片和静触片的阻值进行检测，具体的检测方法如图 3-16 所示。

提示!

为了正确判断该旋转开关是否正常，还要检测其他选通位的情况，正常情况下，凡被选通位的静触片与公共触片均应该导通，即电阻值约为零。否则就不正常。

③ 直键开关的检测方法。直键开关的检测可分为在线检测法和离线检测法。

a. 在线检测直键开关。对于焊接在电路板上的直键开关，在线检测时，应对电路板上所对应的背部引脚进行测量，因为在电子产品电路板中，直键开关安装形式如图 3-17 所示，无法在正面进行检测，只能在背面检测，具体检测方法如图 3-17 所示。

b. 离线检测直键开关。直键开关离线检测与在线检测的方法基本相同，但是相同开关测出的数值是不同的，因为开关在路时，可能会受到电路的影响。

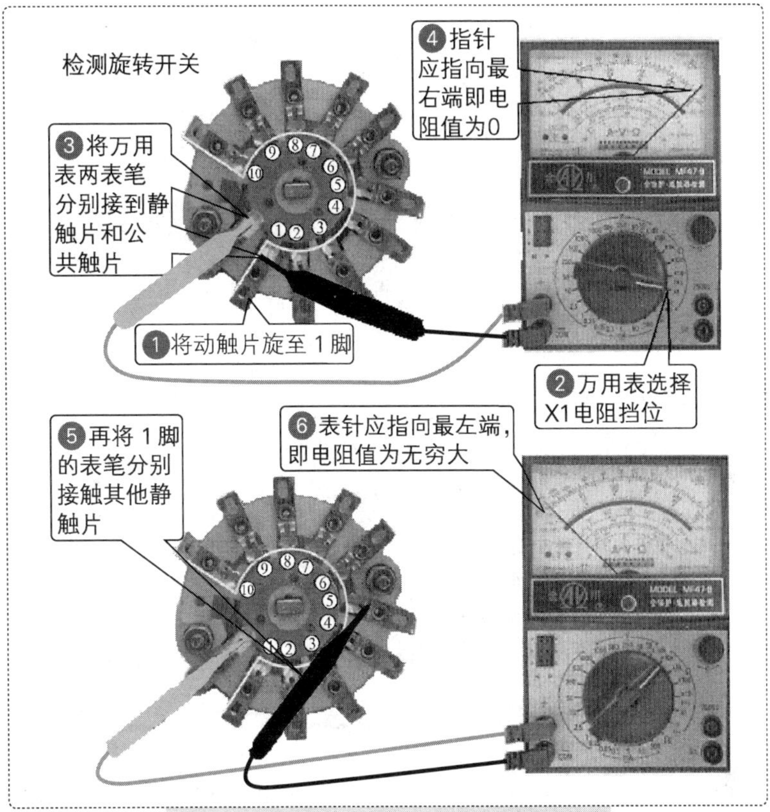

检测旋转开关

④指针应指向最右端即电阻值为0

③将万用表两表笔分别接到静触片和公共触片

①将动触片旋至 1 脚

②万用表选择X1电阻挡位

⑤再将 1 脚的表笔分别接触其他静触片

⑥表针应指向最左端，即电阻值为无穷大

图 3-16　判断旋转式开关是否正常

提 示!

不同的电子产品，在线检测开关部件断路状态时的阻值是不同的，而接触状态的阻值都为0 。

直键开关是不能自动复位的开关，即按下按钮后，不能够自动复位，需要再按一下才能返回到原来的状态，因此，直键开关应在两种状态下进行检测，一种是初始状态，一种是按下状态。具体检

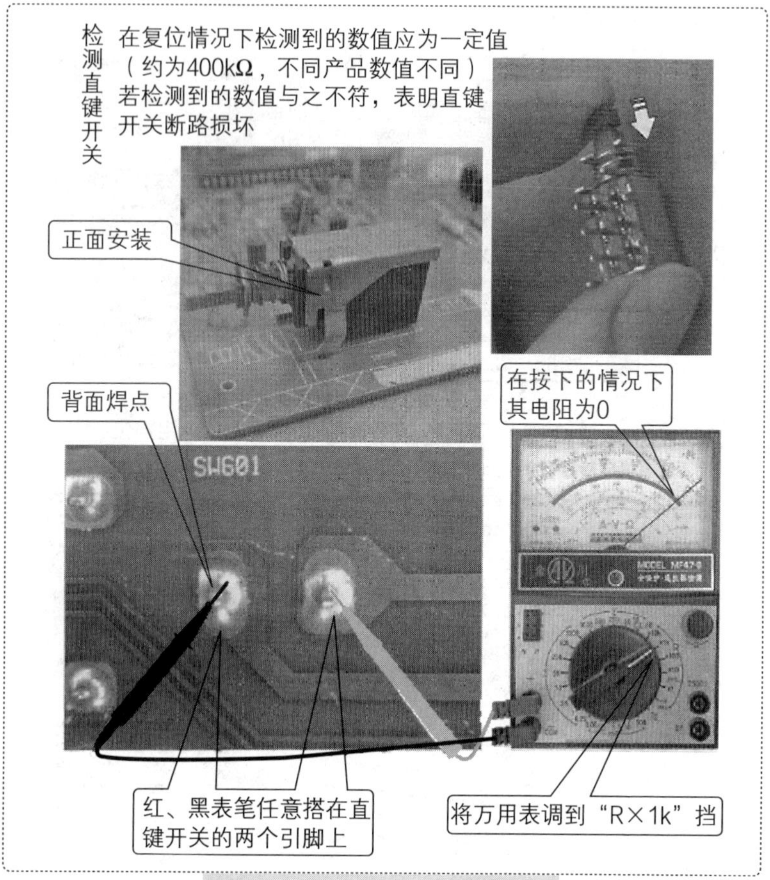

检测直键开关

在复位情况下检测到的数值应为一定值（约为400kΩ，不同产品数值不同）若检测到的数值与之不符，表明直键开关断路损坏

正面安装

背面焊点

SW601

在按下的情况下其电阻为0

红、黑表笔任意搭在直键开关的两个引脚上

将万用表调到“R×1k”挡

图 3-17　在线检测直键开关

测方法如图 3-18 所示。

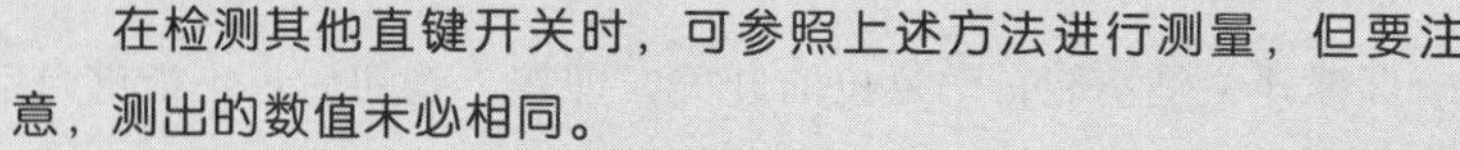
提 示!

在检测其他直键开关时，可参照上述方法进行测量，但要注意，测出的数值未必相同。

c. 微动开关检测。检测微动开关时可以检测其引脚间的阻值

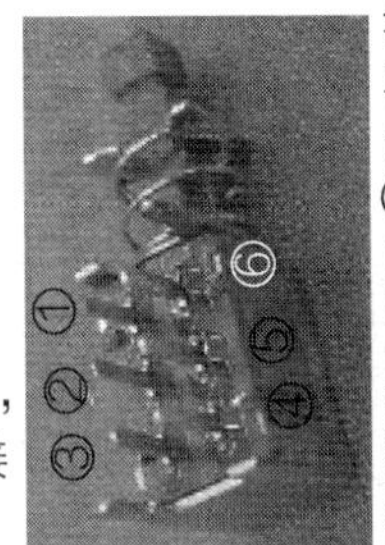

①
②
③
④
⑤
⑥

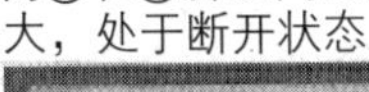

在初始状态下检测将万用表调到“R×1”挡，红、黑表笔任意接在直键开关的①、②脚上，测出的数值接近于0，属正常
直键开头⑤、⑥脚的阻值，正常情况下的阻值也应接近于0
按下后，再次检测直键开关的各个引脚，这时测出②、⑧脚之间和④、⑤脚之间有固定的阻值，故处于导通状态，而①和⑥脚之间的阻值为无穷大，处于断开状态
② ①
A-V-Ω
MODEL MF47-B

接下来检测③、④脚是否也为导通状态，初始状态下检测直键开关的③、④脚阻值，万用表测得数值为无穷大，表明直键开关的③、④为断开状态
A-V-Ω
MODEL MF47-B
若测得结果与上述检测的情况不符表明该开关出现故障

图 3-18　离线检测直键开关

变化，以此来判断开关的好坏。为了能够清楚地观测到开关通断的变化，在这里使用指针式万用表进行检测。

在检测微动开关常开触点两引线端的电阻值时，按动键钮，观察万用表的读数，若指针所指的数值很小或接近于 0，表明微动开关为导通状态，且这个微动开关是正常的；若按动微动开关的键钮时，万用表的指针没有发生变化，则说明微动开关已损坏，具体操作如图 3-19 所示。

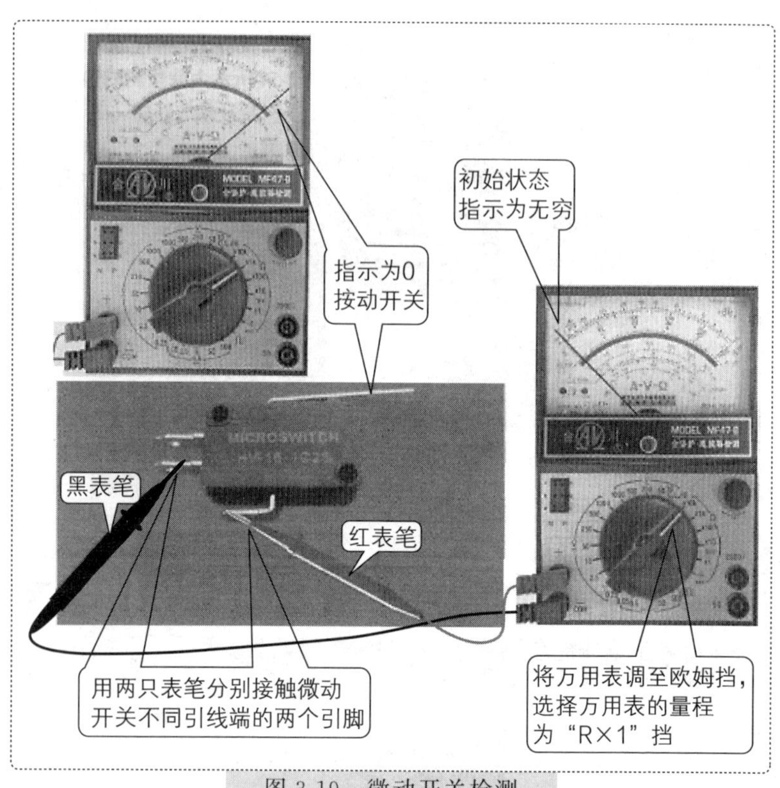
初始状态
指示为无穷
指示为0
按动开关
黑表笔
红表笔
用两只表笔分别接触微动
开关不同引线端的两个引脚
将万用表调至欧姆挡，
选择万用表的量程
为“R×1”挡

图 3-19　微动开关检测

3.4　传感器的检测

3.4.1　接近开关的检测

接近开关广泛应用在自动控制设备中。当有特定的物体接近开关并到达规定的距离时，开关就动作。该类开关是一种有源器件，使用万用表检测时，必须给接近开关接通规定的电源（交流或直流）。检测方法如图 3-20 所示。

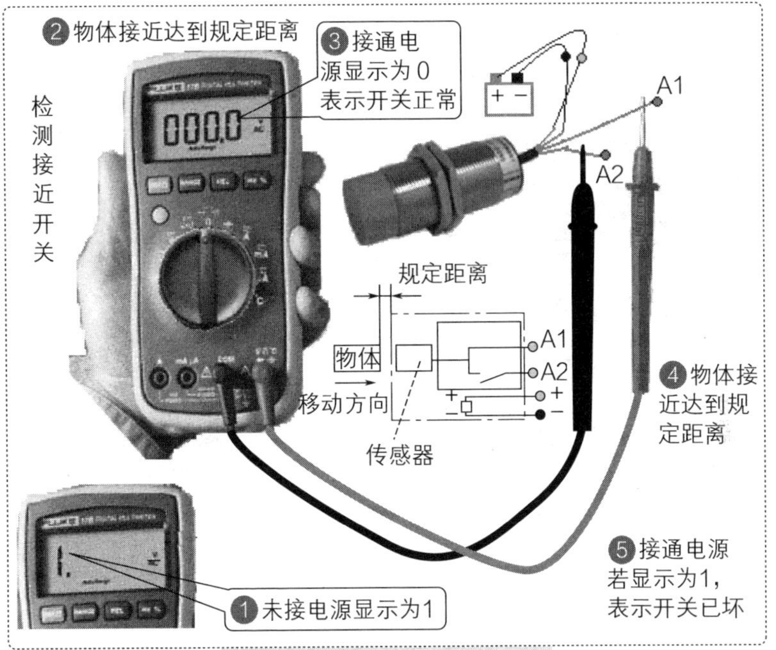

2物体接近达到规定距离
3接通电源显示为0表示开关正常
检测接近开关
A1
A2
规定距离
物体
移动方向
传感器
A1
A2
+
−
4物体接近达到规定距离
5接通电源若显示为1，表示开关已坏
1未接电源显示为1

图 3-20　接近开关的检测

3.4.2　光电开关的检测

① 确定输入端。利用二极管的单向导电特性，可以很容易地将光电开关的输入端（发射管）和输出端（接收管）区分开。具体方法如图 3-21 所示。

② 检测接收管。正常时，用万用表 R×1k 挡测量，光电开关接收管的穿透电阻值多为无穷大。具体方法如图 3-22 所示。

③ 检测发射管与接收管之间的绝缘阻值。具体方法如图 3-23 所示。

④ 检测灵敏度。测试时采用两只万用表，测试电路如图 3-24 所示。

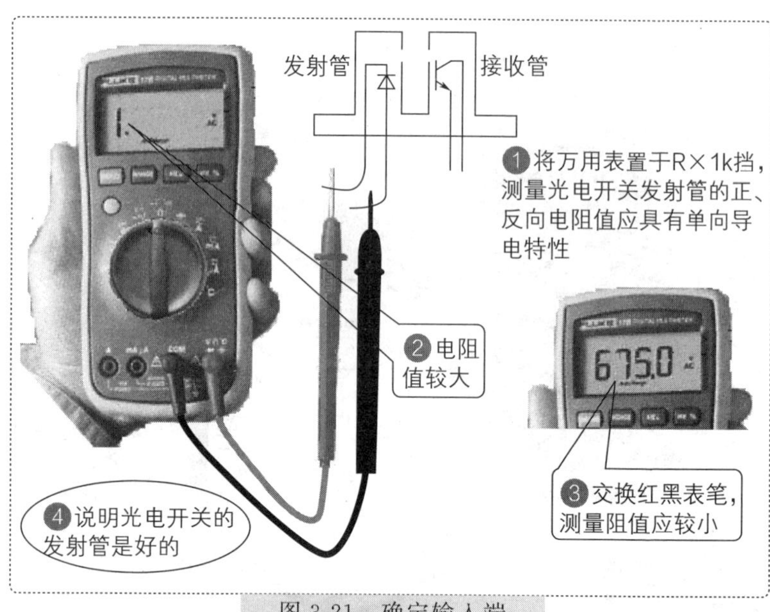
发射管
接收管
❶将万用表置于R×1k挡，测量光电开关发射管的正、反向电阻值应具有单向导电特性
❷电阻值较大
675.0
❸交换红黑表笔，测量阻值应较小
❹说明光电开关的发射管是好的

图 3-21　确定输入端

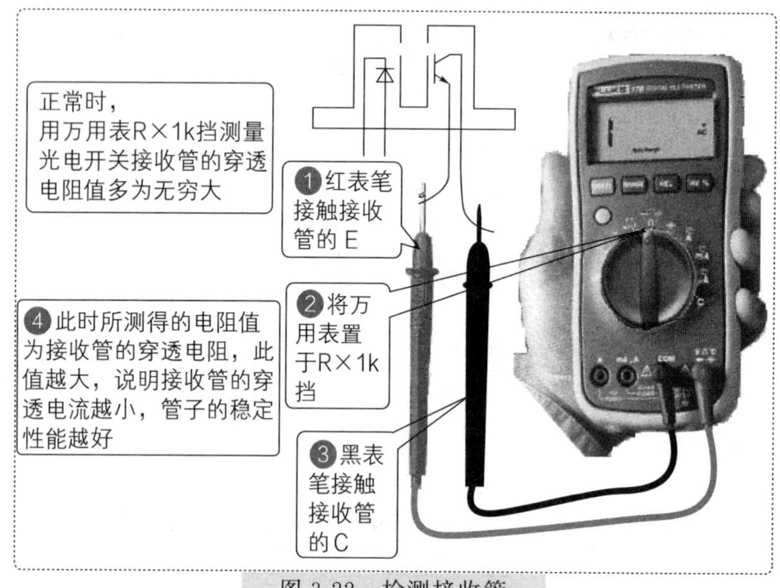
正常时，
用万用表R×1k挡测量光电开关接收管的穿透电阻值多为无穷大
❶红表笔接触接收管的E
❷将万用表置于R×1k挡
❸黑表笔接触接收管的C
❹此时所测得的电阻值为接收管的穿透电阻，此值越大，说明接收管的穿透电流越小，管子的稳定性能越好

图 3-22　检测接收管

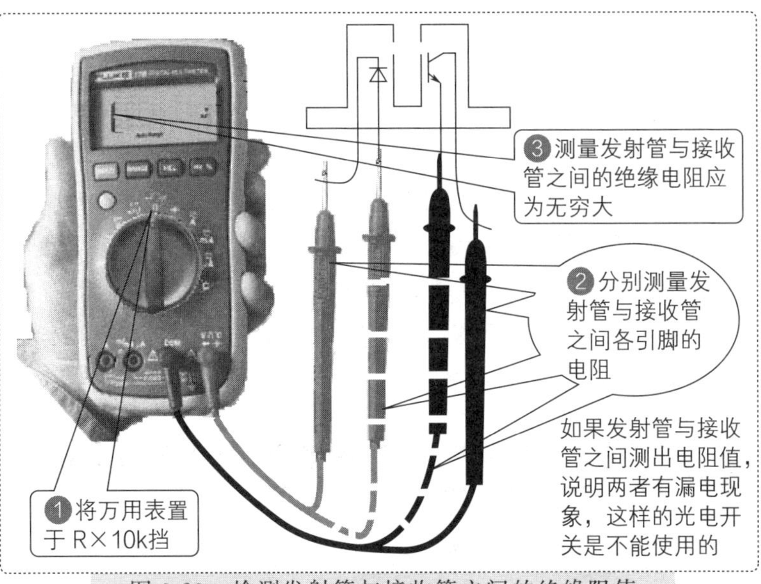
③测量发射管与接收管之间的绝缘电阻应为无穷大
②分别测量发射管与接收管之间各引脚的电阻
如果发射管与接收管之间测出电阻值，说明两者有漏电现象，这样的光电开关是不能使用的
①将万用表置于R×10k挡

图 3-23 检测发射管与接收管之间的绝缘阻值

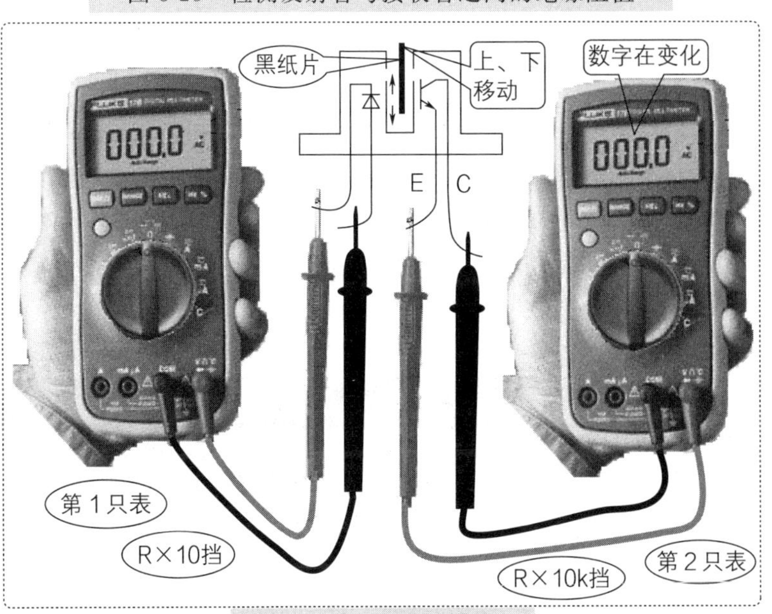
黑纸片
上、下移动
数字在变化
000.0
000.0
E
C
第1只表
R×10挡
R×10k挡
第2只表

图 3-24 检测灵敏度

第一步　第 1 只万用表置于 R×10 挡，红表笔接发射管负极，黑表笔接发射管正极。

第二步　第 2 只万用表置于 R×10k 挡，红表笔接接收管 E，黑表笔接接收管 C。

第三步　将一黑纸片插在光电开关的发射窗与接收窗中间，用来遮挡发射管发出的红外线。

第四步　测试时，上、下移动黑纸片，观察第 2 只万用表的指针应随着黑纸片的上、下移动有明显的摆动，摆动的幅度越大，说明光电开关的灵敏度越高。

提 示!

为了防止外界光线对测试的影响，测试操作应在较暗处进行。

3.4.3　霍尔传感器的检测

利用霍尔效应制成的半导体元件叫霍尔元件。所谓霍尔效应是指当半导体上通过电流，并且电流的方向与外界磁场方向相垂直时，在垂直于电流和磁场的方向上产生霍尔电动势的现象。

① 测量输入电阻和输出电阻。具体方法如图 3-25 所示。

② 检测灵敏度。具体方法如图 3-26 所示。

提 示!

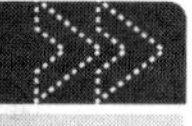

测试时不要将霍尔元件的输入、输出引线接反，否则，测量结果不正确。

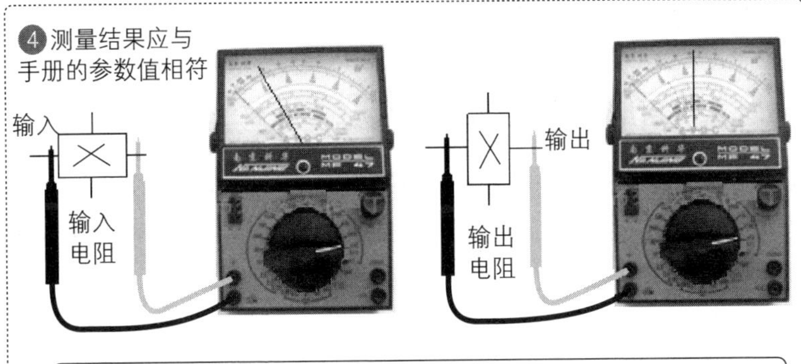
④测量结果应与手册的参数值相符
输入
输入电阻
输出
输出电阻
①测量时要注意正确选择万用表的电阻挡量程，以保证测量的准确度
②对于HZ系列产品应选择万用表R×10挡测量
③对于HT与HS系列产品应采用万用表R×1挡测量
⑤如果测出的阻值为无穷大或为零，说明被测霍尔元件已经损坏

图 3-25 测量输入电阻和输出电阻方法

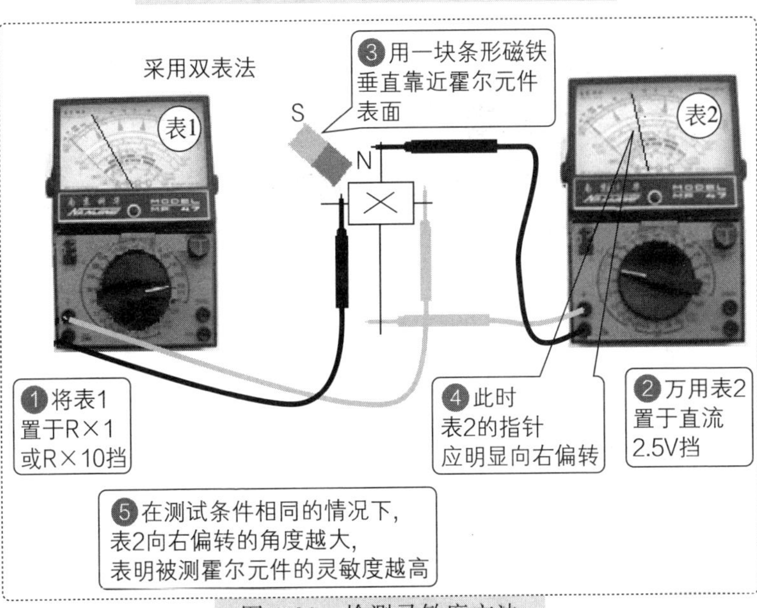
采用双表法
表1
S
N
③用一块条形磁铁垂直靠近霍尔元件表面
表2
①将表1置于R×1或R×10挡
④此时表2的指针应明显向右偏转
②万用表2置于直流2.5V挡
⑤在测试条件相同的情况下，表2向右偏转的角度越大，表明被测霍尔元件的灵敏度越高

图 3-26 检测灵敏度方法

3.5 继电器/接触器的检测

3.5.1 常用继电器/接触器结构

继电器有直流继电器和交流继电器之分。交流继电器和中间继电器外形及图形符号如图 3-27 所示。继电器是用较小电流来控制较大电流或高压的一种自动开关，它在电路中起着自动控制或安全保护等作用。

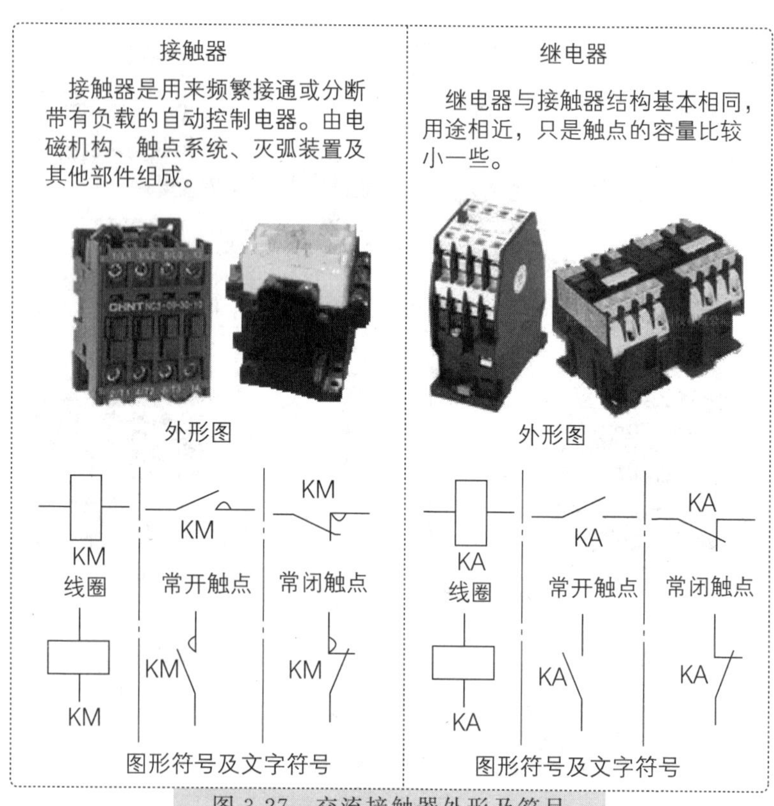
接触器
接触器是用来频繁接通或分断带有负载的自动控制电器。由电磁机构、触点系统、灭弧装置及其他部件组成。
外形图
KM
线圈
KM
常开触点
KM
常闭触点
KM
KM
KM
图形符号及文字符号
继电器
继电器与接触器结构基本相同，用途相近，只是触点的容量比较小一些。
外形图
KA
线圈
KA
常开触点
KA
常闭触点
KA
KA
KA
图形符号及文字符号

图 3-27 交流接触器外形及符号

3.5.2 常用继电器/接触器工作原理

继电器在机床控制线路中常用来控制各种电磁线圈，起到触点的容量或数量的放大作用。JZ7 系列继电器适用于交流电压 500V、电流 5A 及以下的控制电路。

交流继电器的结构如图 3-28 所示，它由电磁系统（线圈、动铁芯和静铁芯）、触点系统、反作用弹簧及复位弹簧等组成。

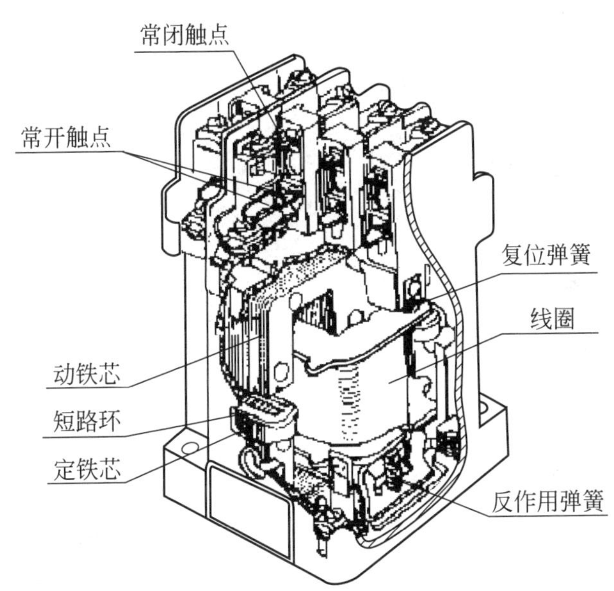
常闭触点
常开触点
复位弹簧
线圈
动铁芯
短路环
定铁芯
反作用弹簧

图 3-28 JZ7 交流继电器的外形和结构

触点系统：它包括数对主触点和数对辅助触点，一般是桥式双断点。触点有常开和常闭之分。常开触点在线圈通电的情况下，可以在额定条件下切换电源，常开触点用于控制回路。

反作用弹簧及复位弹簧：当线圈得电后，接触器吸合时弹簧被压缩；当线圈失电后，利用弹簧的储能将接触器恢复正常。

继电器的工作原理：线圈得电后，铁芯产生电磁力，动静铁芯相互吸合，动铁芯带动常开触点吸合、常闭触点断开；断电后，铁芯失掉激磁，吸合力骤减，动铁芯在弹簧力的作用下返回原位，使得继电器的常开触点恢复到断开位置，常闭触点恢复到闭合位置。

3.5.3 使用万用表检测继电器/接触器的触点

具体检测方法如图 3-29 所示。

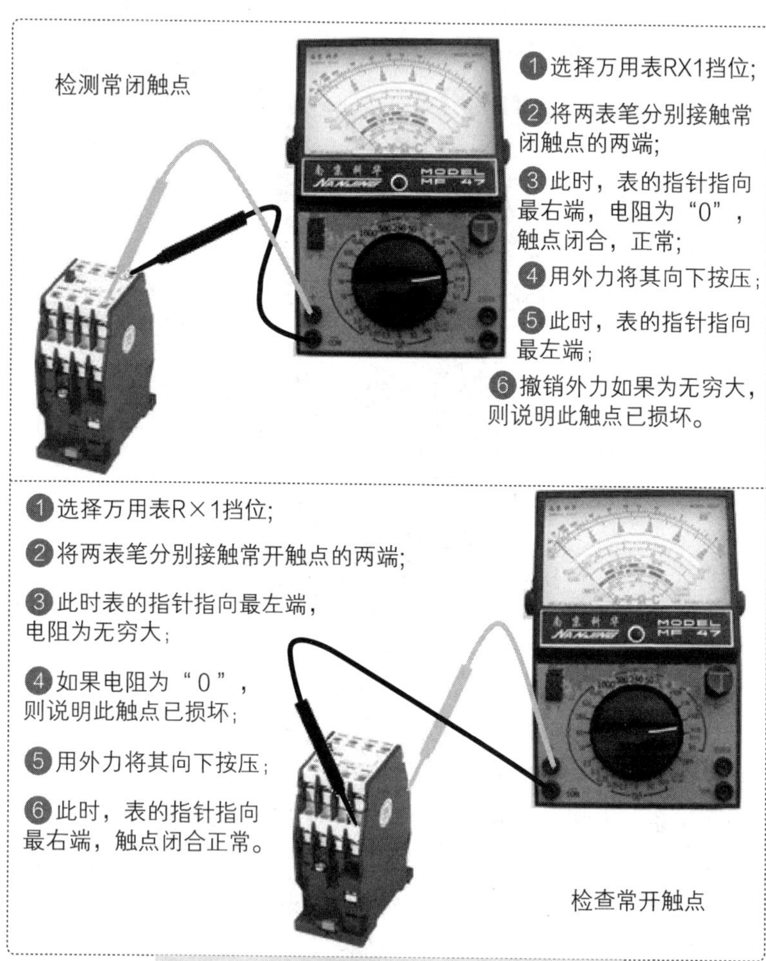
检测常闭触点
①选择万用表RX1挡位;
②将两表笔分别接触常闭触点的两端;
③此时，表的指针指向最右端，电阻为“0”，触点闭合，正常;
④用外力将其向下按压;
⑤此时，表的指针指向最左端;
⑥撤销外力如果为无穷大，则说明此触点已损坏。
①选择万用表R×1挡位;
②将两表笔分别接触常开触点的两端;
③此时表的指针指向最左端，电阻为无穷大;
④如果电阻为“0”，则说明此触点已损坏;
⑤用外力将其向下按压;
⑥此时，表的指针指向最右端，触点闭合正常。
检查常开触点

图 3-29 检测继电器/接触器的触点

提示！

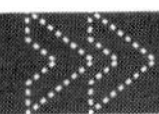

此种测量方法，只能粗略判断接触器的闭合和断开情况，要想准确判断其是否正常，应在通电的情况下进行检测。

接触器的检测方法与此类似。

3.5.4 使用万用表检测继电器/接触器的线圈

① 检测继电器线圈的通断。具体方法如图 3-30 所示。

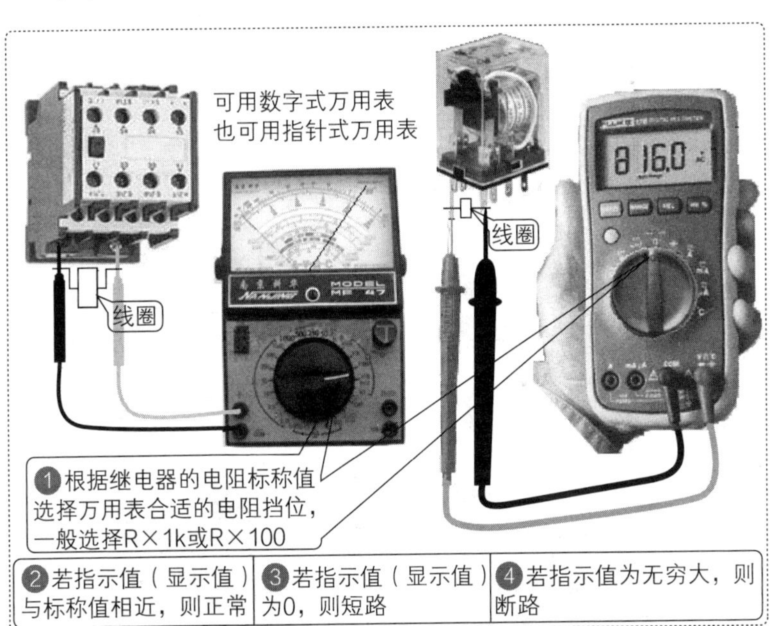
可用数字式万用表
也可用指针式万用表
线圈
线圈
MODEL
ME 47
816.0
❶根据继电器的电阻标称值
选择万用表合适的电阻挡位，
一般选择R×1k或R×100
❷若指示值（显示值）与标称值相近，则正常
❸若指示值（显示值）为0，则短路
❹若指示值为无穷大，则断路

图 3-30 检测继电器线圈的通断方法

② 检测固态继电器。固态继电器（简称 SSR）是一种高性能的新型继电器，具有控制灵活、无可动接触部件、寿命长、工作可靠、防爆耐震及无声运行的特点，常用于通断电气设备中的电源。

交流固态继电器的外壳上，输入端一般标有“＋”、“－”，而输出端则不分正、负。直流固态继电器，一般在输入和输出端均标有“+”、“-”，并注有“DC 输入”、“DC 输出”。

提 示!

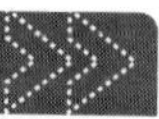

直流型及交流型SSR 都采用光电耦合方式作为控制端和输出端的隔离和传输。

a. 输入、输出引脚的判别。具体方法如图 3-31 所示。

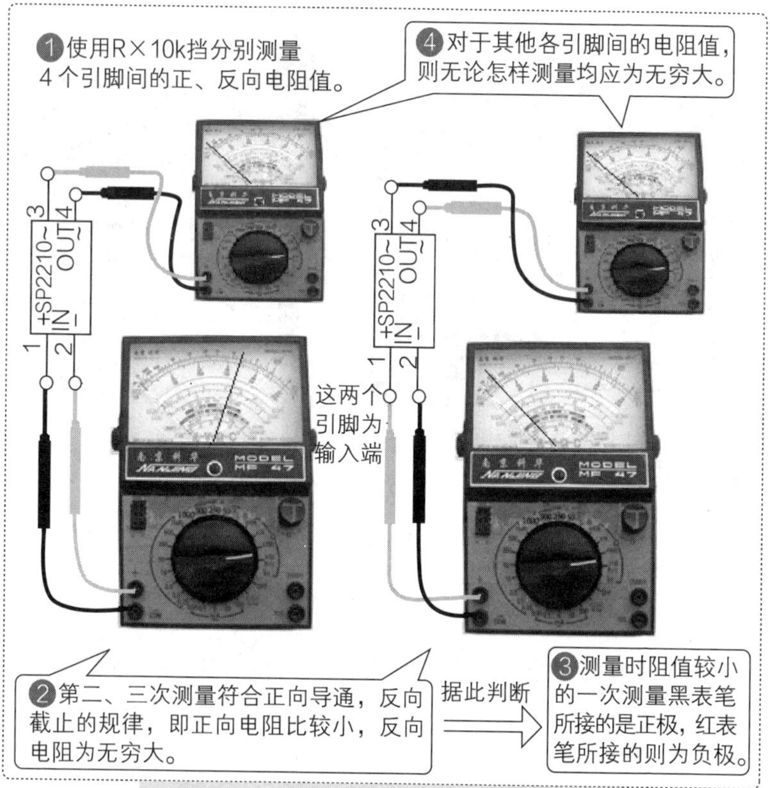

①使用R×10k挡分别测量4 个引脚间的正、反向电阻值。

④对于其他各引脚间的电阻值，则无论怎样测量均应为无穷大。

3 4 +SP2210~ OUT IN 1 2

这两个引脚为输入端

②第二、三次测量符合正向导通，反向截止的规律，即正向电阻比较小，反向电阻为无穷大。

据此判断

③测量时阻值较小的一次测量黑表笔所接的是正极，红表笔所接的则为负极。

图 3-31 输入、输出引脚的判别方法

b. 检测输入电流和带载能力。具体方法如图 3-32 所示。

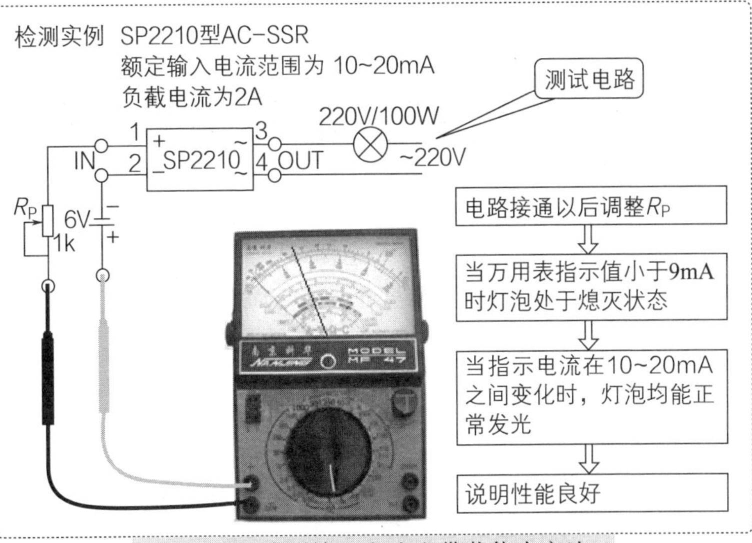
检测实例 SP2210型AC-SSR
额定输入电流范围为 10~20mA
负载电流为2A
测试电路
220V/100W
IN
SP2210
OUT
~220V
R_P
6V
1k
电路接通以后调整R_P
当万用表指示值小于9mA时灯泡处于熄灭状态
当指示电流在10~20mA之间变化时，灯泡均能正常发光
说明性能良好
MODEL MF 47

图 3-32 检测输入电流和带载能力方法

提 示!

有些固态继电器的输出端带有保护二极管，测试时，可先找出输入端的两个引脚，然后采用测量其余3 个引脚间正、反向电阻值的方法，将公共地、正输出端和负输出端加以区别。

第4章 使用万用表检测电子元器件

4.1 用万用表检测电阻器

4.1.1 电阻器的基础知识

(1) 电阻器的主要参数

电阻器在电子产品中是一种必不可少的、用得最多的元件。在电路中，电阻用来控制电流，分配电压。它的种类繁多，形状各异，功率也各有不同。电阻器的图形符号、文字代号如图 4-1 所示。

图形符号	文字代号
—□—	R

图 4-1 常用电阻器的图形符号、文字代号

电阻器的主要参数如图 4-2 所示。

提示!
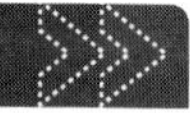

我们选用电阻器时一般只考虑标称阻值、额定功率、阻值误差。其他几项参数，只在有特殊需要时才考虑。

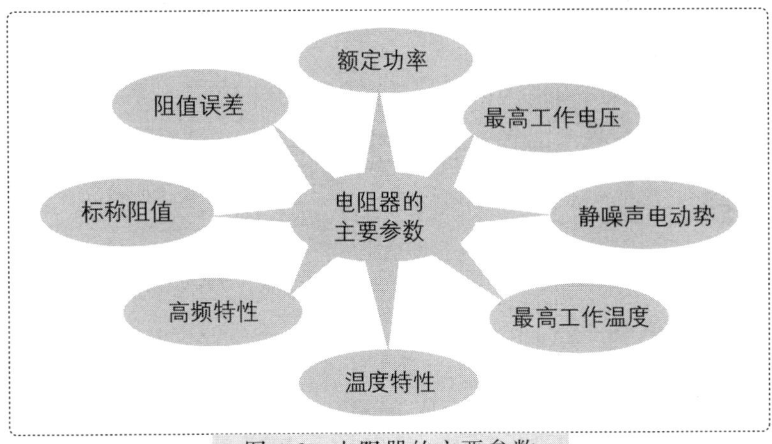
额定功率
阻值误差
最高工作电压
标称阻值
电阻器的主要参数
静噪声电动势
高频特性
最高工作温度
温度特性

图 4-2 电阻器的主要参数

(2) 常用电阻器的类型

按结构形式，可分为固定电阻器和可变电阻器，按制作材料，可分为线绕电阻器、膜式电阻器、碳质电阻器；按用途分，可分为精密电阻器、大功率电阻器、熔断电阻器等。固定电阻器的电阻值是固定不变的，阻值的大小就是它的标称阻值。固定电阻器的文字符号常用字母“R”表示，主要有碳质电阻、碳膜电阻、金属膜电阻、线绕电阻、水泥电阻、贴片电阻等。

(3) 电阻器阻值标称值的表示方法

① 电阻器的标称阻值是指电阻器表面所标注的电阻值。电阻值的单位为欧姆（Ω）、千欧姆（kΩ）和兆欧姆（MΩ），其相互关系为：$1M\Omega = 10^3\ k\Omega = 10^6\ \Omega$。标称阻值的标注方法如图 4-3 所示。

② 色环的含义，见表 4-1 所示。

提 示!

选用电阻器时主要考虑类型、阻值、功率和误差等。要根据电路的用途选择不同种类的电阻器。

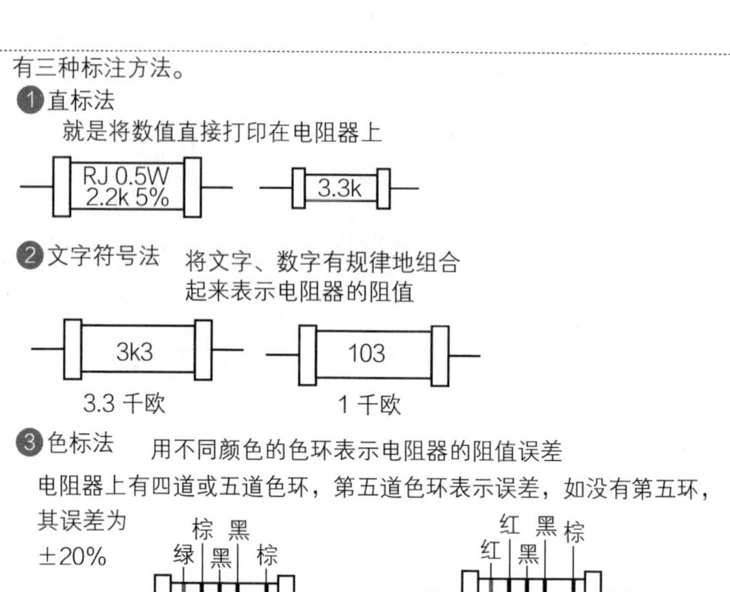
有三种标注方法。
①直标法
就是将数值直接打印在电阻器上
RJ 0.5W
2.2k 5%
3.3k
②文字符号法
将文字、数字有规律地组合起来表示电阻器的阻值
3k3
103
3.3 千欧
1 千欧
③色标法
用不同颜色的色环表示电阻器的阻值误差
电阻器上有四道或五道色环，第五道色环表示误差，如没有第五环，其误差为±20%
棕 黑
绿 黑 棕
5 1 0 0 1
5.1k 误差1%
红 黑 棕
红 黑
2 2 0 0 1
2.2k 误差1%

图 4-3 标称阻值的标注方法

表 4-1 色环的含义

色环颜色	第一色环 第一位数	第二色环 第二位数	第三色环 第三位数	第四色环 0 的个数	第五色环 误差
黑	0	0		$\times10^0$	
棕	1	1		$\times10^1$	±1%
红	2	2		$\times10^2$	±2%
橙	3	3		$\times10^3$	±3%
黄	4	4		$\times10^4$	
蓝	6	6		$\times10^6$	
紫	7	7		$\times10^7$	
灰	8	8		$\times10^8$	
白	9	9		$\times10^9$	
金				$\times10^{-1}$	±5%
银				$\times10^{-2}$	±10%
无色					±20%

(4) 电阻器的选择

① 选择电阻器功率

选择电阻器功率时，一般情况下所选电阻器的额定功率应大于实际消耗功率的两倍左右，以保证电阻器工作时的可靠性。功率大，体积就大。

② 电阻器的误差选择

在一般电路中选用1%的即可，在特殊的电路中依据电路要求选取。一般电子线路中常用电阻为色环表示电阻值，最后一环表示误差等级。

提示!

电阻器在电路中所能承受的电压值可通过$U^2=R\times P$计算，式中P为电阻器的额定功率，单位为W。R为电阻器的阻值，单位为Ω。U为电阻器的极限工作电压，单位为V。

4.1.2 电阻器的检测

电阻器的检查主要有外观质量和性能（如阻值、短路与断路）检测。外观质量主要通过直观检查法进行判断；一般性能检测要使用万用表进行测量判断。

(1) 电阻器直观检测方法

① 检查电阻器的外观。看是否有由外力造成的损伤或明显的划痕等。

② 通过型号识别电阻的类型。常用电阻型号一般由四部分组成。第一部分用“R”表示电阻器，第二部分用大写的英文字母表示电阻的材料，第三部分为数字或字母表示电阻的类型，第四部分为数字，表示序号。电阻型号的含义如表4-2所示。

表 4-2　电阻型号的含义

电阻型号含义				实例
第一部分	第二部分	第三部分	第四部分	
R	H　合成碳膜	1　普通	序号	例 1 型号:RT11 含义: 普通碳膜电阻 例 2 型号:RJ71 含义: 精密金属膜电阻
	I　玻璃釉膜	2　普通		
	J　金属膜	3　超高频		
	N　无机实芯	4　高阻		
	G　沉积膜	5　高温		
	S　有机实芯	7　精密		
	T　碳膜	8　高压		
	X　线绕	9　特殊		
	Y　氧化膜	G　高功率		
	F　复合膜	T　可调		

(2) 电阻值的测量

在测量电阻时，无论选用哪一个挡位，如果电阻值始终为零，则说明电阻已经损坏了。同样，如果电阻值始终是无穷大，说明电阻已经断路。

测量电阻时，一定要选择合适的挡位，否则，所测量的电阻值误差就会很大。具体方法如图 4-4 所示。

提示!

使用指针式万用表测量时，必须先调零，而且每换一个挡位，都要调零。

先选用最高挡位进行测量。

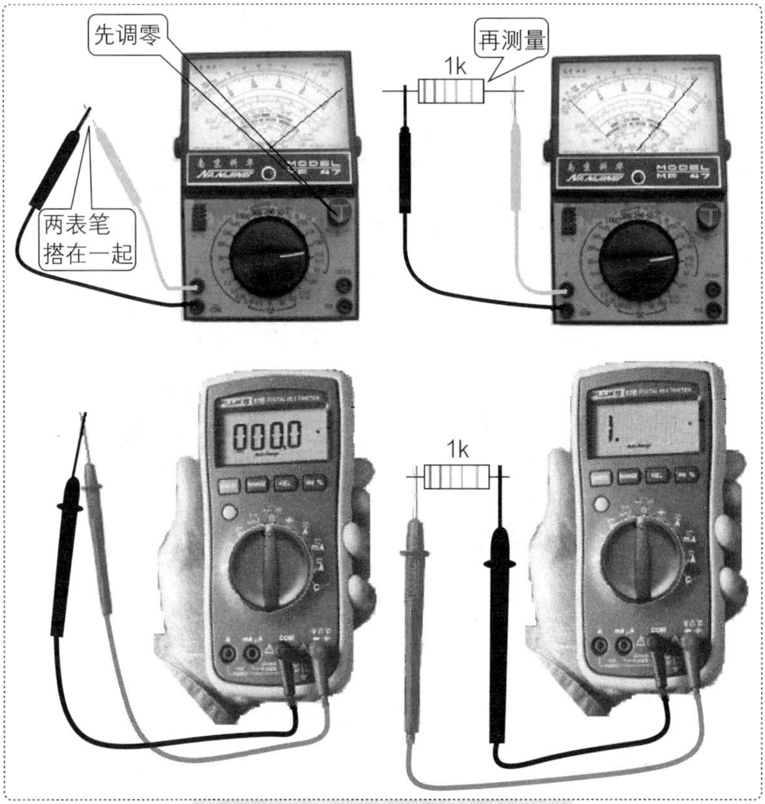

先调零
两表笔
搭在一起
1k
再测量
1k

图 4-4　检测电阻的方法示意

(3) 在线检测电阻

检测方法如图 4-5 所示。

提 示!

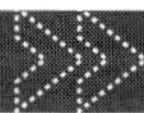

在线测量电阻值，必须断电后才可测量。如果需要准确测量电阻值，就必须将电阻从电路中断开一端。

如果只是大概判断一下电阻的阻值，就没有必要将其从电路中断开。

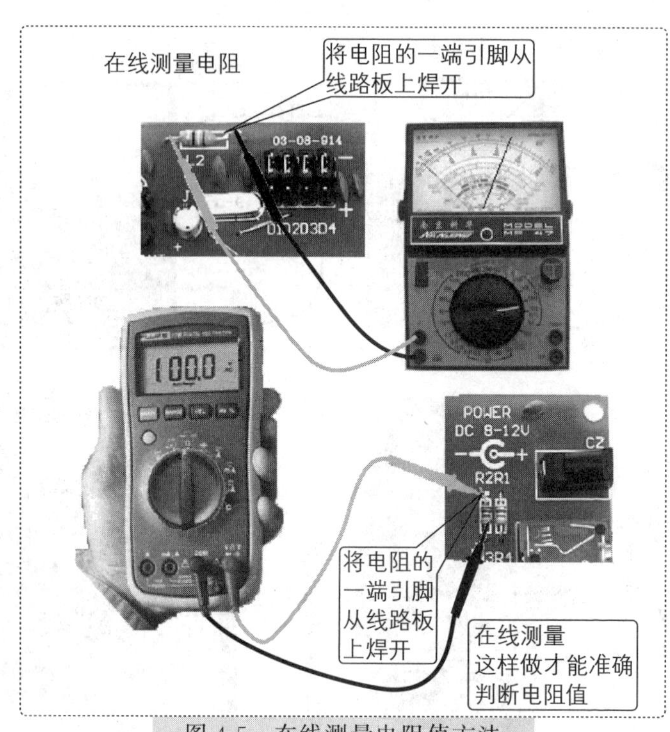
在线测量电阻
将电阻的一端引脚从线路板上焊开
将电阻的一端引脚从线路板上焊开
在线测量
这样做才能准确判断电阻值

图 4-5 在线测量电阻值方法

（4）其他类型电阻的检测

① 熔断电阻器的检测。熔断电阻器既具有电阻特性又具有熔断器的功能。正常工作时就是电阻，当发生故障时，又能起到熔断器的作用。熔断电阻器分可修复和不可修复两种类型。外形各异，有长方形、圆柱形等多种。熔断电阻器外形及符号如图 4-6 所示。

熔断电阻一般为灰色，用色环或数字表示阻值，熔断电阻的熔断时间一般为 10 秒钟。常用型号：RF10、RF11、RRDD0910、RRD0911。

a. 直接判断法：在电路中，当熔断电阻器熔断开路后，若发现熔断电阻器表面发黑或烧焦，可断定是通过它的电流超过额定值很多倍所致；如果其表面无任何痕迹而开路，则表明流过的电流刚好等于或稍大于其额定熔断值。

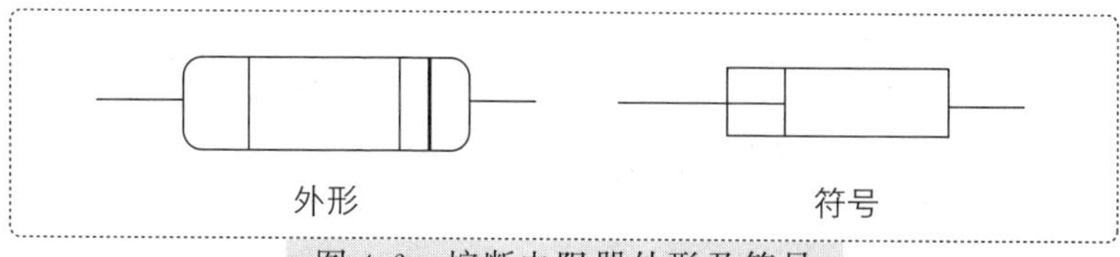
外形
符号

图 4-6 熔断电阻器外形及符号

b. 万用表检测法：对于表面无任何痕迹的熔断电阻器好坏的判断，可使用万用表来判断。具体方法如图 4-7 所示。

提 示!

在维修实践中，也有少数熔断电阻器在电路中被击穿短路的现象，检测时应予以注意。

② 压敏电阻的检测。压敏电阻的外形及电路符号如图 4-8 所示。

压敏电阻简称 VSR，是一种非线性电阻元件，它的阻值与两端施加的电压值大小有关，当两端电压大于一定值时，压敏电阻器的阻值急剧减小，当压敏电阻两端的电压恢复正常时，压敏电阻的阻值也恢复正常。

使用万用表检测压敏电阻的方法如图 4-9 所示。

提 示!

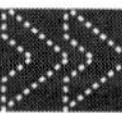

压敏器件若选用不当、器件老化，或遇到异常高压脉冲时也会失效乃至损坏。

③ 光敏电阻的检测。光敏电阻的外形及符号如图 4-10 所示。

光敏电阻是应用半导体光电效应原理制成的一种元件，其特点是对光线非常敏感，无光线照射时，光敏电阻呈现高阻状态，当有光线照射时，电阻迅速减少。

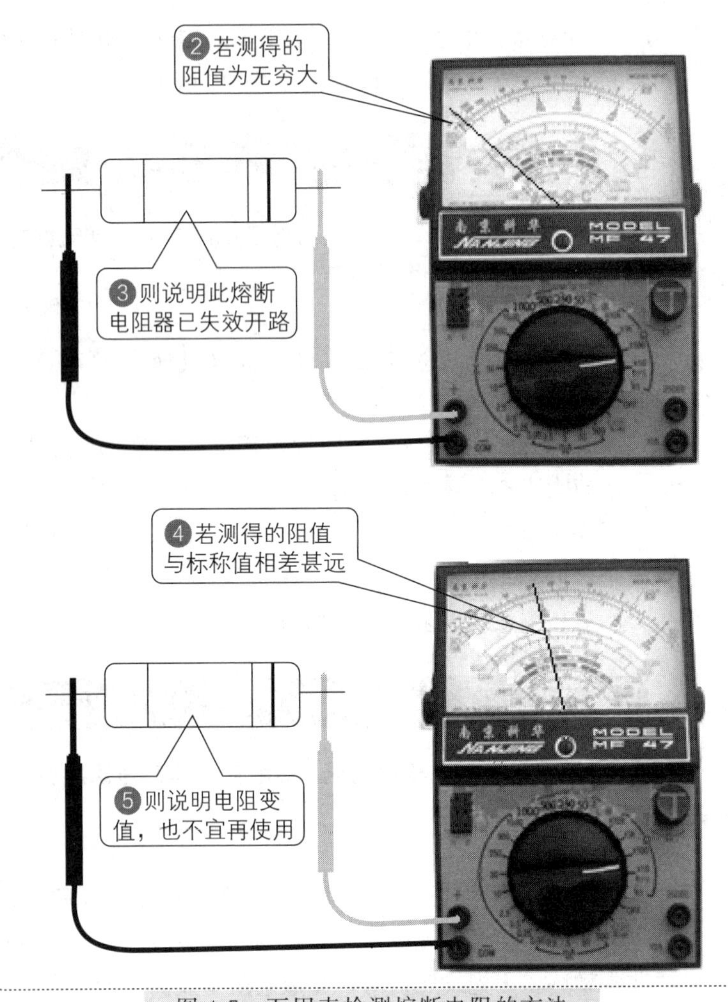
❶对于表面无任何痕迹的熔断电阻器好坏的判断
可借助万用表R×1挡来测量
❷若测得的
阻值为无穷大
❸则说明此熔断
电阻器已失效开路
❹若测得的阻值
与标称值相差甚远
❺则说明电阻变
值，也不宜再使用
MODEL
MF 47

图 4-7　万用表检测熔断电阻的方法

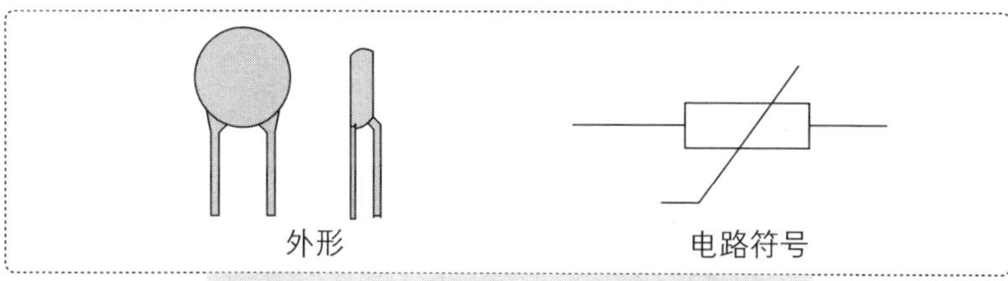
外形
电路符号
图 4-8　压敏电阻的外形及电路符号

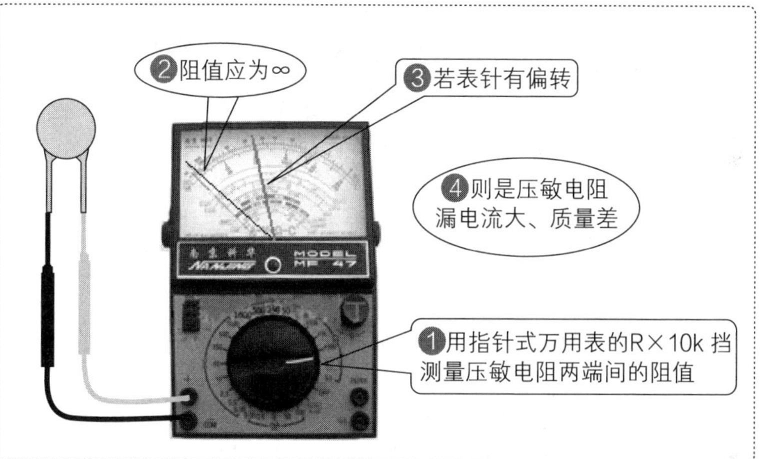
②阻值应为∞
③若表针有偏转
④则是压敏电阻
漏电流大、质量差
MODEL
MF 47
①用指针式万用表的R×10k 挡
测量压敏电阻两端间的阻值
图 4-9　万用表检测压敏电阻的方法

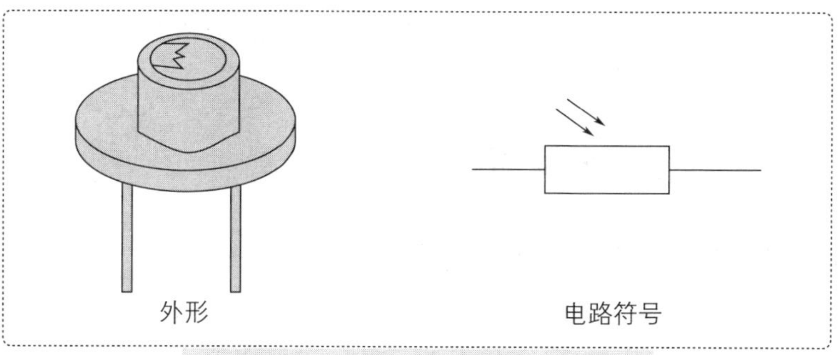
外形
电路符号
图 4-10　光敏电阻的外形及符号

使用万用表检测光敏电阻器的方法如图 4-11 所示。

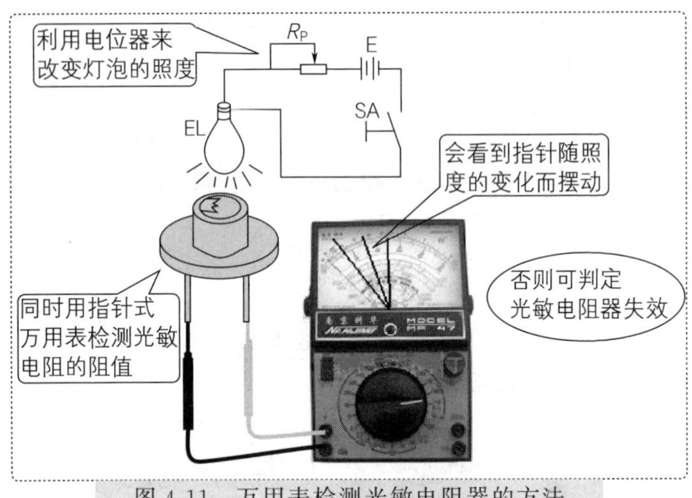
利用电位器来
改变灯泡的照度
R_P
E
SA
EL
会看到指针随照
度的变化而摆动
否则可判定
光敏电阻器失效
同时用指针式
万用表检测光敏
电阻的阻值
MODEL
MF 47

图 4-11　万用表检测光敏电阻器的方法

(5) 使用万用表检测电阻器时要注意的事项

① 测量电阻值时，一定要选择合适的挡位，选择挡位后，还要进行电气调零。

② 在线测量时，不能带电测量。若要准确测量阻值时，必须将被测电阻从线路中断开，再测量。

③ 无论在线测量，还是非在线测量，测量电阻值时，双手都不能同时接触被测电阻的两端引线。

④ 测量其他类型的电阻时，要根据其特点或需要，搭接一些测量电路才能进行。

4.2　用万用表检测电位器

4.2.1　电位器基础知识

(1) 电位器分类

电位器的阻值可以在某一个范围内变化。电位器主要用于改变和调节电路中的电压和电流。电位器按结构的不同可分为单圈、多圈电位器，单联、双联电位器，带开关电位器，锁紧和非锁紧型电位器。

按调节方式又可分为旋转式电位器、直滑式电位器，其中旋转式电位器的滑动臂在电阻体上作旋转运动，单圈式、多圈式电位器就属这种。

(2) 电位器的主要参数

① 标称电阻值。通常用数字直接标注在电位器的外壳之上，标称电阻值是指电位器的最大阻值。

② 阻值变换特性。它是指阻值随旋转角度或滑动距离而变化的关系。一般使用的电位器有直线式、指数式和对数式。

③ 额定功率。它是指电位器在长期连续负荷下所允许承受的最大功率。额定功率通常标注在电位器的外壳上。

提示! 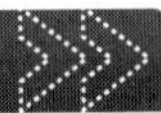

选用电位器时，注意电位器的额定功率必须大于实际消耗的功率。

4.2.2 电位器的检测

(1) 直观检测方法

电位器的引线脚分别为 A 、B、C，开关引线脚为 K。引脚如图 4-12 所示。直观检查主要是检查外观质量，如有无明显损坏、引脚是否氧化、带锁紧结构的电位器的锁紧件是否正常，用手或工具轻旋或推拉调节件，看是否有异常。

(2) 电位器性能检测

首先用万用表测电位器的标称值。根据标称阻值的大小，选择合适的挡位，测 A、C 两端的阻值是否与标称值相符，如阻值为∞

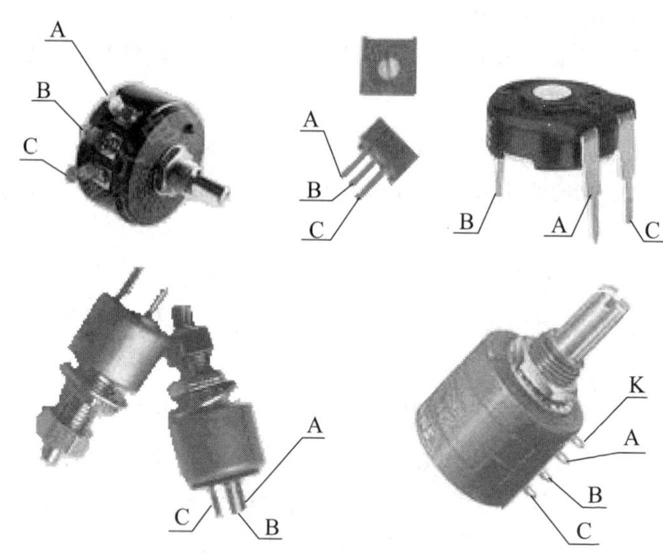
A
B
C
A
B
C
B
A
C
A
C
B
K
A
B
C
图 4-12　电位器引脚示意

大，表明电阻体与其相连的引线脚断开了。然后再测 A、B 两端或 B、C 两端的电阻值，并慢慢地旋转转轴，这时表针应平稳地朝一个方向移动，不应有跌落和跳跃现象，表明滑动触点与电阻体接触良好。

① 确定电位器的可变端子。具体方法如图 4-13 所示。

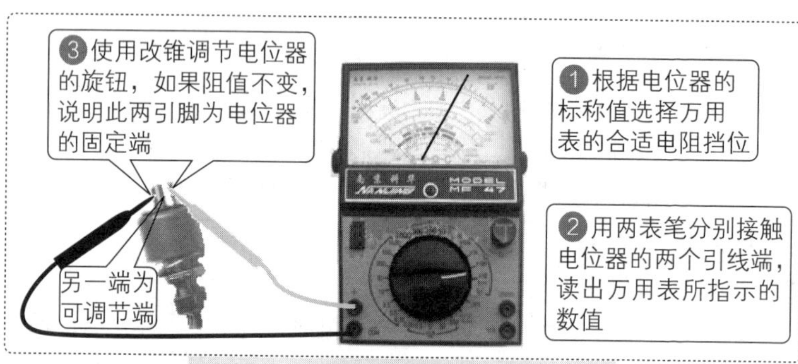
❸使用改锥调节电位器的旋钮，如果阻值不变，说明此两引脚为电位器的固定端
另一端为可调节端
❶根据电位器的标称值选择万用表的合适电阻挡位
❷用两表笔分别接触电位器的两个引线端，读出万用表所指示的数值
MODEL
MF 47
图 4-13　确定电位器的可变端子

② 测量电位器的标称值。确定了电位器固定端和公共端以后，再测量电位器的电阻标称值。具体方法如图 4-14 所示。

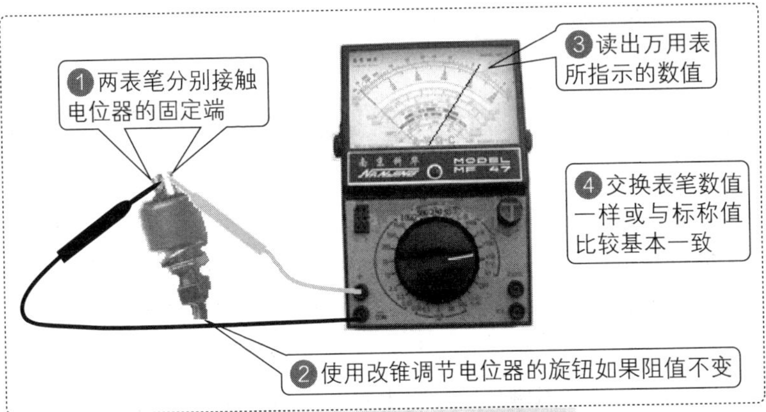

❶两表笔分别接触电位器的固定端
❷使用改锥调节电位器的旋钮如果阻值不变
❸读出万用表所指示的数值
❹交换表笔数值一样或与标称值比较基本一致
MODEL MF 47

图 4-14 测量电位器的标称值

③ 测量电位器的变化范围。具体方法如图 4-15 所示。

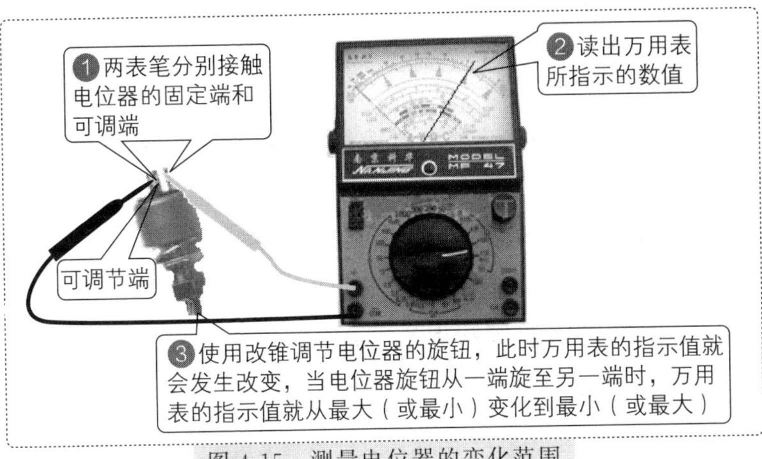

❶两表笔分别接触电位器的固定端和可调端
可调节端
❷读出万用表所指示的数值
❸使用改锥调节电位器的旋钮，此时万用表的指示值就会发生改变，当电位器旋钮从一端旋至另一端时，万用表的指示值就从最大（或最小）变化到最小（或最大）
MODEL MF 47

图 4-15 测量电位器的变化范围

对于带开关的电位器，首先判断出开关的两个引线端，再用同样的方法检测电位器。

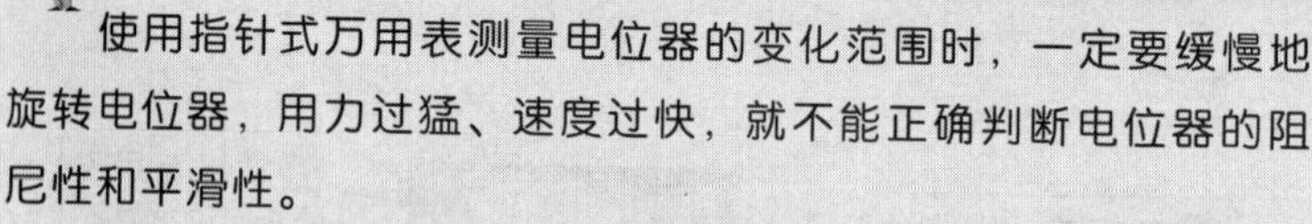
提示!

使用指针式万用表测量电位器的变化范围时，一定要缓慢地旋转电位器，用力过猛、速度过快，就不能正确判断电位器的阻尼性和平滑性。

对于非直线式电位器，当均匀旋转时，万用表的指示值不是均匀变化的。

(3) 在线检测电位器

电位器被接在电路中，在电路中的作用是可变分压。在线检测时，如果不脱离电路，只能大概判断电位器的好坏，而不能准确判断。要想准确判断电位器的好坏或测量其阻值，应将电位器从电路板上拆下或将两个引脚从电路板上焊开，再根据电位器的标称值选择合适的电阻挡位，将表笔分别接触拆开的两引脚进行测量。

(4) 检测电位器时要注意的事项

a. 选择合适的万用表挡位，保证测量的精度。

b. 测量带锁紧的电位器时，一定要先将锁紧件松开，然后再进行测量。

c. 测量电位器的变化范围时，不要用力过猛、速度过快。

4.3 用万用表检测电容器

4.3.1 电容器的基础知识

(1) 电容器的种类

① 电容器的作用。电容器（简称电容）是电子设备中不可缺少的基本元件。电容是由两个金属极板，中间夹有绝缘材料（绝缘介质）构成的。电容器具有“隔直通交”的特点，即在电路中隔断直流电，通过交流电。因此，电容器常被用于级间耦合、滤波、去

耦、旁路及信号调谐（选择电台）等方面。

② 电容器的分类

a. 按结构可分为：可变电容、固定电容和半可变电容；

b. 按引线形式分为：垂直引线形式、轴向引线形式和无引线（贴片式）形式的电容；

c. 按介质材料的不同可分为：气体介质、液体介质和无机固体介质电容。

(2) 电容器的主要参数

电容的主要参数如图 4-16 所示。主要有标称容量、误差、额定直流工作电压和绝缘电阻。

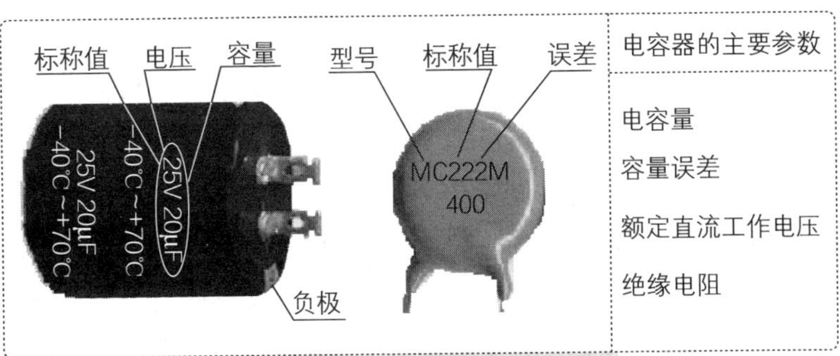
标称值
电压
容量
-40℃~+70℃
25V 20μF
25V 20μF
-40℃~+70℃
负极
型号
标称值
误差
MC222M
400
电容器的主要参数
电容量
容量误差
额定直流工作电压
绝缘电阻

图 4-16 电容的主要参数

① 电容器的电容量。是指电容器加上电压后贮存电荷的能力。标称容量就是标在电容器外壳上的电容容量值。电容量的单位有：法拉（F）、微法（μF）、皮法（pF），它们之间的换算关系是：$1\text{F} = 10^6\mu\text{F} = 10^{12}\text{pF}$。

② 电容器的容量误差。就是电容器的标称值与实际值之差除以标称值所得百分数。电容的误差等级分为三级。

③ 额定直流工作电压。表示电容器接入电路后，能长期连续可靠地工作，不被击穿时所能承受的最大直流电压。如果电容器用于交流电路中，其最大值不能超过额定的直流工作电压。

④ 电容器的绝缘电阻。是指电容器两极之间的电阻，或者叫漏电电阻。绝缘电阻的大小决定于电容器介质性能的好坏。使用电容器时应选绝缘电阻大的为好。

提示!

电容器工作电压的选择应高于电路中的实际工作电压，一般要高出额定电压值的10％～20％。

容量误差的选择：对于振荡、延时电路，电容器容量误差应尽可能小，选择误差值应小于5％。对用于低频耦合电路的电容器其误差可以大些，一般选10％～20％就能满足要求。

（3）电容器容量标称值的表示方法

① 电容器的容量值标注方法一。用2～4位数字和一个字母表示标称容量，其中数字表示有效数值，字母表示数值的量级。字母为m、μ、n、p。字母m表示毫法（10^{-3}F）、μ表示微法（10^{-6}F）、n表示纳法（10^{-9}F）、p表示皮法（10^{-12}F）。如33m表示33000μF；47n表示0.047μF；3μ3表示3.3μF；5n9表示5900pF；2p2表示2.2pF。另外也有些是在数字前面加R，表示为零点几微法，即R表示小数点，如R22表示0.22μF。

② 电容器的容量值标注方法二。这种方法是用1～4位数字表示，容量单位为pF。如用零点零几或零点几表示，其单位为μF。例如，3300表示3300pF、680表示680pF、0.056表示0.056μF。

③ 电容器的容量值标注方法三（数码表示法）。一般用三位数表示容量的大小。前面两位数字为电容器标称容量的有效数字，第三位数字表示有效数字后面零的个数，它们的单位是pF。例如，102表示1000pF，221表示220pF，224表示22×10^4pF，在这种表示方法中有一个特殊情况，就是当第三位数字用“9”表示时，是用有效数字

乘上 10^{-1} 来表示容量的，例如，229 表示 22×10^{-1}pF，即 2.2pF。

④ 电容量的色码表示法　色码表示法是用不同的颜色表示不同的数字，如图 4-17 所示。

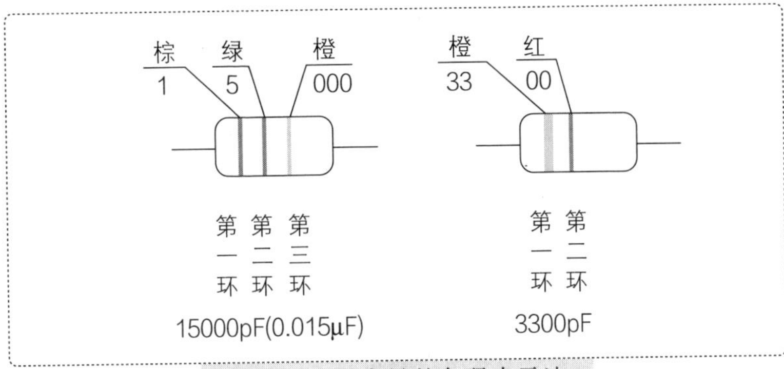

棕
1
绿
5
橙
000
第一环
第二环
第三环
15000pF(0.015μF)
橙
33
红
00
第一环
第二环
3300pF

图 4-17　电容量的色码表示法

具体的方法是：沿着电容器引线方向，第一、二色环代表电容量的有效数字，第三色环表示有效数字后面零的个数，其单位为 pF。每种颜色所代表的数字见表 4-3 所示。

表 4-3　色码表示的意义

颜色	黑	棕	红	橙	黄	绿	蓝	紫	灰	白
数字	0	1	2	3	4	5	6	7	8	9

如遇到电容器色环的宽度为两个或三个色环的宽度时，就表示这种颜色的两个或三个相同的数字。如沿着引线方向，第一道色环的颜色为棕，第二道色环的颜色为绿，第三道色环的颜色为橙色，则这个电容器的容量为 15000pF 即 0.015μF。又如第一宽色环为橙色，第二色环为红色，则该电容器的容量为 3300pF。

⑤ 电容量的误差表示法。电容量误差的表示方法有两种，一种是将电容量的绝对误差范围直接标注在电容器上，即直接表示法。如 2.2±0.2pF。另一种方法是直接将字母标注在电容器上，

用字母表示的百分比误差。字母的含义如表 4-4 所示。如电容器上标有 334K 则表示 0.33μF，误差为±10%。如电容上标有 103P 表示这个电容器的容量为 0.01～0.02μF，不能误认为 103pF。

表 4-4 字母表示的百分比误差

字母	D	F	G	J	K	M	N	P	S	Z
误差	±0.5%	±1%	±2%	±5%	±10%	±20%	±30%	$\pm^{100}_{0}\%$	$\pm^{50}_{20}\%$	$\pm^{80}_{20}\%$

4.3.2 电容器的检测

（1）使用指针式万用表检测电容器的断路

用万用表判断电容器的断路情况。首先要看电容量的大小，并不是所有的电容都能使用万用表测量。

提示！

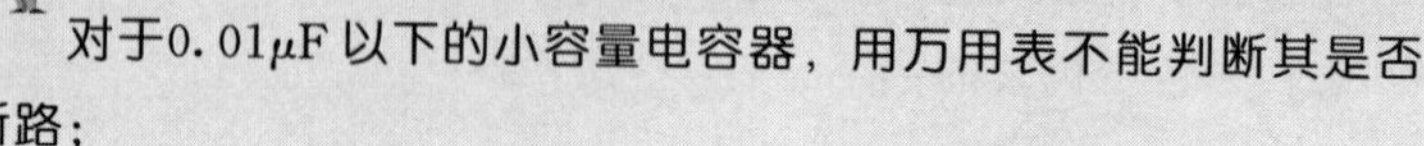

对于0.01μF 以下的小容量电容器，用万用表不能判断其是否断路；

建议：测300μF 以上的电容器可选择R×10 或R×1k 挡；测10～300μF 的电容器可用R×100 挡；测0.47～10μF 的电容器可用R×1 挡；测0.01～0.47μF 的电容器时用R×10k 挡。

具体的测量方法是：用万用表的两表笔分别接触电容器的两根引线（测量时，手不能同时碰触两根引线）。如表针不动，将表笔对调后再测量，表针仍不动，说明电容器断路。测量电容断路的步骤如图 4-18 所示。

（2）使用数字式万用表测量电容器的容量

使用数字万用表检测非电解电容。数字万用表一般具有电容检测挡位，使用此挡位很容易检测电容的好坏和电容的容量值。测量电容容量的步骤如图 4-19 所示。

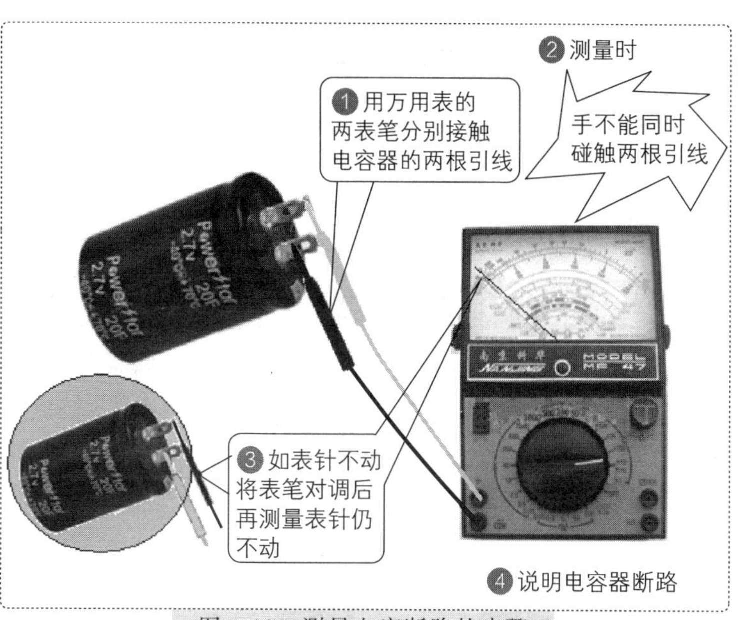
②测量时
①用万用表的
两表笔分别接触
电容器的两根引线
手不能同时
碰触两根引线
③如表针不动
将表笔对调后
再测量表针仍
不动
④说明电容器断路

图 4-18　测量电容断路的步骤

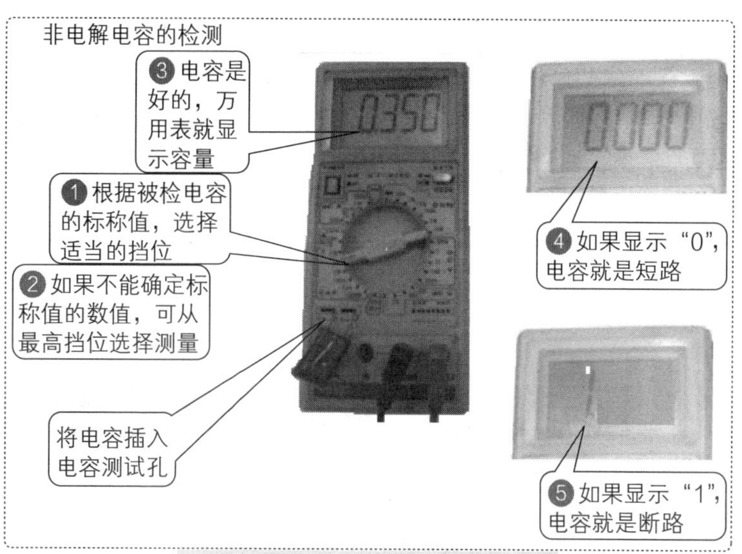
非电解电容的检测
③电容是
好的，万
用表就显
示容量
0.350
0.000
①根据被检电容
的标称值，选择
适当的挡位
④如果显示“0”，
电容就是短路
②如果不能确定标
称值的数值，可从
最高挡位选择测量
将电容插入
电容测试孔
⑤如果显示“1”，
电容就是断路

图 4-19　测量电容容量的步骤

提示!

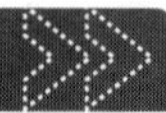

测量时，一定要选择合适的测量挡位，否则就会产生误判。

(3) 检测电容器的绝缘电阻

提示!

电容器两极之间的电阻叫绝缘电阻，或者叫漏电电阻。绝缘电阻的大小决定于电容器介质性能的好坏。使用电容器时应选绝缘电阻大的为好。

测量电容绝缘电阻的步骤，如图 4-20 所示。

提示!

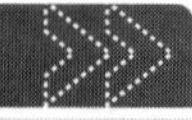

在测量中如表针距无穷大较远，表明电容器漏电严重，不能使用。

有的电容器在测漏电电阻时，表针退回到无穷大位置时，又顺时针摆动，这表明电容器漏电更严重。

测量电解电容器时，指针式万用表的红表笔接电容器的负极，黑表笔接电容器的正极，否则漏电加大。

(4) 检测电容器的短路

提示!

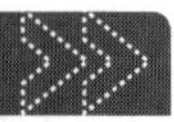

当测量电解电容器时，要根据电容器容量的大小，选择适当量程，电容量越大，量程越要放小，否则就会把电容器的充电误认为是击穿。

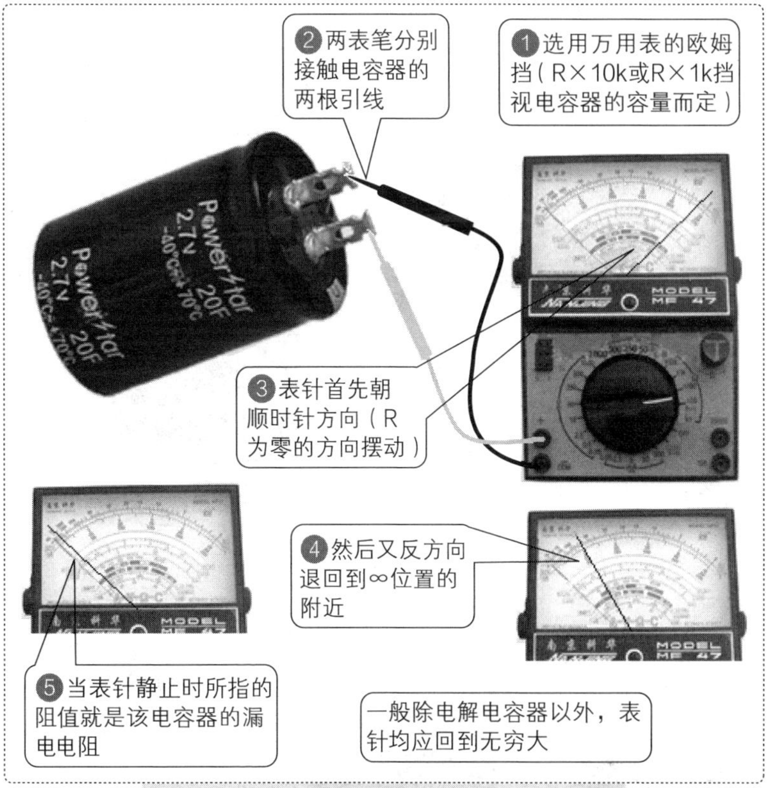

❶选用万用表的欧姆挡（R×10k或R×1k挡视电容器的容量而定）

❷两表笔分别接触电容器的两根引线

❸表针首先朝顺时针方向（R为零的方向摆动）

❹然后又反方向退回到∞位置的附近

❺当表针静止时所指的阻值就是该电容器的漏电电阻

一般除电解电容器以外，表针均应回到无穷大

图 4-20 测量电容的绝缘电阻的步骤

① 电容器的短路测量

测量电容短路的步骤如图 4-21 所示。

② 电解电容器极性的判断的步骤如图 4-22 所示。

提 示!

电容器代用的原则是所选电容器的容量应该等于被代替的电容值；

电容器的耐压不低于原电容器的耐压值；

对于旁路电容、耦合电容，可选用比原电容量大的电容器代用。

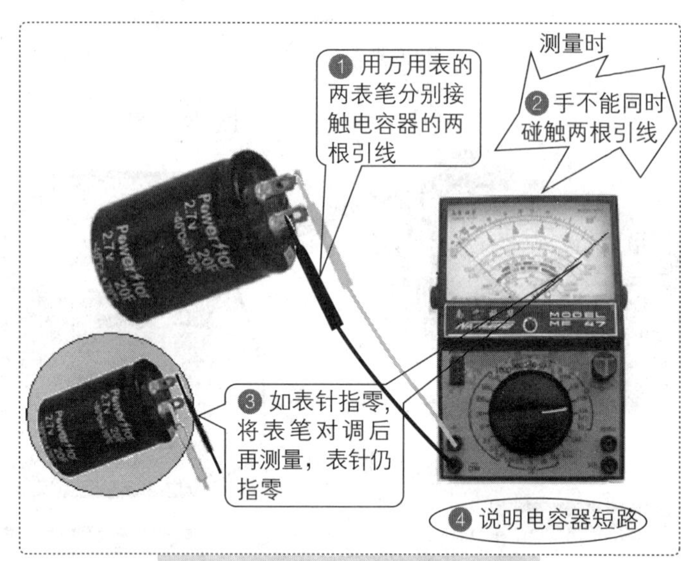
测量时
①用万用表的两表笔分别接触电容器的两根引线
②手不能同时碰触两根引线
③如表针指零，将表笔对调后再测量，表针仍指零
④说明电容器短路

图 4-21　测量电容短路的步骤

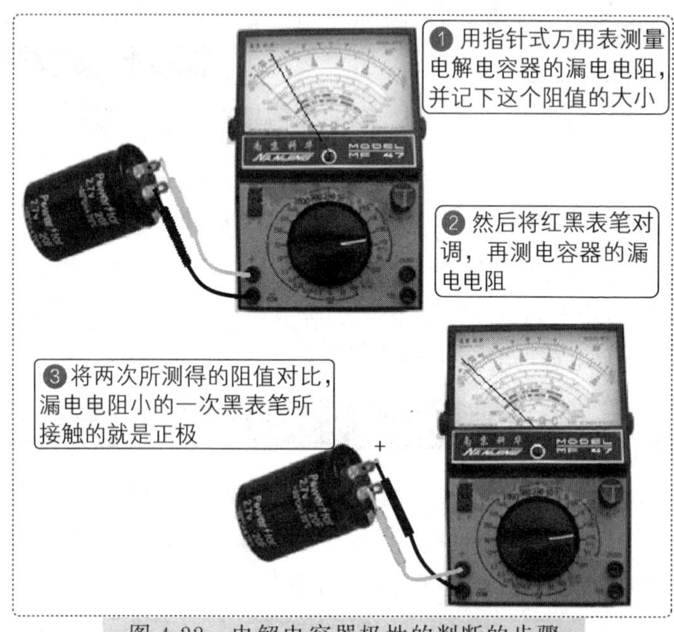
①用指针式万用表测量电解电容器的漏电电阻，并记下这个阻值的大小
②然后将红黑表笔对调，再测电容器的漏电电阻
③将两次所测得的阻值对比，漏电电阻小的一次黑表笔所接触的就是正极
+

图 4-22　电解电容器极性的判断的步骤

4.4 用万用表检测电感

4.4.1 电感的基础知识

(1) 电感的种类

电感器的种类很多，而且分类方法也不一样。通常按电感器的形式分，有固定电感器、可变电感器、微调电感器。按磁体的性质分，有空芯线圈 、铜芯线圈、铁芯线圈和铁氧体线圈。按结构特点分有单层线圈、多层线圈、蜂房线圈。为适应各种用途的需要，电感线圈做成了各式各样的形状。各种电感线圈都具有不同的特点和用途。但它们都是用漆包线、纱包线、镀银裸铜线绕在绝缘骨架上或铁芯上构成，而且每圈与每圈之间要彼此绝缘。

(2) 固定电感线圈（色码电感）电感量的标识

固定电感线圈是将铜线绕在磁芯上，然后再用环氧树脂或塑料封装起来。这种电感线圈的特点是体积小、重量轻、结构牢固、使用方便。在电视机、收录机中得到广泛的应用。固定电感线圈的电感量可用数字直接标在外壳上，也可用色环表示。但目前我国生产的固定电感器一般不再采用色环标志法，而是直接将电感数值标出。这种电感器习惯上仍称为色码电感。

固定电感器有立式和卧式两种。其电感量一般为 0.1～3000μH。电感量的允许误差用Ⅰ、Ⅱ、Ⅲ即±5%、±10%、±20%，直接标在电感器上。工作频率在 10kHz～200MHz 之间。

(3) 电感的主要参数

① 电感量。电感量的单位有亨利，简称亨，用 H 表示；毫亨用 mH 表示；微亨用 μH 表示；它们的换算关系为：$1H=10^3 mH=10^6 \mu H$。

提示!

电感量的大小跟线圈的圈数，线圈的直径，线圈内部是否有铁芯，线圈的绕制方式都有直接关系。圈数越多，电感量越大，线圈内有铁芯、磁芯的，比无铁芯、磁芯的电感量大。

② 品质因数（Q 值）。品质因数是电感线圈的一个主要参数，它反映了线圈质量的高低，通常也称为 Q 值。Q 值与构成线圈的导线粗细、绕法、单股线还是多股线有关。如果线圈的损耗小，Q 值就高。反之，损耗大则 Q 值就低。

③ 分布电容。由于线圈每两圈（或每两层）导线可以看成是电容器的两块金属片，导线之间的绝缘材料相当于绝缘介质，这相当于一个很小的电容，这一电容称为线圈的“分布电容”。由于分布电容的存在，将使线圈的 Q 值下降，为此将线圈绕成蜂房式。对天线线圈则采用间绕法，以减小分布电容。

4.4.2 电感器件的检测

电感器件绕组的通断、绝缘等状况可用万用表的电阻挡进行检测。

提示!

使用指针式万用表只能大致判断其电感量和好坏。使用数字表测量电感量时，一定要选择合适的量程，否则测量结果将与实际的电感量有很大误差。

① 在线检测——粗略、快速测量线圈是否断路。具体方法如图 4-23 所示。

② 非在线检测。使用指针式万用表和数字式万用表都能测量电感。具有电感测量功能的数字万用表更方便检测电感的电感量和好坏。具体检测方法如图 4-24 和图 4-25 所示。

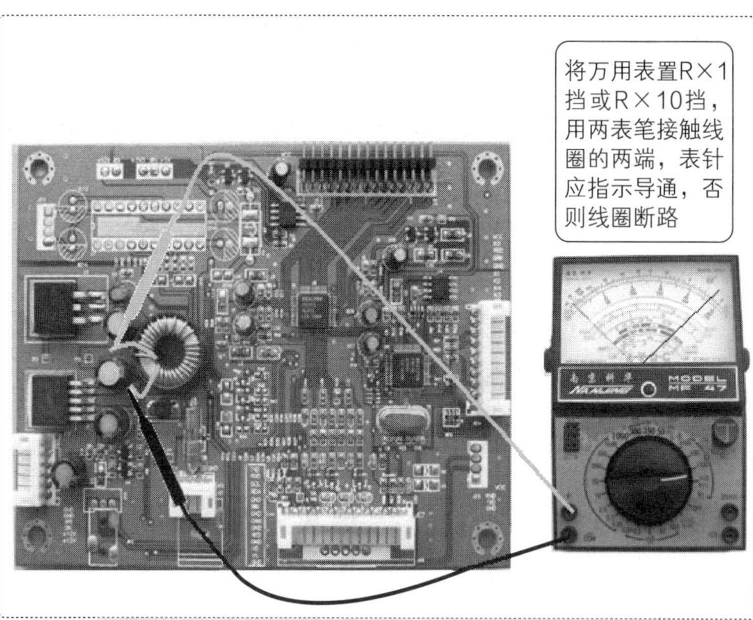
将万用表置R×1挡或R×10挡，用两表笔接触线圈的两端，表针应指示导通，否则线圈断路
MODEL MF 47

图 4-23　粗略、快速测量线圈是否断路的方法

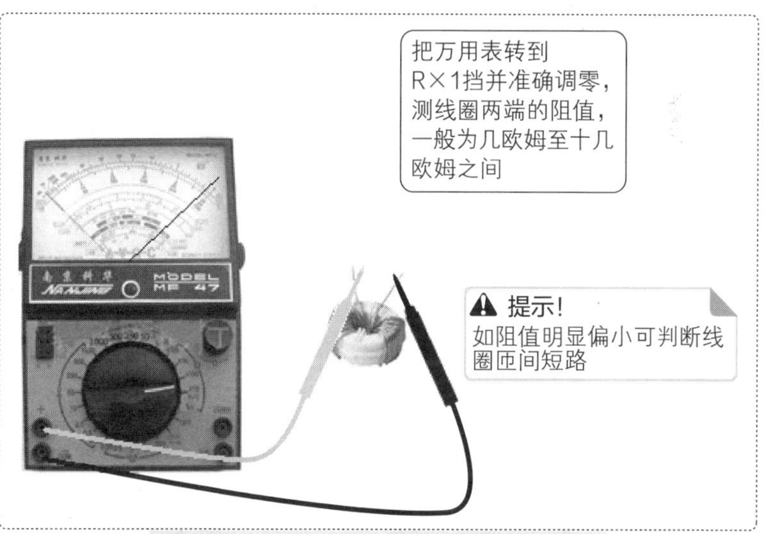
把万用表转到R×1挡并准确调零，测线圈两端的阻值，一般为几欧姆至十几欧姆之间
MODEL MF 47
提示!
如阻值明显偏小可判断线圈匝间短路

图 4-24　使用指针式万用表测量电感

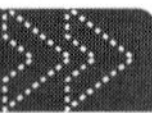

提示!

将电感器件从线路板上焊开一脚，或直接取下测线圈两端的阻值，如线圈用线较细或匝数较多，指针应有较明显的摆动。

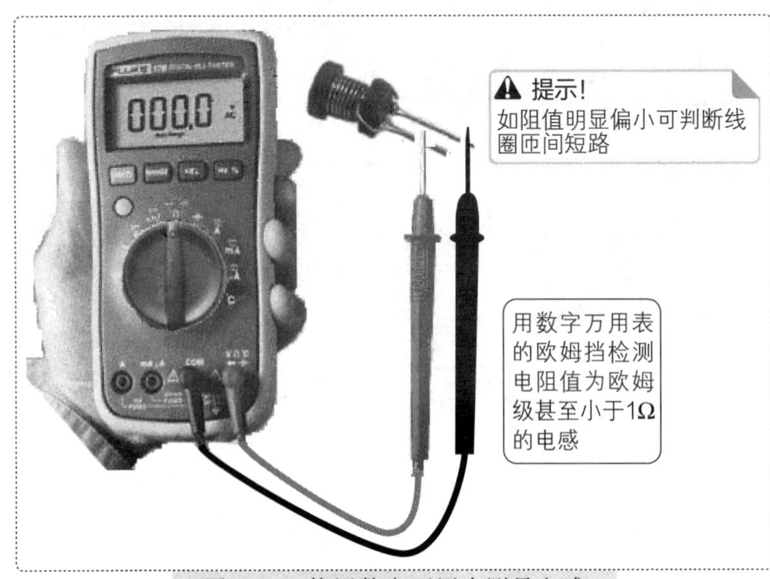
提示!
如阻值明显偏小可判断线圈匝间短路
用数字万用表的欧姆挡检测电阻值为欧姆级甚至小于1Ω的电感

图 4-25　使用数字万用表测量电感

4.5　用万用表检测变压器

4.5.1　变压器的基础知识

（1）变压器的类型

绕在同一骨架或铁芯上的两个线圈便构成了一个变压器。在实际中，应用变压器主要是为了实现电压变换、阻抗变换、相位变换和信号耦合。变压器的种类很多，按照不同方式可分为下列几种。

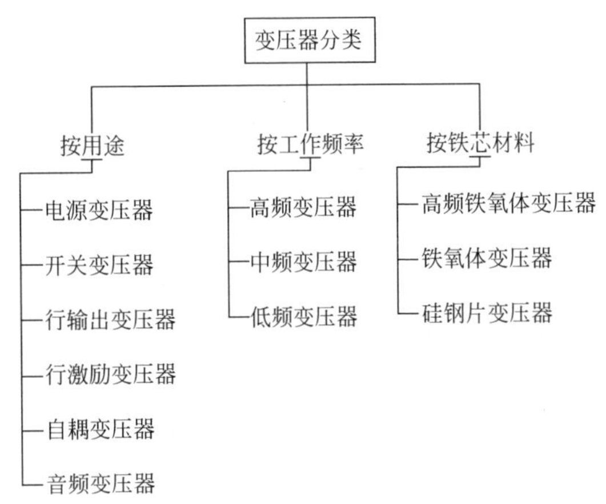
变压器分类
按用途
电源变压器
开关变压器
行输出变压器
行激励变压器
自耦变压器
音频变压器
按工作频率
高频变压器
中频变压器
低频变压器
按铁芯材料
高频铁氧体变压器
铁氧体变压器
硅钢片变压器

(2) 常用变压器的结构

变压器由铁芯（或骨架）、原边绕组、副边绕组、支架和接线端子组成，如图 4-26 所示。其中与电源连接的绕组就是原边绕组（也叫初级绕组），与负载相接的绕组就叫副边绕组（也叫次级绕组）。原边绕组和副边绕组都可以有抽头，副边绕组可以根据需要做成多绕组的。

(3) 变压器的主要参数

变压器的主要参数有变比、功率和频率响应等。不同的变压器对主要参数的要求不一样。电源变压器的主要参数有额定功率、额

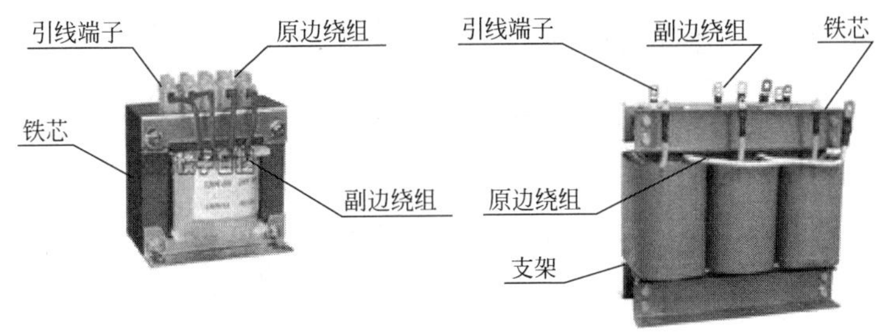
引线端子
原边绕组
铁芯
副边绕组
引线端子
副边绕组
铁芯
原边绕组
支架

图 4-26　变压器的结构

定电压和额定电流、空载电流和绝缘电阻。音频变压器的主要参数有阻抗、频率响应和功率。

① 变压比　变压器的副边绕组的匝数 N_2 与原边绕组的匝数 N_1 之比。它反映了变压器的电压变换作用。变压器的变压比由下式确定：

$U_2/U_1=N_2/N_1$

其中 U_2 为变压器的副边绕组的电压；U_1 为变压器原边绕组的电压。

② 效率　在额定负载时，变压器的输出功率 P_2 与其输入功率 P_1 之比，称为变压器的效率 η，即 $\eta=P_2/P_1$。

③ 频率响应　是音频变压器的一项重要指标。通常要求音频变压器对不同频率的音频信号电压，都能按一定的变压比作不失真的传输。实际上，由于变压器初级电感和漏感及分布电容的影响，不能实现这一点。初级电感越小，低频信号电压失真越大；漏感和分布电容越大，对高频信号电压的失真越大。

(4) 变压器的工作原理

图 4-27 为变压器工作原理示意图。当交流电通过原边绕组时，就会产生感应电动势，进而产生一个感应磁场，这个磁场是交变的，从而使铁芯磁化，使副边绕组被磁化，产生与原边绕组相同的

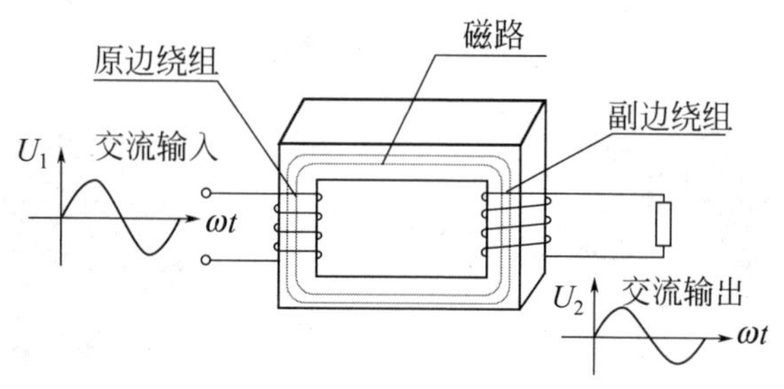
磁路
原边绕组
副边绕组
U_1
交流输入
ωt
U_2
交流输出
ωt

图 4-27　变压器工作原理示意图

磁场，根据电磁感应原理，在副边绕组中也会产生一个交流电压，交流电压的大小由变压器的变化比决定。这就是变压器的工作原理。

4.5.2 变压器的检测

(1) 变压器原边绕组、副边绕组断路的检测

① 直观识别原、副边线圈。电源变压器原边绕组引脚和副边绕组引脚一般都是分别从两侧引出的，并且初级绕组都标有 220V（或 380V）字样，副边绕组则标出额定电压值，如 11V、20V 等，可根据这些标记进行识别。

对于没有任何标记或者标记符号已经模糊不清的电源变压器，一般从绕组所用的线径加以区分。电源变压器的原边绕组所用漆包线的线径是比较细的，且匝数较多，而副边绕组所用线径都比较粗，且匝数较少，所以，初级绕组的直流铜阻要比次级绕组的直流铜阻大得多。根据这一特点，可通过用万用表电阻挡测量变压器各绕组的电阻值的大小来辨别初、次级线圈。

注意，有些电源变压器带有升压绕组，升压绕组所用的线径比初级绕组所用线径更细，铜阻值更大，测试时要注意正确区分。

② 变压器原边断路检测

提示!

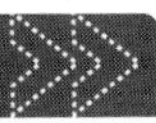

一般初级线圈电阻值应为几十至几百欧，变压器功率越小（通常相对体积也小），则电阻值越大；次级线圈电阻值一般为几至几十欧，电压较高的次级线圈电阻值较大些。

a. 变压器原边断路检测方法如图 4-28 所示。

b. 变压器原边和副边断路检测方法如图 4-29 所示。

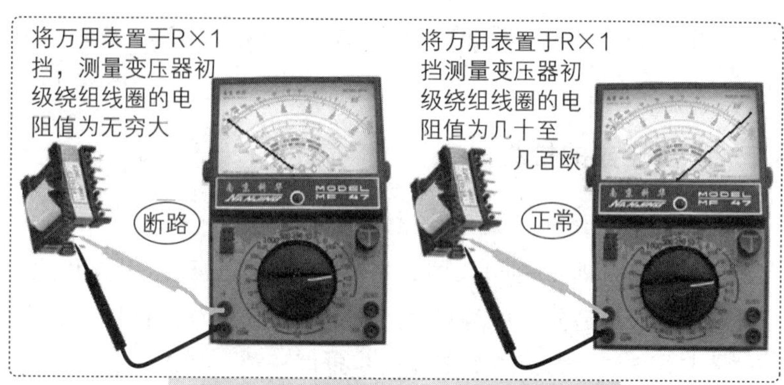
将万用表置于R×1挡，测量变压器初级绕组线圈的电阻值为无穷大
断路
将万用表置于R×1挡测量变压器初级绕组线圈的电阻值为几十至几百欧
正常
MODEL MF 47

图 4-28　变压器原边断路检测方法

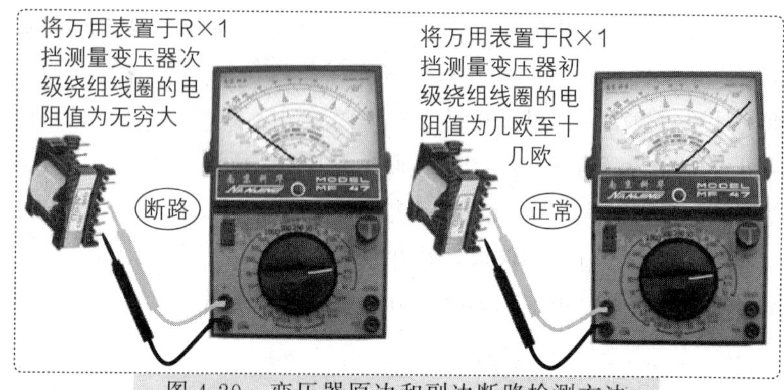
将万用表置于R×1挡测量变压器次级绕组线圈的电阻值为无穷大
断路
将万用表置于R×1挡测量变压器初级绕组线圈的电阻值为几欧至十几欧
正常
MODEL MF 47

图 4-29　变压器原边和副边断路检测方法

（2）变压器匝间短路的检测

不论是变压器原边绕组，还是副边绕组，若绕组发生匝间短路，轻则变压器会发热，长期工作会烧毁。严重时变压器通电后，会立即烧毁。当发现变压器发热时，必须检测变压器绕组是否有匝间短路故障。具体检测方法如图 4-30 所示。

（3）变压器同名端的判别

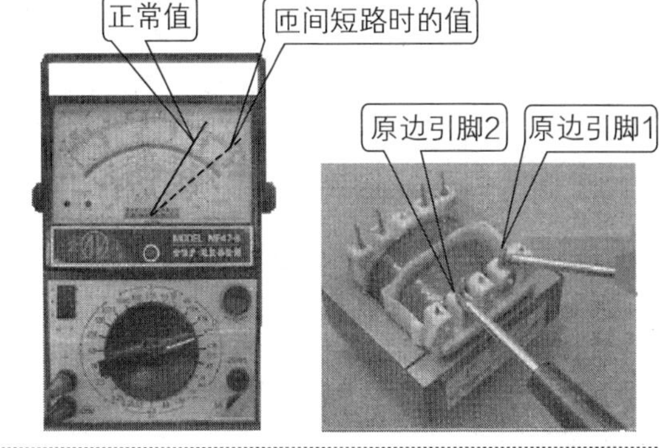
正常值
匝间短路时的值
原边引脚2
原边引脚1

检测匝间短路

选择万用表电阻R×10挡，两只表笔分别接原边绕组两个引脚，如果正常，则电阻值应该在几十至几百欧姆，若电阻值为几欧姆或为0，说明有匝间短路

图 4-30　变压器匝间短路的检测

提示!

同一磁路上的两个绕组，由于磁路中磁通量的变化而分别产生感应电动势。感应电动势极性相同的两个端子称为同名端，用 * 号加以标注。

在下列应用中必须判断出同名端，才能保证线路正确运行。

a. 多台电力变压器并联运行时，其联结组标号必须相同，需要判别同名端。

b. 在可控整流或逆变电路中，为了保证触发脉冲的同步，要知道变压器原、副边电压相位关系，需要判别同名端。

c. 为了保证三相交流异步电动机的正常运行，其定子绕组的连接要在弄清同名端的基础上进行，需要判别同名端。

d. 在使用电源变压器时，有时为了得到所需的副边电压，可将两个或多个副边绕组串联起来使用。采用串联法使用电源变压器时，参加串联的各绕组的同名端必须正确连接，不能搞错。否则，变压器将不能正常工作。

判别电源变压器各绕组同名端的检测线路和实用方法如图 4-31 所示。

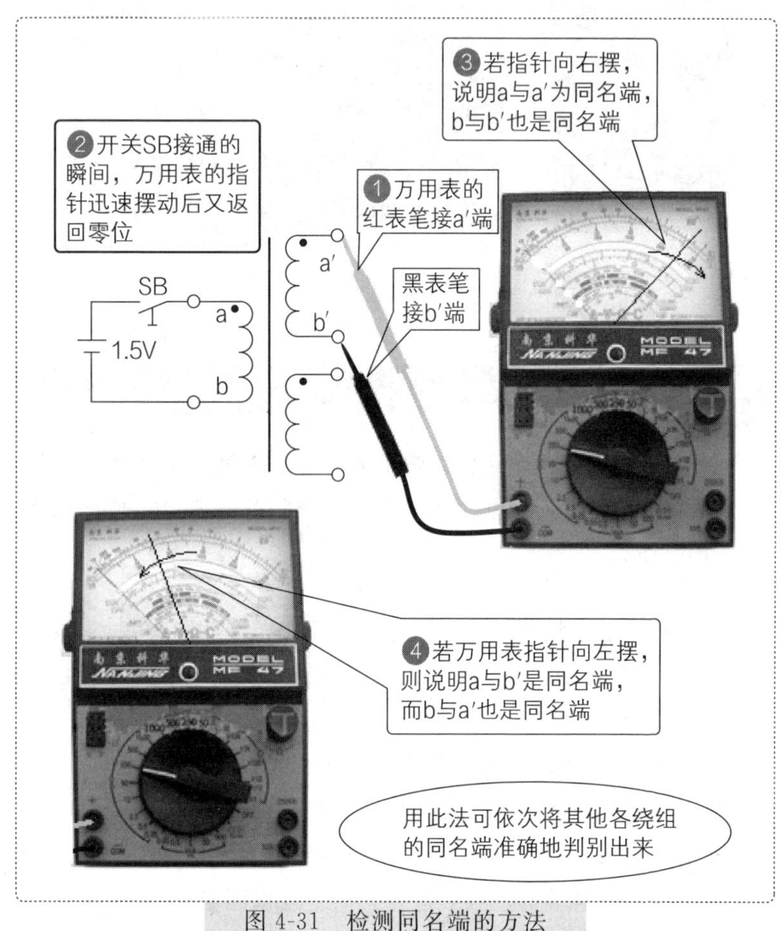
③若指针向右摆，说明a与a′为同名端，b与b′也是同名端
②开关SB接通的瞬间，万用表的指针迅速摆动后又返回零位
①万用表的红表笔接a′端
黑表笔接b′端
SB
a
1.5V
b
a′
b′
MODEL MF 47
④若万用表指针向左摆，则说明a与b′是同名端，而b与a′也是同名端
用此法可依次将其他各绕组的同名端准确地判别出来

图 4-31 检测同名端的方法

提示!

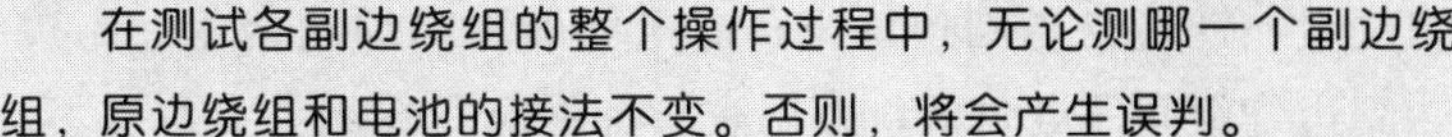

在测试各副边绕组的整个操作过程中，无论测哪一个副边绕组，原边绕组和电池的接法不变。否则，将会产生误判。

若待测的电源变压器为升压变压器，通常则把电池E接在副边绕组上，而把万用表接在原边绕组上进行检测。

接通电源的瞬间，万用表指针要向某一方向偏转，但断开电源时，由于自感作用，指针要向相反的方向倒转，如果接通和断开电源的间隔时间太短，很可能只观察到断开时指针的偏转方向，这样会将测量结果搞错。所以，接通电源后要间隔几秒钟再断开，以保证测量结果的准确可靠。

知识拓展:

判别同名端还有其他方法，在此仅作描述。

• 交流测定法：先假定两个绕组的始、末端分别为A、a；X、x。用导线将X和x短接，在A与X之间施加一个较低的交流电压（36～220V），用交流电压表分别测量A与X、a与x、A与a之间的电压U_{AX}、U_{ax}、U_{Aa}。如果$U_{Aa}=U_{AX}-U_{ax}$，则A与a为同名端。如果$U_{Aa}=U_{AX}+U_{ax}$，则A与a为异名端。

• 剩磁测定法：此法用于判别三相异步电动机的同名端。先判别出每个绕组的两端，再假定三个绕组的始端分别为D1、D2、D3，末端分别为D4、D5、D6。其中D1与D4、D2与D5、D3与D6为同一绕组的两端。将D1、D2、D3连成一点，D4、D5、D6连成另一点，接入直流电流表。转动电动机转子，观察电流表指针状态。如指针不动，则连成一点的三个端子为同名端。如指针摆动，须对调一个绕组的两端后，再按上述方法判别。如指针仍摆动，应将该绕组的两端恢复，对调另一绕组的两端，再测。直至判明同名端。

(4) 变压器原边绕组与副边绕组之间绝缘的判断

用万用表 R×10k 挡分别测量铁芯与原边绕组，原边绕组与各副边绕组，铁芯与各副边绕组，静电屏蔽层与原边绕组、副边绕组，副边绕组间的电阻值，万用表指针均应指在无穷大位置不动。否则，说明变压器绝缘性能不良。具体检测方法如图 4-32 所示。

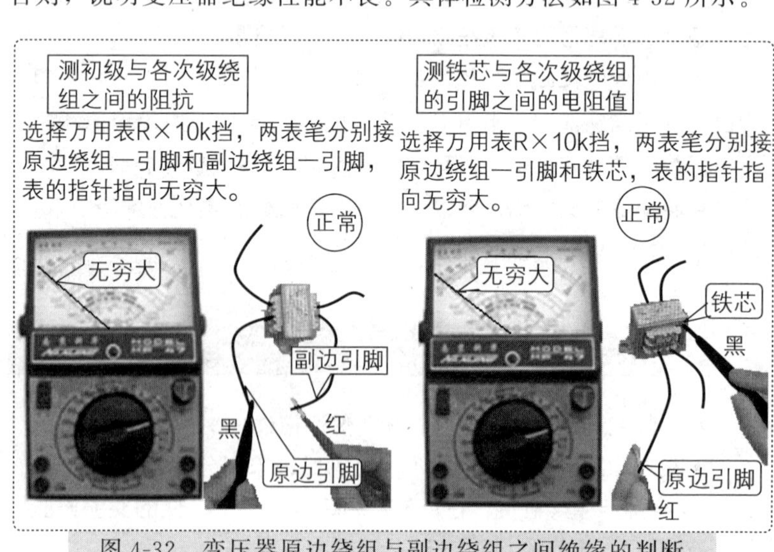

测初级与各次级绕组之间的阻抗
选择万用表R×10k挡，两表笔分别接原边绕组一引脚和副边绕组一引脚，表的指针指向无穷大。
正常
无穷大
副边引脚
黑
红
原边引脚
测铁芯与各次级绕组的引脚之间的电阻值
选择万用表R×10k挡，两表笔分别接原边绕组一引脚和铁芯，表的指针指向无穷大。
正常
无穷大
铁芯
黑
原边引脚
红

图 4-32 变压器原边绕组与副边绕组之间绝缘的判断

第5章 使用万用表检测半导体二极管

5.1 二极管的基础知识

5.1.1 二极管的类型

晶体二极管内部有一个 PN 结，外部有两个引脚，具有单向导电性。这个特性用 V-A（伏安）特性曲线来表示。所谓的伏安特性就是指加在二极管两端的电压与流过二极管电流之间的关系。利用晶体二极管的单向导电特性，可把交流电变成脉动直流电，把所需的音频信号从高频信号中取出来等等。二极管外形、符号、结构及伏安特性曲线如图 5-1 所示。

① 按制造材料和用途分类情况如图 5-2 所示。

② 按结构分为点接触型、面接触型和平面接触型三种。如图 5-3 所示。

5.1.2 整流二极管的主要参数

整流二极管的主要参数有最大整流电流、最高反向工作电压、反向电流、正向压降、最高工作频率。

① 最大整流电流。晶体二极管在正常连续工作时，能通过的最大正向电流值，叫最大整流电流。使用时电路的最大电流不能超过此值，否则二极管就会发热而烧毁。

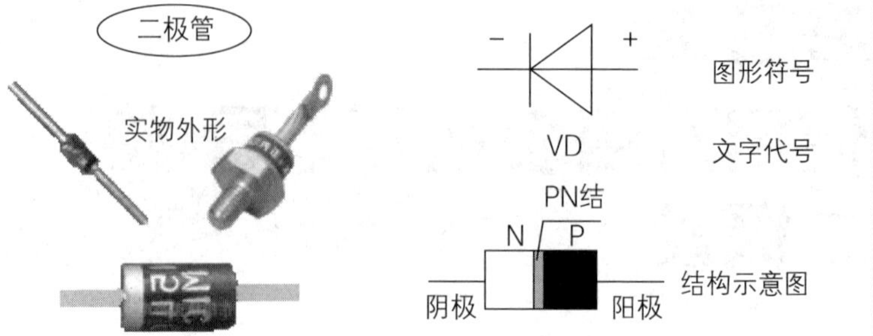

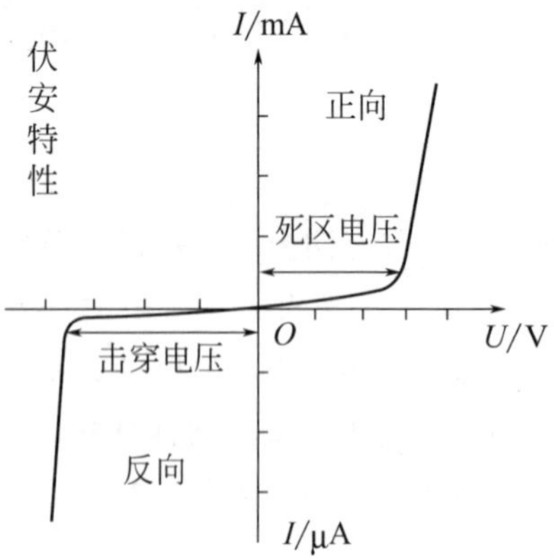

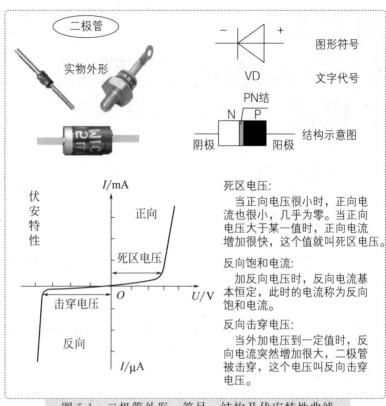

二极管

实物外形

图形符号

文字代号 VD

结构示意图

PN结

N P

阴极 阳极

伏安特性

I/mA

正向

死区电压

击穿电压

反向

O

U/V

I/μA

死区电压:

当正向电压很小时，正向电流也很小，几乎为零。当正向电压大于某一值时，正向电流增加很快，这个值就叫死区电压。

反向饱和电流:

加反向电压时，反向电流基本恒定，此时的电流称为反向饱和电流。

反向击穿电压:

当外加电压到一定值时，反向电流突然增加很大，二极管被击穿，这个电压叫反向击穿电压。

图 5-1　二极管外形、符号、结构及伏安特性曲线

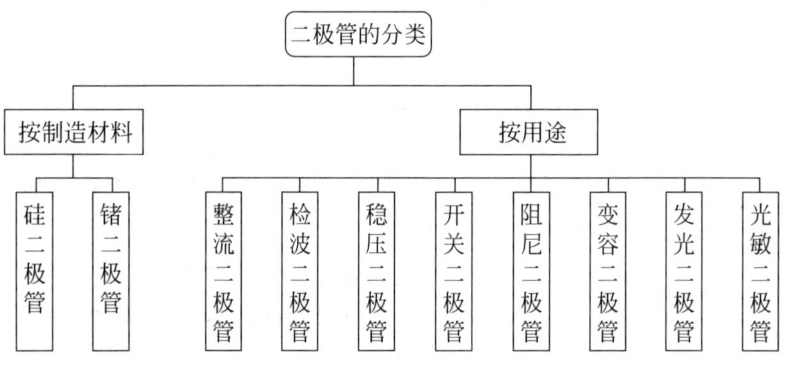
二极管的分类
按制造材料
按用途
硅二极管
锗二极管
整流二极管
检波二极管
稳压二极管
开关二极管
阻尼二极管
变容二极管
发光二极管
光敏二极管

图 5-2　二极管按制造材料和用途分类情况

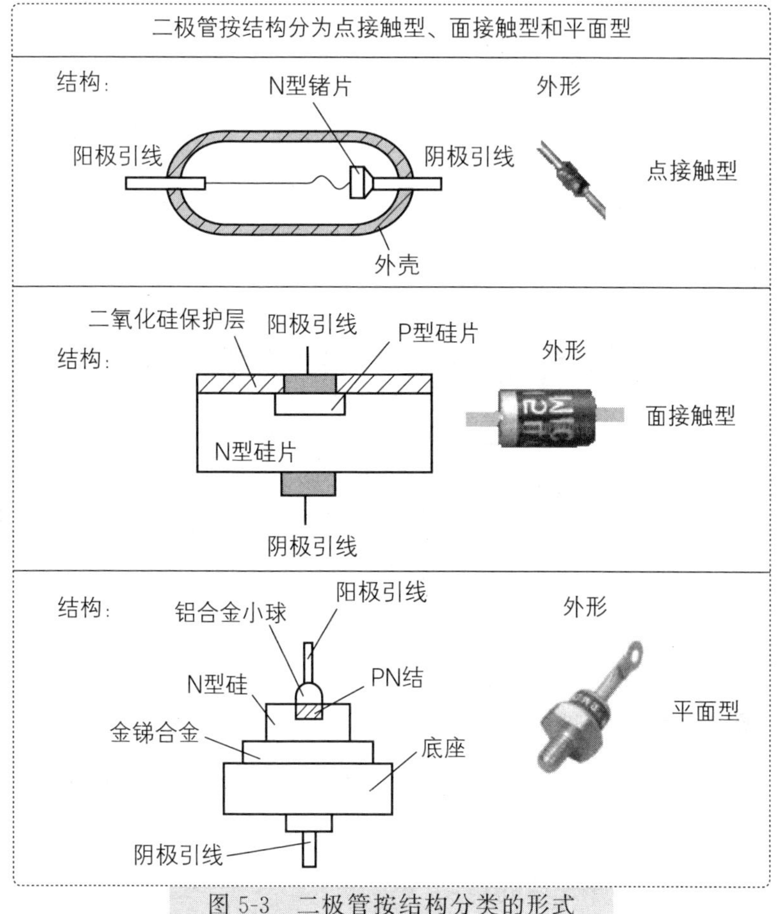
二极管按结构分为点接触型、面接触型和平面型
结构:
N型锗片
外形
阳极引线
阴极引线
点接触型
外壳
二氧化硅保护层
阳极引线
P型硅片
结构:
外形
面接触型
N型硅片
阴极引线
结构:
阳极引线
铝合金小球
外形
N型硅
PN结
平面型
金锑合金
底座
阴极引线

图 5-3　二极管按结构分类的形式

② 最高反向工作电压。二极管正常工作时所能承受的最高反向电压值，它是击穿电压值的一半。使用时，外加反向电压不得超过此值，以保证二极管的安全。

③ 最大反向电流。这个参数是指在最高反向工作电压下允许流过的反向电流。这个电流的大小，反映了晶体二极管单向导电性

能的好坏。如果这个反向电流值太大，就会使二极管过热而损坏。因此这个值越小，表明二极管的质量越好。

④ 正向压降。当正向电流流过二极管时，二极管两端会有正向压降。正向压降越小越好。

⑤ 最高工作频率。此参数直接给出了二极管工作的最大频率值。

5.2 二极管的检测

提示! 二极管正反向电阻的范围

• 正向电阻。小功率锗二极管正向电阻一般在 100～1000 Ω 之间。

硅二极管正向电阻一般在几百欧姆至几千欧姆之间。

• 反向电阻。不论是锗管还是硅管，一般都在几千欧姆以上，而且硅管比锗管大。

5.2.1 二极管极性的判断

使用指针式万用表 R×1k 挡，可判断其正负极。具体检测步骤如图 5-4 所示。

5.2.2 二极管好坏的检测

提示!

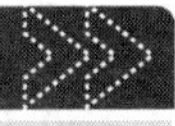

根据二极管正向电阻小，反向电阻大的特性，使用万用表可以判断二极管的好坏。

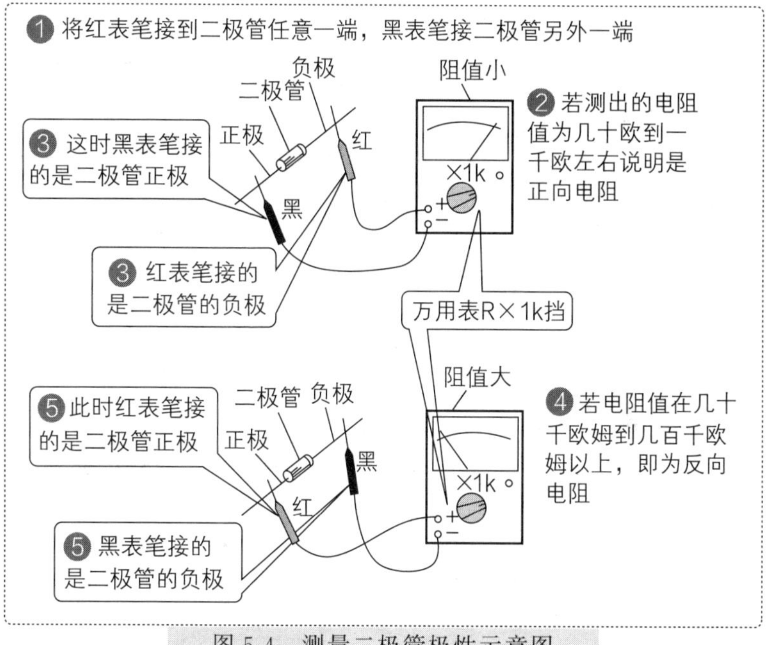

1 将红表笔接到二极管任意一端，黑表笔接二极管另外一端
负极
二极管
正极
红
黑
阻值小
2 若测出的电阻值为几十欧到一千欧左右说明是正向电阻
×1k
3 这时黑表笔接的是二极管正极
3 红表笔接的是二极管的负极
万用表R×1k挡
阻值大
4 若电阻值在几十千欧姆到几百千欧姆以上，即为反向电阻
5 此时红表笔接的是二极管正极
5 黑表笔接的是二极管的负极

图 5-4 测量二极管极性示意图

二极管好坏判断方式如图 5-5 所示。使用万用表测量二极管的正向电阻为几十欧姆到几百欧姆，反向电阻在 200kΩ 以上，可以认为此二极管是好的，如图 5-5（a）所示。由于硅二极管和锗二极管的正反向电阻差别较大，在实际测量时只要二极管正反向电阻差别较大（达到几百至上千倍），一般来说二极管都是正常的。

如果正反向测量，电阻都很小，例如只有几十欧，则说明二极管已经损坏短路了，如图 5-5（b）所示。

如果正反向测量的电阻都很大，例如几兆欧，则说明二极管已损坏开路即断路了，如图 5-5（c）所示。

如果二极管的正、反向电阻值相差太小，说明其性能变坏或失效。以上三种情况的二极管都不能使用。

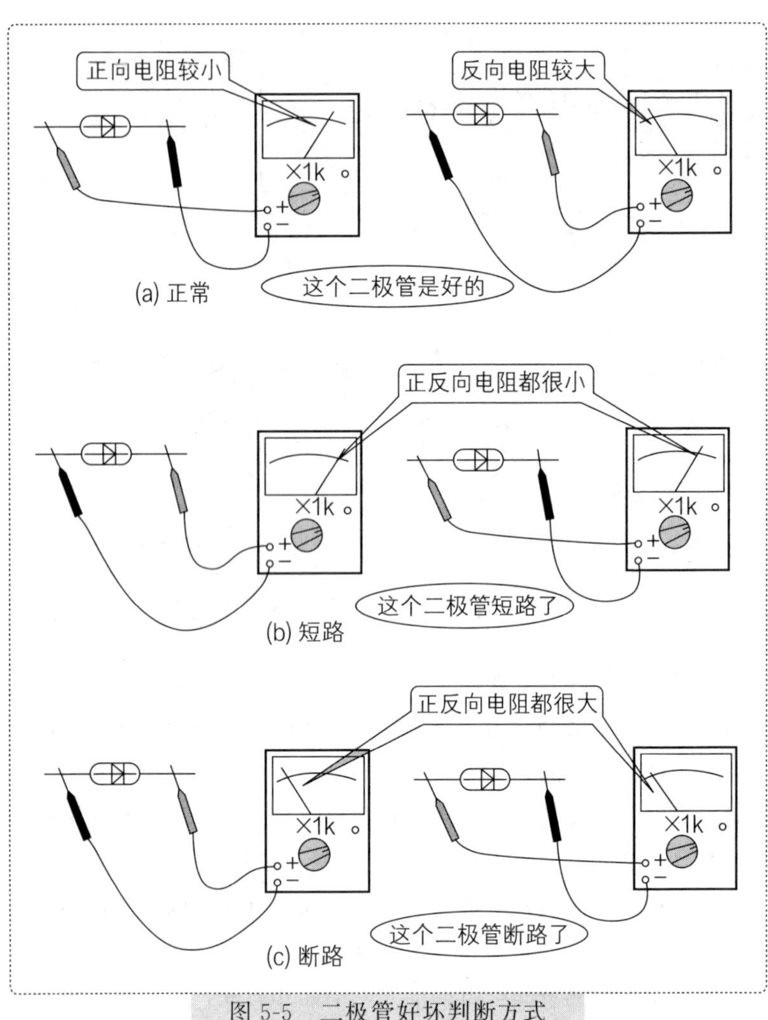

正向电阻较小
反向电阻较大
×1k
+
−
(a) 正常
这个二极管是好的
正反向电阻都很小
(b) 短路
这个二极管短路了
正反向电阻都很大
(c) 断路
这个二极管断路了

图 5-5　二极管好坏判断方式

提示!

使用万用表测量时，要根据二极管的功率大小，不同的种类，选择不同倍率的欧姆挡。

- 小功率二极管一般用R×100 或R×1K 挡。
- 中、大功率二极管一般选用R×1 或R×10 挡。

5.3 用万用表检测稳压二极管

稳压二极管是一种特殊的二极管，工作在反向击穿状态。稳压管有很多种，从封装上划分有玻璃壳、塑料壳和金属壳稳压二极管。按照功率划分有小功率稳压二极管和大功率稳压二极管。还可以分为单向击穿和双向击穿稳压二极管。稳压二极管的特性和符号如图 5-6 所示。

5.3.1 稳压管的特点

由图 5-7 可以看出，稳压二极管工作特性曲线在反向击穿区。在反向击穿处二极管电流急剧增加，反向电压相对稳定。也就是说，稳压二极管在反向击穿区时，电流在很大的范围内变化，而电压几乎保持不变。

稳压二极管一般用于电压调节器，当电路的电流或输入电压发生较小变化时，稳压二极管两端的电压几乎保持不变。由于硅管的热稳定性好，所以一般稳压二极管都用硅材料做成。

5.3.2 稳压管的主要参数

稳压管在一定的电流范围内，反向电压为常量。如图 5-8 所示。图中给出了几个不同的电流值。

① 稳定拐点电流值——为保持电压稳定的最小电流值。

反向特性：

反向电压从零到U_A这一段，稳压二极管的反向电流接近于零。

击穿：

当反向电压升高到U_A时，管子开始击穿。

稳压：

在BC 段，虽然流过稳压二极管的电流变化很大，但电压变化却很小。

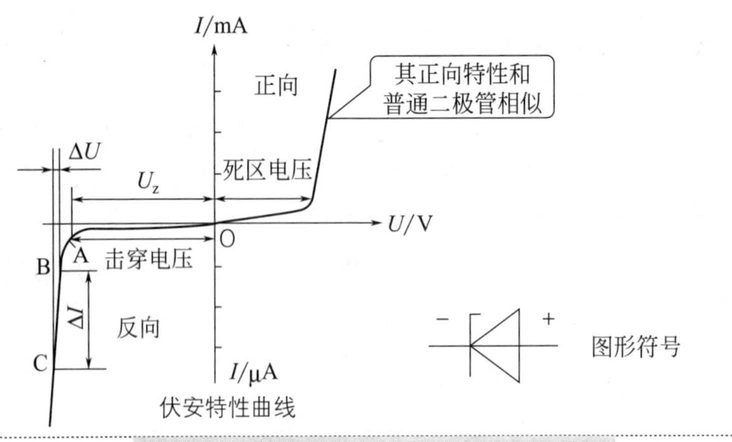
I/mA
正向
其正向特性和
普通二极管相似
ΔU
U_z
死区电压
U/V
O
A
B
击穿电压
ΔI
反向
C
I/μA
−
+
图形符号
伏安特性曲线

图 5-6　稳压二极管的符号及伏安特性

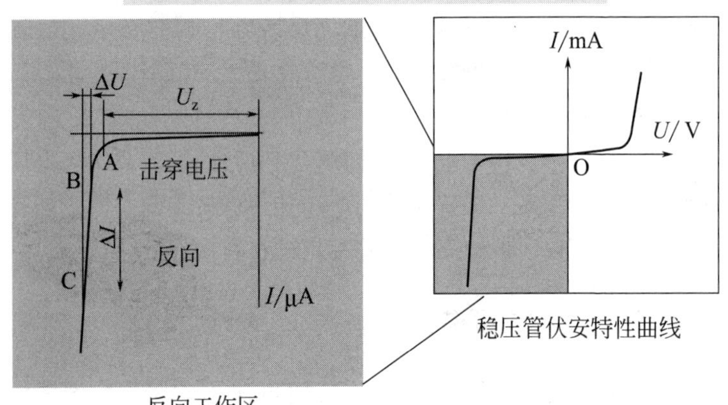
ΔU
U_z
A
B
击穿电压
ΔI
反向
C
I/μA
I/mA
U/V
O
稳压管伏安特性曲线
反向工作区

图 5-7　稳压管工作特性曲线

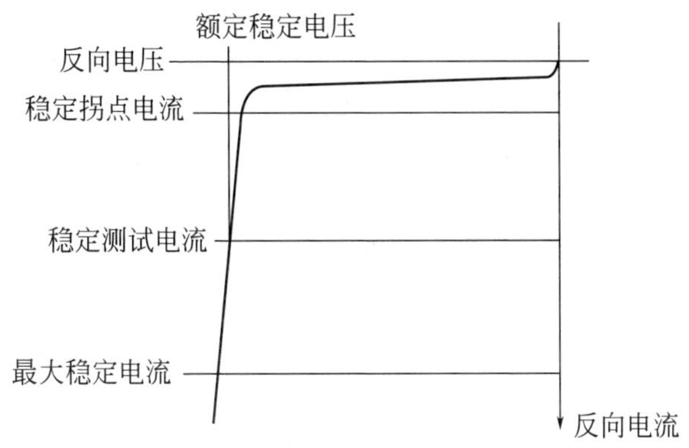
额定稳定电压
反向电压
稳定拐点电流
稳定测试电流
最大稳定电流
反向电流

图 5-8　反向稳定电流

② 最大稳定电流值——为稳压管在稳压区正常工作的最大电流值。

③ 稳定测试电流——为稳压管额定稳压值对应的电流值。

④ 反向稳定电流——指当反向电压小于反向击穿电压时，通过二极管的反向电流，也就是当二极管截止时，流过二极管的漏电流。

⑤ 稳定阻抗——妨碍电流变化。稳定阻抗等于稳定电压变化量与稳定电流变化量之比。

⑥ 稳定电压——二极管在稳压范围内，其两端的反向电压。不同型号的稳压管的稳定电压值是不一样的。

⑦ 最大工作电流——是指稳压管长期正常工作时，所允许流过稳压管的最大反向电流。

提示!

使用稳压管时要注意，要控制流过稳压管的电流绝对不能超过最大工作电流，否则就会烧毁稳压管。

5.3.3 稳压管的检测

① 判断稳压管的正负极。判别稳压管正、负电极的方法与判别普通二极管电极的方法基本相同。具体步骤如图 5-9 所示。

用万用表R×1k挡，先将红、黑两表笔任接稳压管的两端，测出一个电阻值，然后交换表笔再测出一个阻值，两次测得的阻值应该是一大一小。所测阻值较小的一次，即为正向接法，此时，黑表笔所接一端为稳压二极管的正极，红表笔所接的一端则为负极。好的稳压二极管一般正向电阻为10kΩ左右，反向电阻为无穷大。

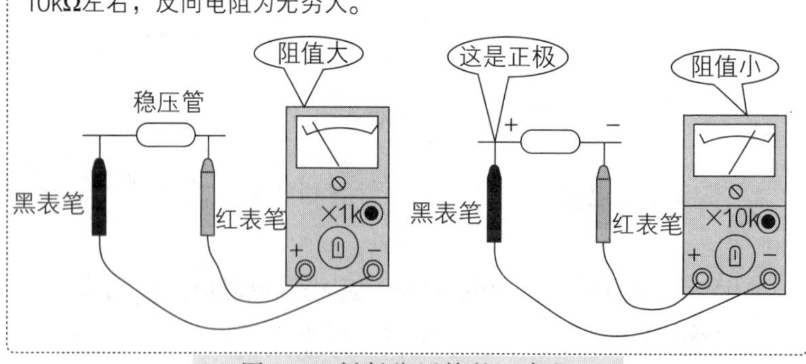
阻值大
稳压管
黑表笔
红表笔
×1k
这是正极
阻值小
+
−
黑表笔
红表笔
×10k

图 5-9 判断稳压管的正负极

② 稳压管与普通二极管的鉴别。常用稳压二极管的外形与普通小功率整流二极管的外形基本相似。可使用万用表电阻挡很准确地将稳压管与普通整流二极管区别开来。具体方法如图 5-10 所示。

提 示！ 鉴别方法的原理说明

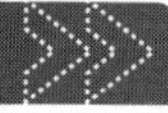

万用表R×1k 挡内部使用的电池电压为1.5V，一般不会将被测管反向击穿，所以测出的反向电阻值比较大。而用R×10k 挡测量时，万用表内部电池的电压一般都在9V 以上，当被测管为稳压管，且稳压值低于电池电压值时，即被反向击穿，使测得的电阻值大为减小。但如果被测管是一般整流或检波二极管时，则无论用R×1k 挡测量还是用R×10k 挡测量，所得阻值将不会相差很悬殊。注意，当被测稳压管的稳压值高于万用表R×10k 挡的电压值时，用这种方法是无法进行区分鉴别的。

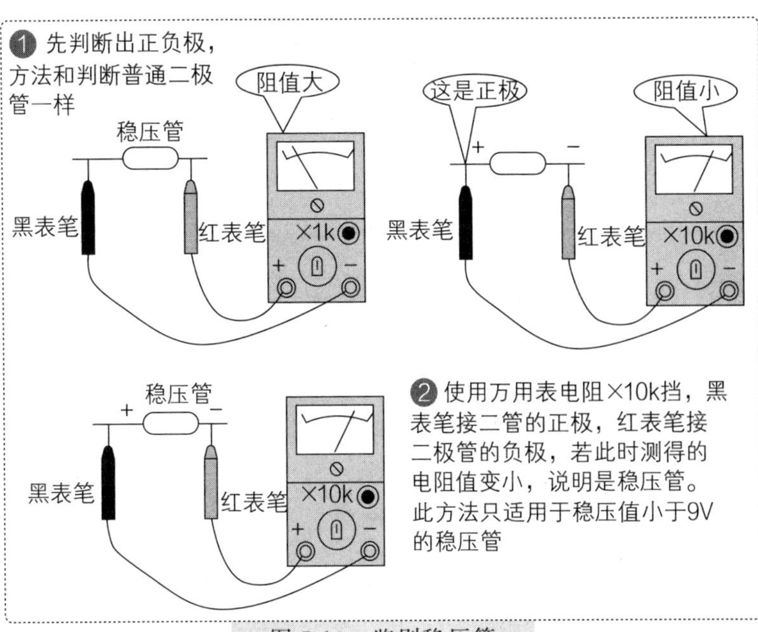

1 先判断出正负极，方法和判断普通二极管一样
阻值大
稳压管
黑表笔
红表笔
×1k
这是正极
阻值小
+
−
黑表笔
红表笔
×10k
稳压管
+
−
黑表笔
红表笔
×10k
2 使用万用表电阻×10k挡，黑表笔接二管的正极，红表笔接二极管的负极，若此时测得的电阻值变小，说明是稳压管。此方法只适用于稳压值小于9V的稳压管

图 5-10 鉴别稳压管

③ 稳压管稳压值的检测

提 示!

由于稳压管是工作在反向击穿状态下，所以，用万用表可以测出其稳压值大小。

• 稳压管稳压值的简易测试法。具体方法如图 5-11 所示。用此法只适用于稳压值为 15V 以下稳压管的测量。

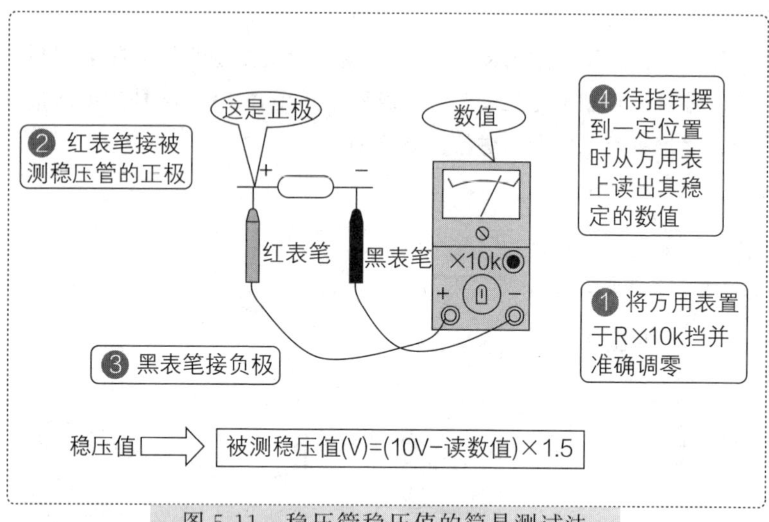
这是正极
数值
❷ 红表笔接被测稳压管的正极
❹ 待指针摆到一定位置时从万用表上读出其稳定的数值
+
−
红表笔
黑表笔
×10k
❶ 将万用表置于R×10k挡并准确调零
❸ 黑表笔接负极
稳压值
被测稳压值(V)=(10V−读数值)×1.5

图 5-11　稳压管稳压值的简易测试法

5.4　用万用表检测双基极二极管

5.4.1　双基极二极管的结构特点

双基极二极管也称为单结晶体管。它有三个电极，两个基极（第一基极 b1 和第二基极 b2）和一个发射极（e）。其符号和等效电路如图 5-12 所示。

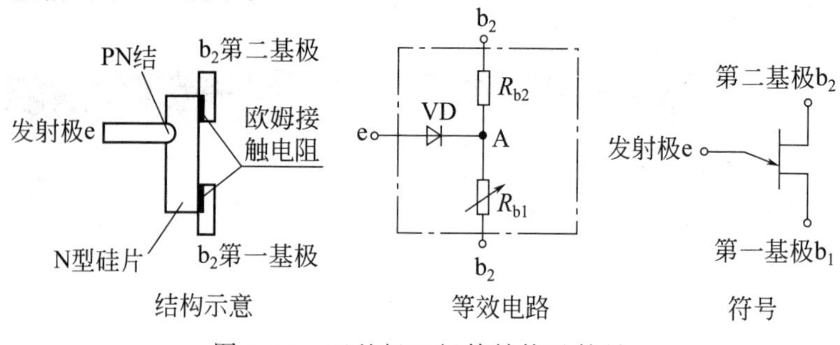
PN结
b2第二基极
发射极e
欧姆接触电阻
N型硅片
b2第一基极
结构示意
b2
Rb2
VD
e
A
Rb1
b2
等效电路
第二基极b2
发射极e
第一基极b1
符号

图 5-12　双基极二极管结构及符号

5.4.2 双基极二极管主要参数

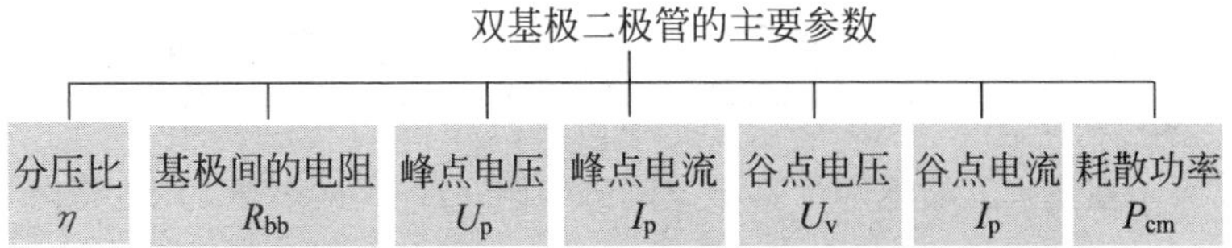
双基极二极管的主要参数
分压比 η
基极间的电阻 R_{bb}
峰点电压 U_p
峰点电流 I_p
谷点电压 U_v
谷点电流 I_p
耗散功率 P_{cm}

双基极二极管的主要参数及伏安特性曲线的具体含义如表 5-1 所示。

表 5-1 双基极二极管的主要参数及伏安特性曲线含义

分压比 η	当发射极断开，在基极 b_1、b_2 之间加上电压 U_{bb} 时，电流流过电阻 R_{b2} 和 R_{b1}，则 A 点对 b_1 的电位为：$U_A=U_{bb}\dfrac{R_{b1}}{R_{b2}}=\eta U_{bb}$ 式中，$\eta=\dfrac{R_{b1}}{R_{b2}}$ 称为双基极二极管的分压比，其值一般为 0.3～0.9。
峰点电压 U_p	双基极二极管由截止区进入到负阻区时的发射极 e 对第一基极 b_1 的电压。
谷点电压 U_v	双基极二极管由负阻区进入到饱和区时的发射极 e 对第一基极 b_1 的电压
伏安特性曲线	U_e、P、U_p、U_v、V、U_{bb}=30V、20V、10V、I_{bb}=0、I_p、I_v、I_e、0；截止区、负阻区、饱和区 P——峰点； V——谷点； U_p——峰点电压； I_p——峰点电流； U_v——谷点电压； I_v——谷点电流； U_{bb}——基极之间的电压

提示！

• 对于触发电路，一般选择分压比 η 较大的双基极二极管，这样可使输出脉冲幅值大，调节电阻范围宽。

• 峰点电压 U_p 和谷点电压 U_v 均与工作 U_{bb} 有关，改变基极之间的电压 U_{bb}，峰点电压 U_p 和谷点电压 U_v 也随之改变。

5.4.3 双基极二极管的检测

提示!

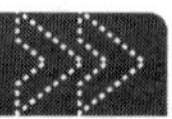

双基极二极管两个基极之间的电阻（$R_{bb}=R_{b1}+R_{b2}$）值约为2～12kΩ。在实际应用中可使用万用表的欧姆挡判别出三个电极。

对双基极二极管进行简易检测，主要就是鉴别管型、区分引脚、检测分压系数及判别其质量的好坏。

① 判断双基极二极管。对于管壳上没有标记的双基极二极管而言，仅凭其外部特征是不能与三极管区分开的。我们可以借助万用表进行判别，具体方法如图 5-13 所示。

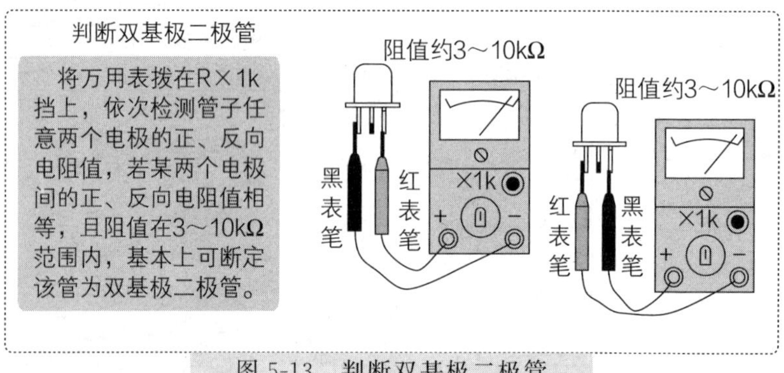
判断双基极二极管
将万用表拨在R×1k挡上，依次检测管子任意两个电极的正、反向电阻值，若某两个电极间的正、反向电阻值相等，且阻值在3～10kΩ范围内，基本上可断定该管为双基极二极管。
阻值约3～10kΩ
黑表笔
红表笔
×1k
+
−
阻值约3～10kΩ
红表笔
黑表笔
×1k
+
−

图 5-13　判断双基极二极管

② 判别双基极二极管的引脚。在实际应用中，我们不仅要识别管型，还要鉴别出引脚，以便能使其发挥正常功能。双基极二极管的引脚可以从外形封装上识别，还可以使用万用表判别，其具体方法如图 5-14 所示。

提示!

双基极二极管的正向电阻约为几百欧至几千欧，反向电阻均为∞。用此方法不适于e-b间正向电阻值较小的管子。

判断出发射极e

① 鉴别管脚—e极

将万用表拨在R×1k挡上，依次检测管子任意两个电极的正、反向电阻值，若某两个电极间的正、反向电阻值相等，且阻值在3～10kΩ范围内，此时，两个表笔接的引脚是b1和b2，另一个引脚就是e极。

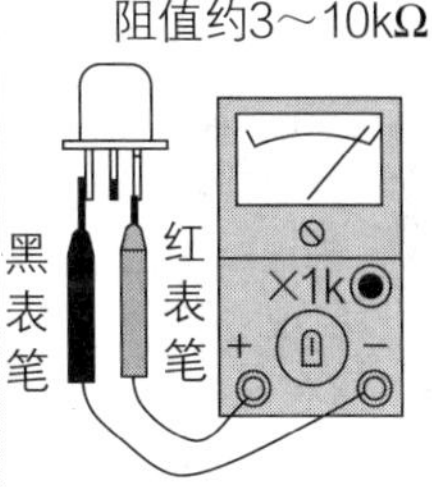
阻值约3～10kΩ
黑表笔
红表笔
×1k
+
-

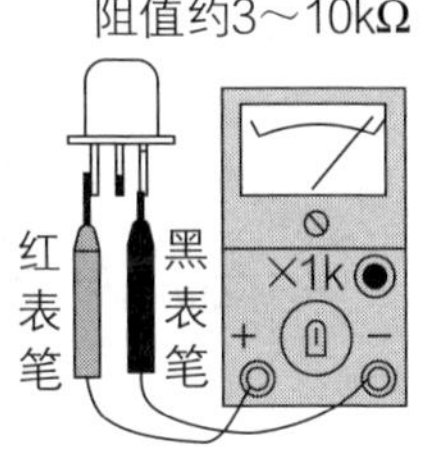
阻值约3～10kΩ
红表笔
黑表笔
×1k
+
-

判断出发射极e后，再根据两个基极b1、b2与发射极e之间的电阻值不同来判别第一基极b1和第二基极b2。

判别第一基极b1和第二基极b2。

② 鉴别管脚—b1，b2

将万用表的黑表笔接e极，红表笔分别接另外两个引脚，测得两个阻值，其中阻值较大的一次，红表笔所接的引脚是b1，另一引脚就是b2。

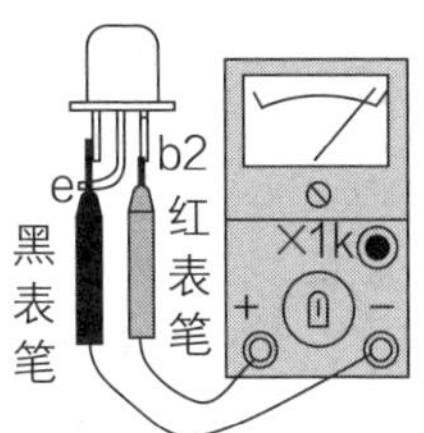
b2
e
黑表笔
红表笔
×1k
+
-

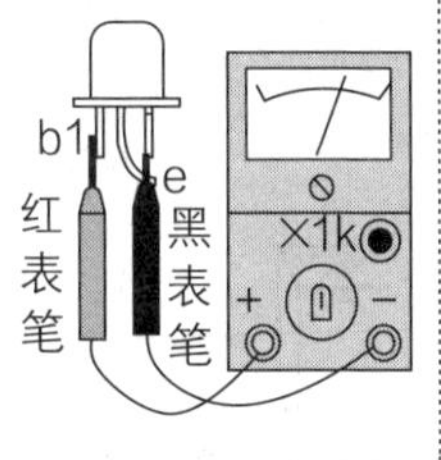
b1
e
红表笔
黑表笔
×1k
+
-

图 5-14 判别双基极二极管的引脚

5.5 用万用表检测发光二极管

5.5.1 发光二极管的类型

发光二极管是指当二极管正向偏置时，可以发光。发光二极管的颜色有多种，如红色、黄色、绿色、双色等。还有能产生不可见光的发光二极管，如红外线辐射发光二极管。发光二极管的颜色取决于生产器件时使用的元素。生产发光二极管通常使用镓、砷、铝或是几种元素的组合。发光二极管的结构特征、符号及外形如图 5-15 所示。

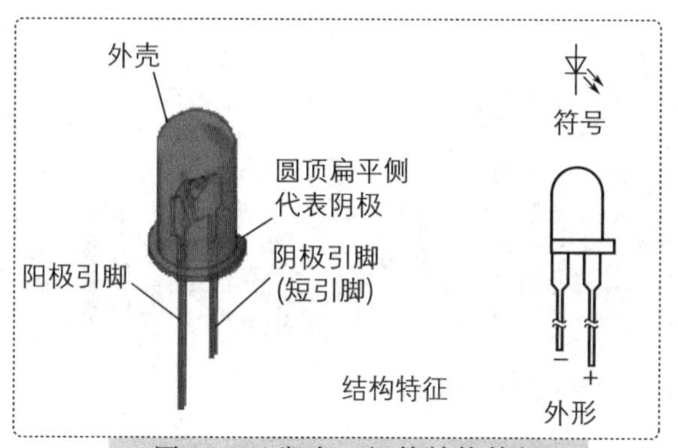
外壳
符号
圆顶扁平侧
代表阴极
阴极引脚
(短引脚)
阳极引脚
结构特征
−
+
外形

图 5-15 发光二极管结构特征

常用的发光二极管种类很多。一般有单色发光二极管、变色发光二极管、闪烁发光二极管、电压型发光二极管、红外发光二极管和激光二极管。各种发光二极管及符号如图 5-16 所示。

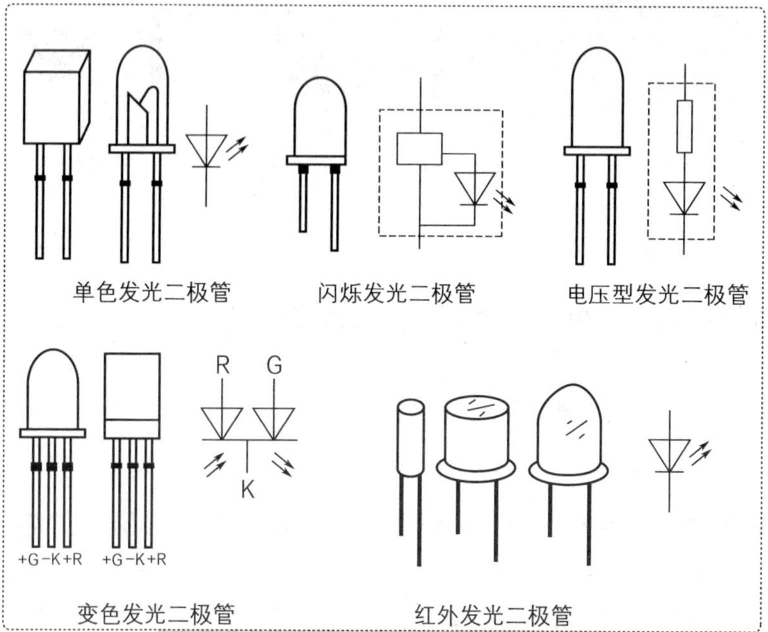

单色发光二极管　闪烁发光二极管　电压型发光二极管

R　G　K　+G −K +R　+G −K +R

变色发光二极管　红外发光二极管

图 5-16 各种发光二极管及符号

5.5.2 发光二极管的主要参数

发光二极管属于电流控制型半导体器件，当 PN 结导通时，依靠少数载流子的注入以及随后的复合而辐射发光。正向伏安特性曲线比较陡，在正向导通之前几乎没有电流。当电压超过开启电压时电流就急剧增大。

发光二极管具有一般二极管的特性曲线，但是发光二极管有较高的正向偏置电压（V_F）和较低的反向击穿电压（V_{BR}），其典型数值为：

正向偏置电压（V_F）范围为 1.4～3.6V（I_F＝200mA）。正向偏置电压与正向电流及管芯材料有关。

反向击穿电压（V_{BR}）范围为：－3～－10V。

正向电流（I_F）：发光二极管正常发光时流过的电流。在小电流情况下其发光亮度与正向电流 I_F 近似成正比。

发光二极管主要技术参数有：

P_M——极限功率，mW；

I_{FM}——极限工作电流（最大正向电流），mA；

V_R——反向耐压，V；

V_F——正向工作电压（正向压降），V；

I_R——反向漏电流，μA；

C_o——输出电容，pF；

I_v——发光强度（法向），mcd；

θ——半强度角，(°)；

λ_P——发光峰值波长，μm；

Δ_λ——半峰宽度，μm。

提示!

反向击穿电压与最大反向电压相似。发光二极管的额定值表明反向电压可使器件反向偏置击穿而导电。

使用时应根据所要求的亮度来选取合适的I_F值（通常选5～10mA，高亮度LED可选1～2mA），这样既保证亮度适中，又不会损坏器件。若电流过大，就会烧毁LED的PN结，因此在使用时必须接限流电阻。

5.5.3 发光二极管的检测

一般情况下，不需要测试发光二极管来判断它的好坏。大多数情况下，过电流使发光二极管烧坏。发生此类故障时，发光二极管就不放光了，很容易识别。当发现发光二极管发黑时，要更换。

(1) 发光二极管的直观检查

在进行电子产品装配或维修时，对所用的发光二极管要进行识别和检测，对没有使用过的发光二极管，简单识别可通过其外观特征，即可判断发光二极管的引脚极性。具体方法如图5-17所示。

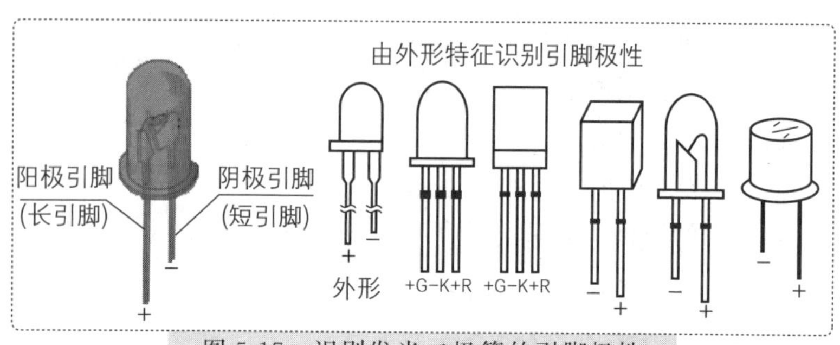
由外形特征识别引脚极性
阳极引脚
(长引脚)
阴极引脚
(短引脚)
−
+
+
−
外形
+G−K+R
+G−K+R
−
+
−
+
−
+

图5-17 识别发光二极管的引脚极性

(2) 使用指针式万用表检测发光二极管的好坏

常用发光二极管正向导通电压大于 1.8V，使用万用表欧姆挡测量时，由于万用表大多用 1.5V 电池（R×10k 挡除外），所以无法使管子导通，测量其正、反向电阻均为很大，难以判断其好坏。通常情况下，采用下列方法之一。

① 简单判断法。如图 5-18 所示。

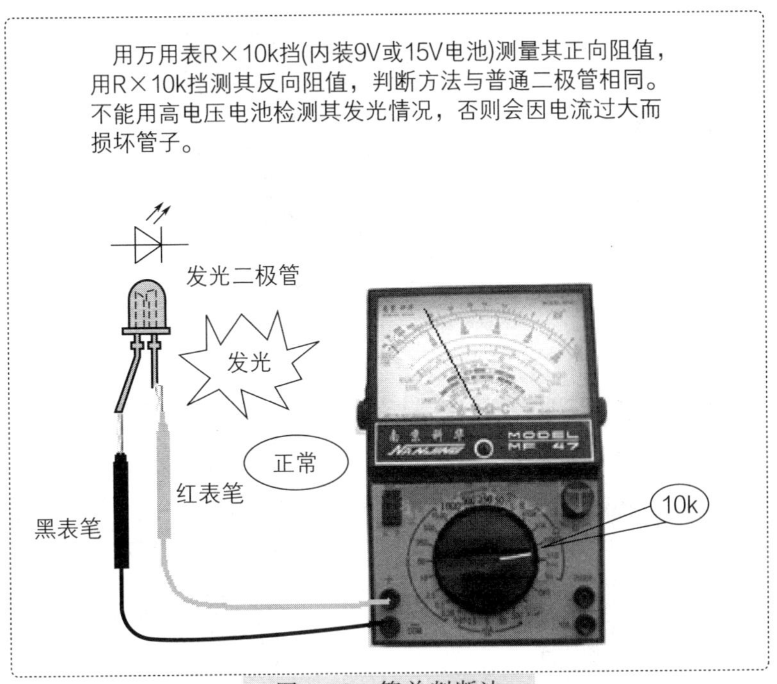
用万用表R×10k挡(内装9V或15V电池)测量其正向阻值，用R×10k挡测其反向阻值，判断方法与普通二极管相同。不能用高电压电池检测其发光情况，否则会因电流过大而损坏管子。
发光二极管
发光
正常
红表笔
黑表笔
10k
MODEL MF 47

图 5-18　简单判断法

② 外接电源法。在万用表外另接一节 1.5V 电池，如图 5-19 所示。

③ 双表法。用两块万用表检测发光二极管，如图 5-20 所示。

用R×10或R×100挡，万用表的负极插口接电池的负极，黑表笔一端接电池的正极，另一端接发光二极管的正极，红表笔接发光二极管的负极，此时二极管发出亮光，说明是好的；若不发光，则表明管子已坏。

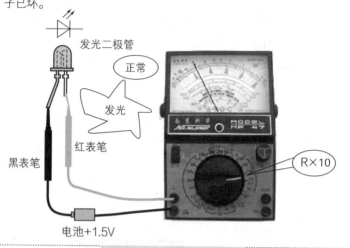

发光二极管

正常

发光

红表笔

黑表笔

R×10

电池+1.5V

图 5-19　外接电源法

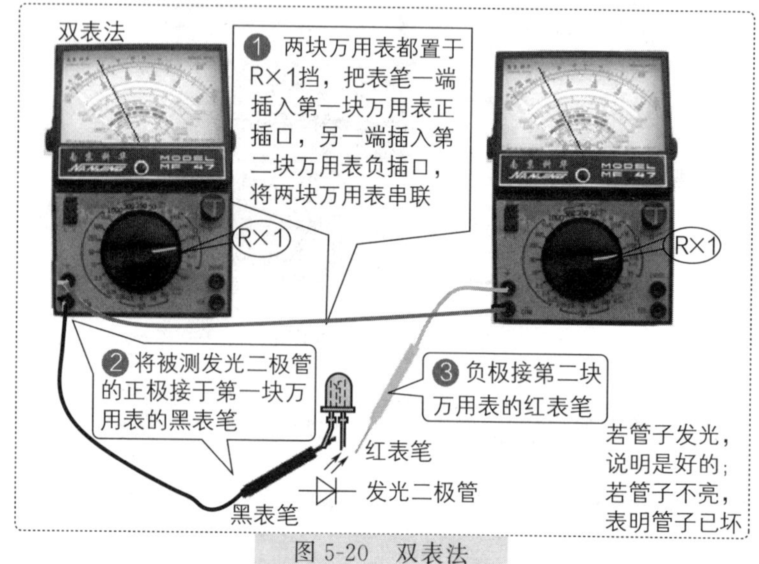
双表法
❶ 两块万用表都置于R×1挡，把表笔一端插入第一块万用表正插口，另一端插入第二块万用表负插口，将两块万用表串联
R×1
R×1
❷ 将被测发光二极管的正极接于第一块万用表的黑表笔
❸ 负极接第二块万用表的红表笔
红表笔
发光二极管
黑表笔
若管子发光，说明是好的；若管子不亮，表明管子已坏

图 5-20　双表法

提 示!

用以上方法检测发光二极管好坏的同时，也可判断出正、负极，即测得发光管不亮时，红表笔所接为管子正极，黑表笔或外接电池正极所接为管子负极。发光管的正、负极也可通过查看引脚（长脚为正、短脚为负）或内芯结构予以识别。

(3) 用数字万用表检测发光二极管的方法

① 用数字万用表检测发光二极管。利用二极管挡检测发光二极管。具体方法如图 5-21 所示。

提 示! 测试依据

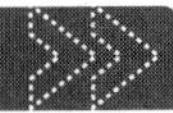

数字万用表二极管挡的开路测试电压约为2.8V，高于发光二极管的正向压降。由于该挡有限流电阻，故适合检测各种型号发光二极管的发光情况，同时能显示出被测管的正向压降值。但该挡所提供的工作电流仅为1mA 左右，管子只能稍微发光，所显示的正向压降值比典型值偏低。正向压降值通常是在10mA 的条件下测出的。

提 示!

如果将管子的正、负极性接反了就不能发光，据此可判定其正、负极。

若管子能正常发光且亮度适中，说明被测管属于高亮度LED。由此可区分普通LED 与高亮度LED。

② 使用 h_{FE} 挡检查发光二极管。方法如图 5-22 所示。

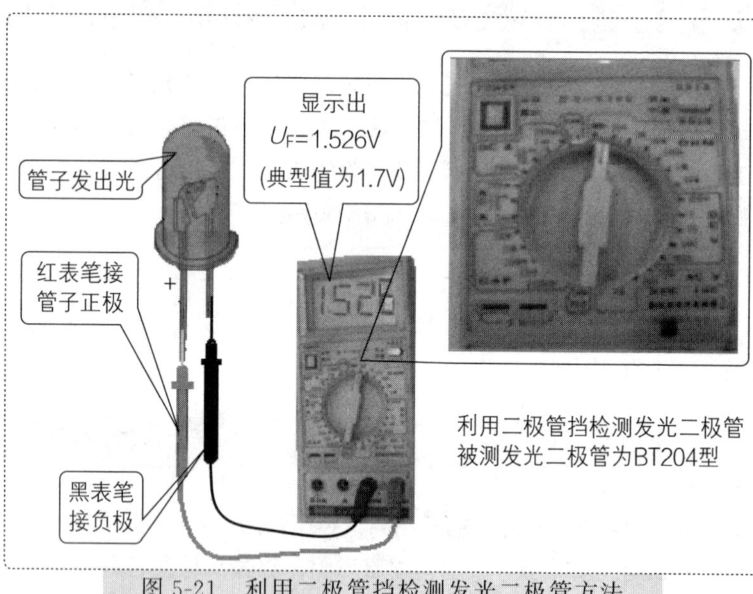
显示出
U_F=1.526V
(典型值为1.7V)
管子发出光
红表笔接
管子正极
黑表笔
接负极
利用二极管挡检测发光二极管
被测发光二极管为BT204型

图 5-21 利用二极管挡检测发光二极管方法

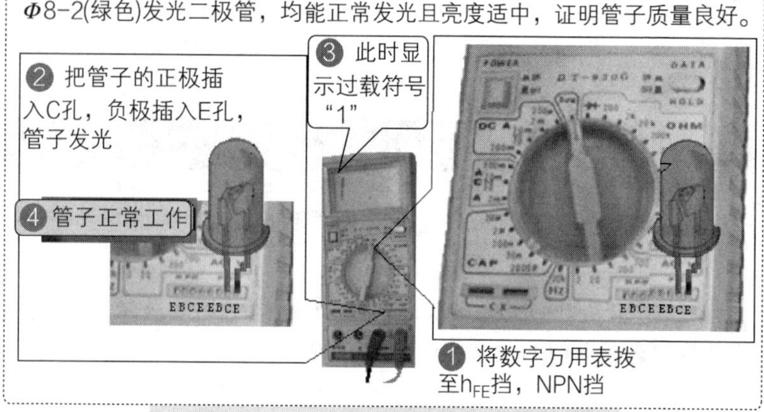
利用h_{FE}挡检查发光二极管可以检查Φ3～Φ8的LED，检查Φ8-2(红色)，Φ8-2(绿色)发光二极管，均能正常发光且亮度适中，证明管子质量良好。
② 把管子的正极插入C孔，负极插入E孔，管子发光
③ 此时显示过载符号“1”
④ 管子正常工作
① 将数字万用表拨至h_{FE}挡，NPN挡

图 5-22 使用 h_{FE} 挡检查发光二极管

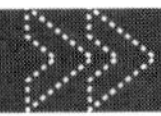

提 示！测试依据

h_{FE}插口上接有基准电压源。因为h_{FE}测量电路中的限流电阻很小，所以从C-E孔可提供20mA以下的电流，当输出电流超过20mA时，h_{FE}挡过载，从而限制了输出电流的增大，起到保护作用，不会损坏万用表。因此，使用h_{FE}挡检查发光二极管比较理想。

③ 使用 h_{FE}挡检查发光二极管的好坏。方法如图 5-23 所示。

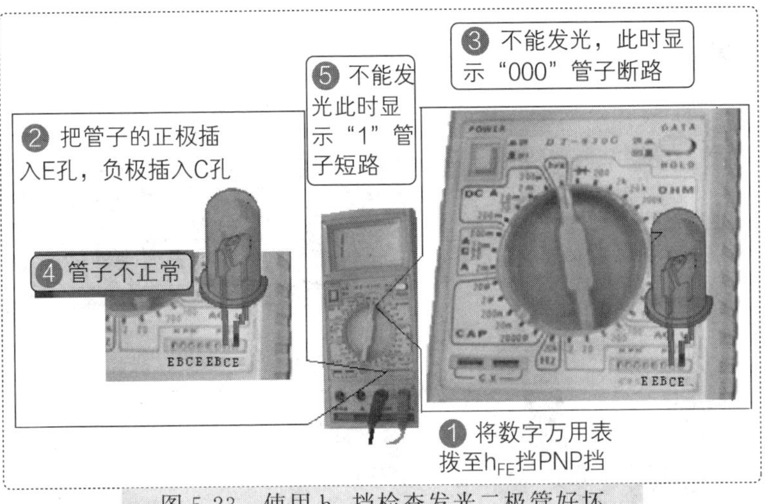
③ 不能发光，此时显示“000”管子断路
⑤ 不能发光此时显示“1”管子短路
② 把管子的正极插入E孔，负极插入C孔
④ 管子不正常
EBCEEBCE
EEBCE
① 将数字万用表拨至hFE挡PNP挡

图 5-23 使用 h_{FE}挡检查发光二极管好坏

提 示！

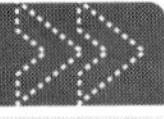

检查LED发光的时间应尽量缩短，以延长9V叠层电池的使用寿命。

5.6 用万用表检测 LED 七段数码显示器

5.6.1 LED 七段数码显示器的结构

LED 显示器是用发光二极管显示字形的显示器。一般常用的是七段数码显示器。它由七段组成，每一段是一个发光二极管，排成一个“日”字形。如图 5-24 所示。通过控制某几段发光二极管的发光而显示一个数字或字母，如数字 0～9，字母 A、B、C、D、E、F 等。

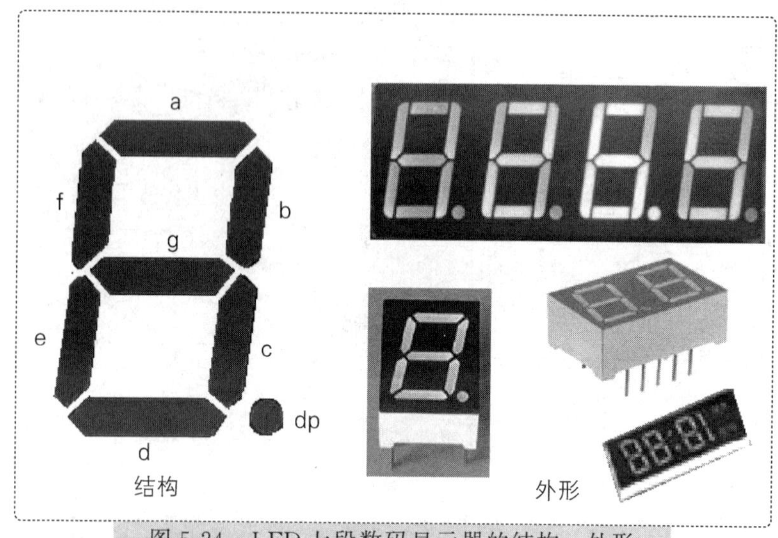
a
f
b
g
e
c
dp
d
结构
外形

图 5-24 LED 七段数码显示器的结构、外形

通常七段 LED 显示器有八个发光二极管，其中七个构成数字、字母的笔画，另一个发光二极管表示小数点。

七段 LED 显示器主要参数有：

V_F——正向工作电压（正向压降），V；

I_R——反向漏电流，μA；

I_{FM}——极限电流，mA；

I_V——发光强度（法向），mcd；

λ_P——发光峰值波长，μm。

在实际应用系统中，可以组成多位 LED 七段显示器。如图 5-25所示。

REMOVE
SEAL
AFTER
WASHING

图 5-25　多位 LED 七段显示器

另外，有的 LED 显示器发光二极管排成点阵结构，由许多 LED 器件按照点阵排列组装，以构成 LED 大屏幕显示器。如图 5-26 所示。这种结构的器件，每一个发光二极管发光时代表一个点，一个字符或数字由多个发光二极管组成，所显示的字符或数字逼真。

图 5-26　LED 显示器发光二极管排成点阵结构

LED 大屏幕显示器一般由基本显示器件组成。这种基本显示器件称为 LED 阵块，是由少量的 LED 发光二极管组成的小点阵显示器。

5.6.2　LED 七段数码显示器的种类

LED 七段数码显示器按照与驱动电路不同的连接方式分为两种，一种是共阳极 LED 七段数码显示器，另一种是共阴极 LED 七段数码显示器。共阳极 LED 七段数码显示器与驱动电路连接如图 5-27 所示。

由图 5-27 可以看到，共阳极 LED 七段数码显示器，是把所有发光二极管的阳极连接在一起，使用时将连在一起的那一端接高电平，当某个发光二极管的阴极接低电平时，相应的发光二极管就发光。共阴极 LED 七段数码显示器与驱动电路连接如图 5-28 所示。

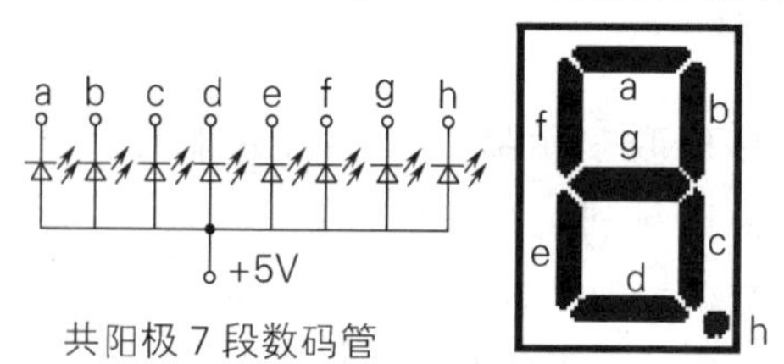
a b c d e f g h
+5V
共阳极 7 段数码管
a
b
f
g
e
c
d
h

图 5-27　共阳极 LED 七段数码显示器与驱动电路连接

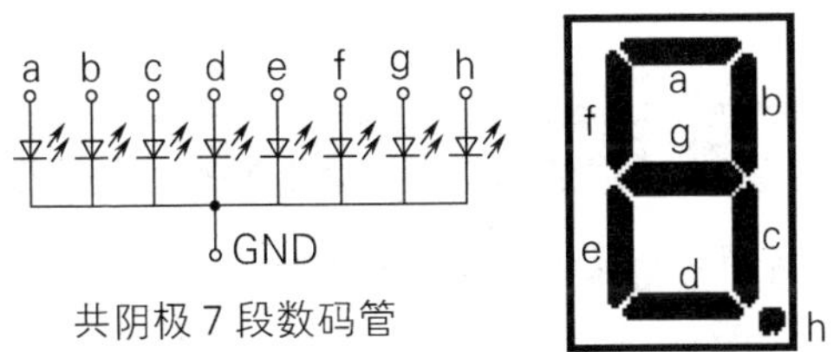
a b c d e f g h
GND
共阴极 7 段数码管
a
b
f
g
e
c
d
h

图 5-28　共阴极 LED 七段数码显示器与驱动电路连接

共阴极 LED 七段数码显示器，是把所有发光二极管的阴极连接在一起，使用时将连在一起的那一端接低电平，当某个发光二极管的阳极接高电平时，相应的发光二极管就发光。

5.6.3　LED 七段数码显示器的检测

使用 LED 七段数码显示器时，首先要进行外观目视检测。LED 七段数码显示器外观要求颜色均匀、无局部变化及气泡，显示时不能有断笔（段不亮）、连笔（某些段连在一起）等。如果要检测 LED 七段数码显示器是否正常工作可使用下面的方法。

① 检测 LED 七段数码显示器是共阳极还是共阴极。检测方法如图 5-29。

② 检测 LED 七段数码显示器的好坏。使用万用表的 h_{FE} 插口能够方便地检查数码管的好坏。检测方法如图 5-30。

提 示!

检测数码管时，若发光暗淡，说明器件已老化，发光率太低；如果显示的笔段残缺不全，说明数码管已局部损坏。

检测 LED 七段数码显示器的好坏还有下列的电池法，具体方法如图 5-31 所示。

提 示!

LED 数码管每笔段工作电流约在5～10mA 之间，若电流过大会损坏数码管，因此必须加限流电阻，数码管每段压降约2V 。

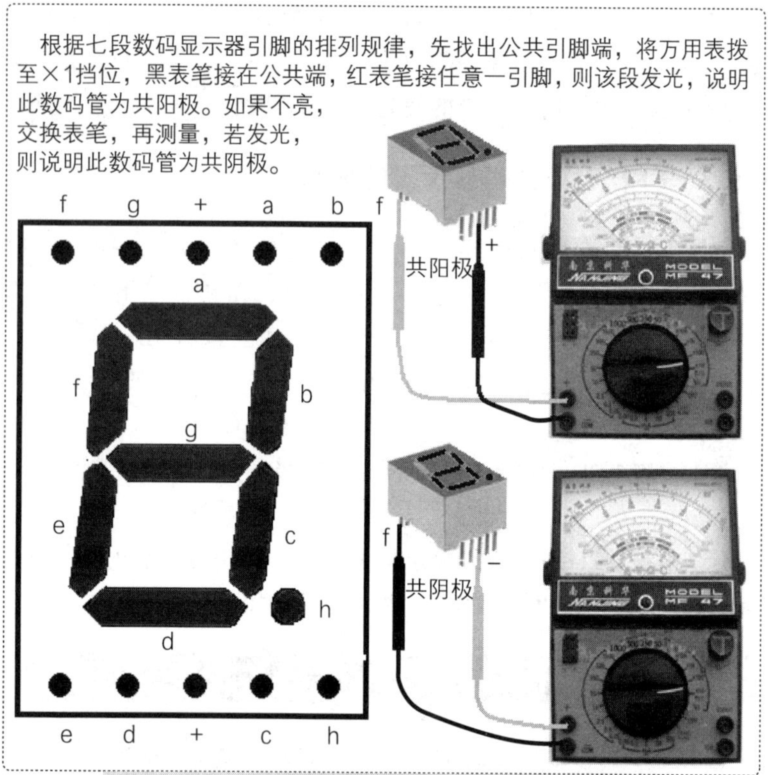

根据七段数码显示器引脚的排列规律，先找出公共引脚端，将万用表拨至×1挡位，黑表笔接在公共端，红表笔接任意一引脚，则该段发光，说明此数码管为共阳极。如果不亮，交换表笔，再测量，若发光，则说明此数码管为共阴极。

f g + a b

a f b g e c h d

e d + c h

f + 共阳极

f − 共阴极

图 5-29 检测 LED 七段数码显示器的极性

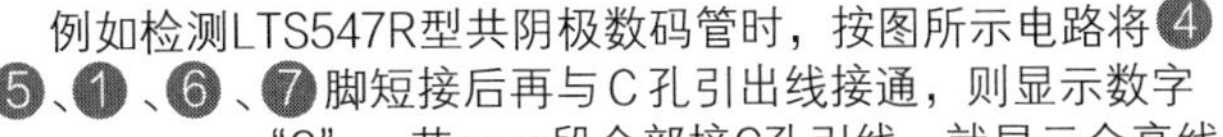

例如检测LTS547R型共阴极数码管时，按图所示电路将④、⑤、①、⑥、⑦脚短接后再与C孔引出线接通，则显示数字“2”。若a～g段全部接C孔引线，就显示全亮线段，构成数字“8”。

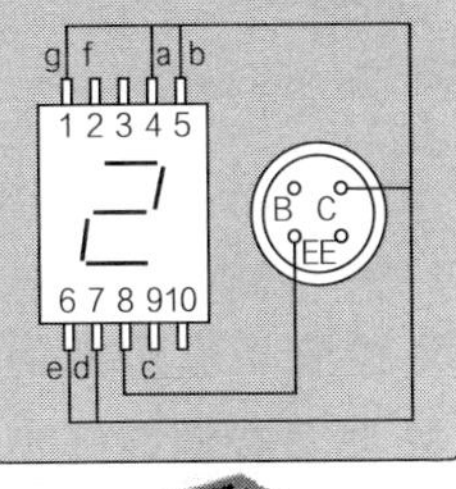

g f a b
1 2 3 4 5
6 7 8 9 10
e d c
B C
E

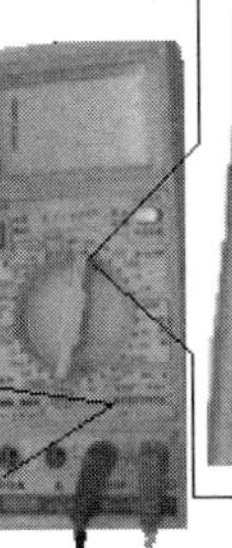

万用表h_{FE}插口NPN

NPN PNP
EBCE EBCE

POWER
DATA
HOLD
DC A
OHM
CAP
AC V

利用万用表的h_{FE}插口选择NPN挡时h_{FE}插口的C孔带正电，E孔带负电

从E孔插入一根单股细导线，导线引出端接③⑧脚，再从C孔引出一根导线依次接触各段电极，可分别显示所对应的段，如果某段不亮，则说明该段已坏。

图5-30 检测LED七段数码显示器的好坏

将3V电池负极引出线经限流电阻R固定接在LED数码管的公共阴极端上，电池正极引出线依次移动接触各段的正极端，此引线接触到哪一段电极端，该段就应显示出来。

若检查共阳极数码管，只需将电池正、负极引出线对调一下，方法相同。

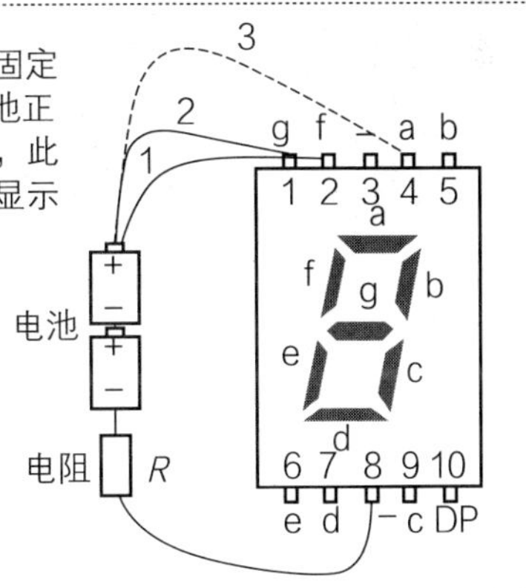

3
2
1
g f − a b
1 2 3 4 5
a
f
g
b
e
c
d
6 7 8 9 10
e d − c DP
电池
电阻
R

图5-31 电池检测法

5.7 用万用表检测 LCD 液晶显示器

5.7.1 LCD 的性能特点

LCD 液晶显示器类型很多，图 5-32 是几种液晶显示器的外形。根据不同的驱动方式，它可分为简单矩阵型和有源矩阵型两种。简单矩阵型液晶显示器 SM-LCD 为无源矩阵型液晶显示器。有源矩阵型液晶显示器 AM-LCD 有采用三端器件的（三极管式），也有采用二端器件的（二极管式）。液晶显示器属于被动发光型显示器件，它本身不发光，只能反射或透射外界光线，需另用电源。因此环境亮度愈高，显示愈清晰。

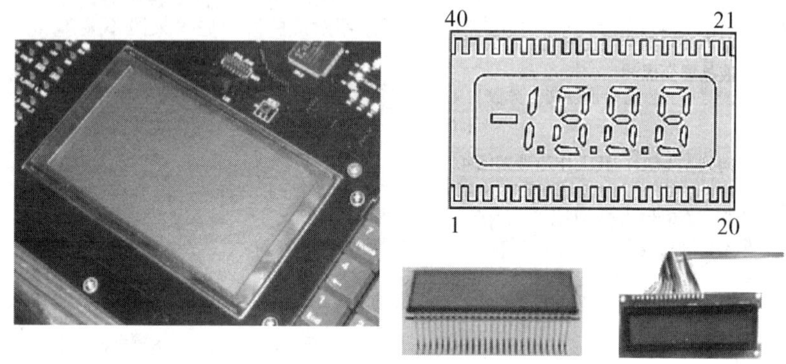
40
21
1
20

图 5-32　几种液晶显示器的外形

LCD 液晶显示器具有区别其他显示器件的独特优点，具体如下。

a. 功耗低。极低的工作电压，一般为 3～6V，工作电流只有每平方厘米几个微安。因此液晶显示器可以和大规模集成电路直接匹配。可以用 CMOS、TTL 电路直接驱动。

b. 平板型结构。液晶显示器基本结构是由两片玻璃组成的夹盒。这种结构的优点在于使用方便，可以在有效的面积上容纳最大量信息。体积小，重量轻，像素尺寸小，分辨率高。颜色分单色(黑白)、彩色两种。为便于夜间观察，可采用由 LED 或 ELD 器件构成的背景光源。

c. 被动显示。液晶显示器本身不发光，而是靠调制外界光进行显示的。

d. 必须采用交流驱动方式。驱动电压波形为不含直流分量的方波或其他较复杂波形，频率约 30～300Hz。分静态驱动（方波驱动)、动态驱动（时分割法驱动）两种，后者是将 LCD 上的笔段分成若干组，再使各组笔段轮流显示。

e. 响应速度较慢，工作频率低，工作温度范围较窄（通常为0～50℃)。

提 示!

温度过高液晶会发生液化，甚至汽化，温度低于0℃则会发生固化，都会降低寿命。此外还应避免在强烈日光下使用而导致早期失效（液晶屏变黑)。

假若采用直流电压驱动，就会使液晶材料发生电解，产生气泡，寿命缩短到500 小时以下，仅为正常使用寿命的1/40～1/10 。

5.7.2 LCD 液晶显示器的检测

以被广泛应用的三位半静态液晶显示器为例，说明 LCD 显示器的引脚识别的几种方法。图 5-33 是三位半静态液晶显示器的示意图。该显示器的引脚如表 5-2。

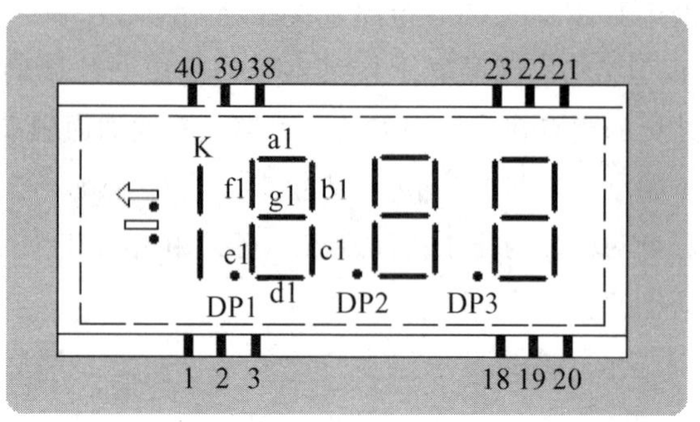
40 39 38
23 22 21
K
a1
f1
g1
b1
e1
c1
d1
DP1
DP2
DP3
1 2 3
18 19 20

图 5-33　三位半静态液晶显示器的示意图

表 5-2　三位半静态液晶显示器的引脚

1	2	3	4	5	6	7	8	9	10
COM	—	K					DP1	E1	D1
11	12	13	14	15	16	17	18	19	20
C1	DP2	Q2	D2	C2	DP3	E3	D3	C3	B3
21	22	23	24	25	26	27	28	29	30
a3	f3	g3	b2	a2	f2	g2	L	b1	a1
31	32	33	34	35	36	37	38	39	40
f1	g1						←	:	COM

LCD 显示器的引脚识别和性能检测有加电显示法、感应电位检测法和数字表检测法。

① 用数字万用表检查液晶显示器的方法。利用数字万用表能迅速检查液晶显示器的质量好坏。具体方法如图 5-34 所示。

提示!

若被检查的笔段不显示，说明该笔段已损坏；亮度很低，则表示显示器已接近失效。如果把某一位（千位除外）的全部笔段电极与导线Ⅱ接通，应显示数字“8”。

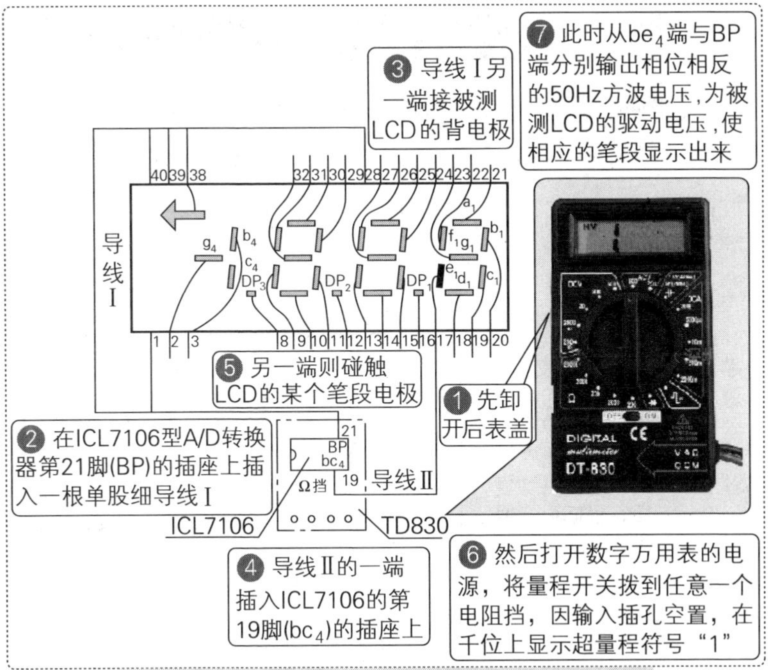

①先卸开后表盖

②在ICL7106型A/D转换器第21脚(BP)的插座上插入一根单股细导线Ⅰ

③导线Ⅰ另一端接被测LCD的背电极

④导线Ⅱ的一端插入ICL7106的第19脚(bc_4)的插座上

⑤另一端则碰触LCD的某个笔段电极

⑥然后打开数字万用表的电源，将量程开关拨到任意一个电阻挡，因输入插孔空置，在千位上显示超量程符号“1”

⑦此时从be_4端与BP端分别输出相位相反的50Hz方波电压，为被测LCD的驱动电压，使相应的笔段显示出来

导线Ⅰ　导线Ⅱ　ICL7106　TD830　Ω挡　BP　bc_4　21　19

图 5-34　使用数字万用表检查液晶显示器

② 检测液晶显示器的其他方法

a. 加电显示法。加电显示法如图 5-35。

取两根导线，一组电池，一根导线接电池的负极，另一端接显示屏；另一根导线接电池的正极，另一端分别接触各引脚。这时与各被接触引脚有关系的笔段、位便在屏幕上显示出来。如果遇到不显示的引脚，则该脚必为公共脚(COM端，一般LCD显示屏的公共引脚有1～3个)。

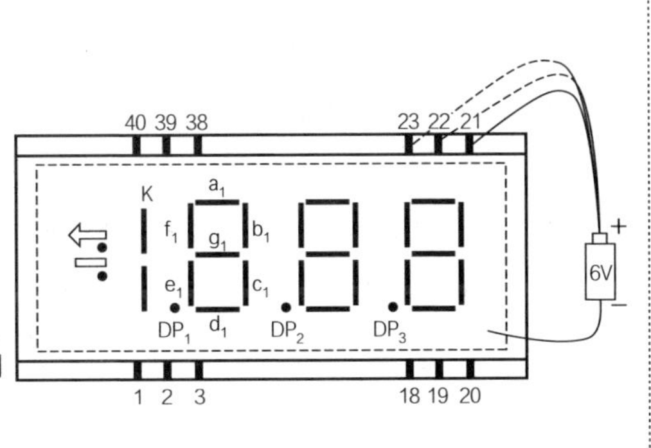
40 39 38
23 22 21
K
a1
f1
g1
b1
e1
c1
DP1
d1
DP2
DP3
+
6V
−
1 2 3
18 19 20

图 5-35　加电显示法

提示!

使用此方法时，直流电压不要长时间接入，以免损坏液晶显示器。

b. 感应电位法。感应电位法如图 5-36。

取一段半米长的软导线，靠近工作灯的50Hz交流电源，一只手接触显示器的公共端导线，一端悬空，另一端的金属部分依次接触显示器的引脚，依次显示出相应段，说明显示器是好的。

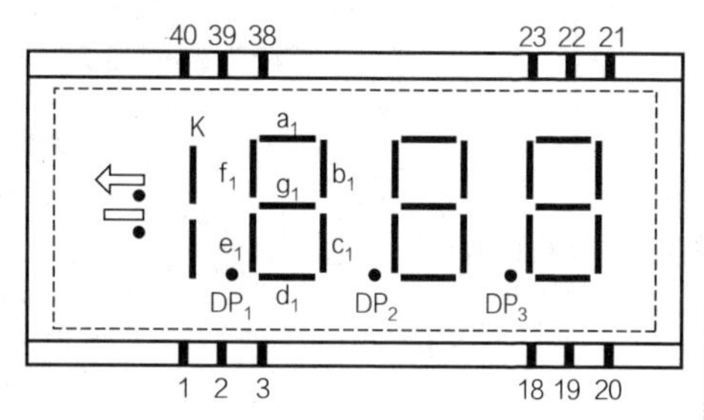
40 39 38
23 22 21
K
a1
f1
g1
b1
e1
c1
DP1
d1
DP2
DP3
1 2 3
18 19 20

图 5-36 感应电位法

5.7.3 使用 LCD 显示器注意事项

① 安装注意事项

• 安装前揭掉保护膜。偏振片的表面有一层保护膜，装配前应揭去，以便显示更加清晰明亮。

• 保证接触良好。对于大中型 LCD，要适当增加固定用螺钉数量，选用较厚的印制板，以防印制板弯曲造成接触不良。

• 接线采用压接工艺。LCD 显示器外引线为透明电层，一般使用专门的导电橡胶直接和印制板连接，而不使用焊接工艺。

• 接线时，将导电橡胶夹在 LCD 显示器引线部位与印制板之间，尽量使显示器引线与印制板引线上、下对齐，然后用螺钉将印制板紧固即可。

② 使用时要注意的事项

• 工作电压和驱动方式。LCD 显示器工作电压与选用电路相一致，驱动方式与驱动电路相一致。

• 防止施加直流电压。因为长时间施加过大的直流电压，会发生电解和电极老化，会降低寿命。驱动电压中的直流分量一般小于 100 mV，越小越好。

• 使用时应避免阳光直射 LCD，因为阳光中的紫外线会使液晶发生化学反应。

• 因为液晶在一定温度范围内呈液晶态，如果温度超过规定范围，液晶态会消失，温度恢复后，它并不能恢复正常取向状态，所以 LCD 必须在许可温度范围内保存和使用。

• 防止压力。如果在 LCD 上施加压力，会使玻璃变形，造成其间定向排列的液晶层混乱，所以在装配、使用时必须防止随便施加压力。

• 此外还应注意 LCD 显示器的清洁处理，防止玻璃破裂、防潮等。

第6章 使用万用表检测晶体三极管

6.1 晶体三极管的基础知识

6.1.1 三极管的分类

晶体三极管是一种半导体器件，具有放大作用和开关作用，它被广泛应用在生产实践和科学实验中，常见结构有两种类型，平面型和合金型。有多种封装形式，其结构及外形如图 6-1 所示。

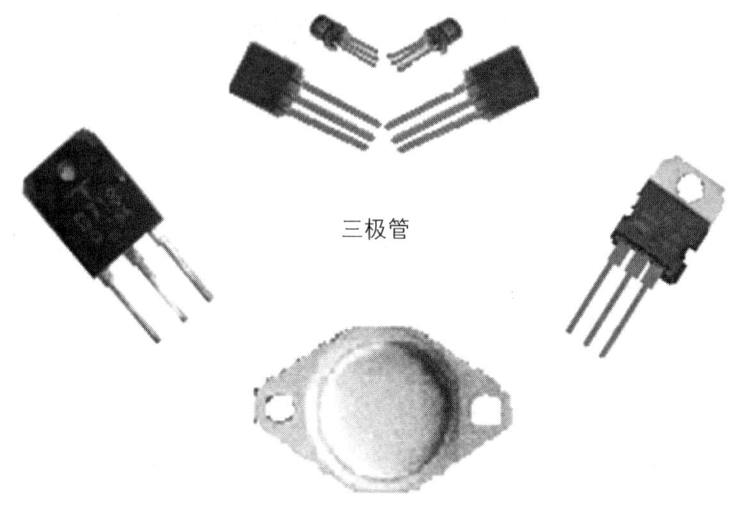
三极管

图 6-1 三极管结构及外形

三极管有两个 PN 结，三个电极（发射极、基极、集电极）。

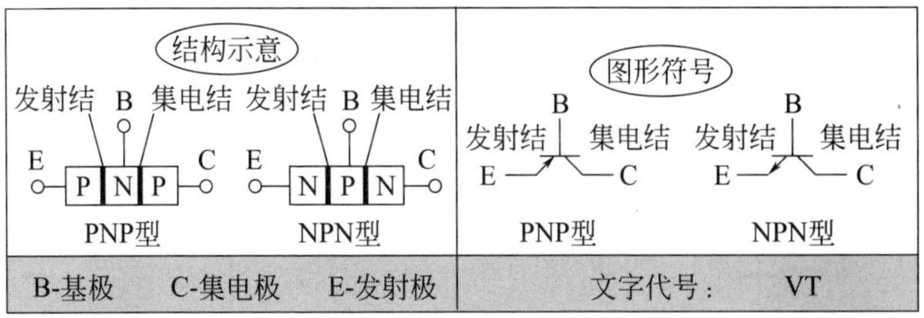
结构示意
发射结 B 集电结 发射结 B 集电结
E C E C
P N P N P N
PNP型 NPN型
图形符号
B B
发射结 集电结 发射结 集电结
E C E C
PNP型 NPN型
B-基极 C-集电极 E-发射极
文字代号： VT

图 6-2　三极管结构示意

三极管按 PN 结的不同构成，有 PNP 和 NPN 两种类型。如图 6-2 所示。

晶体三极管按工作频率分有高频三极管和低频三极管、开关管；按功率大小可分为大功率、中功率、小功率三极管。按照材料分为硅管和锗管。按照用途可分为普通三极管、带阻三极管、阻尼三极管、达林顿三极管、光敏三极管等。由于三极管的品种多，在每类当中又有若干具体型号，因此在使用时务必分清，不能疏忽，否则将损坏三极管。图 6-3 是常用三极管的封装，通过封装形式可粗略判断出三极管的功率大小。

6.1.2　三极管的主要参数

(1) 直流参数

① 集电极-基极反向电流 I_{cbo}。当发射极开路，集电极与基极间加上规定的反向电压时，集电结中的漏电流。此值越小说明晶体管的温度稳定性越好。

② 集电极-发射极反向电流 I_{ceo}，也称穿透电流。它是指基极开路，集电极与发射极之间加上规定的反向电压时，集电极的漏电流。如果此值过大，说明这个管子不宜使用 。

③ 共发射极直流电流放大系数 $\bar{\beta}$。$\bar{\beta} \approx I_C/I_B$

④ 共基极直流电流放大系数 $\bar{\alpha}$。$\bar{\alpha} \approx I_C/I_E$

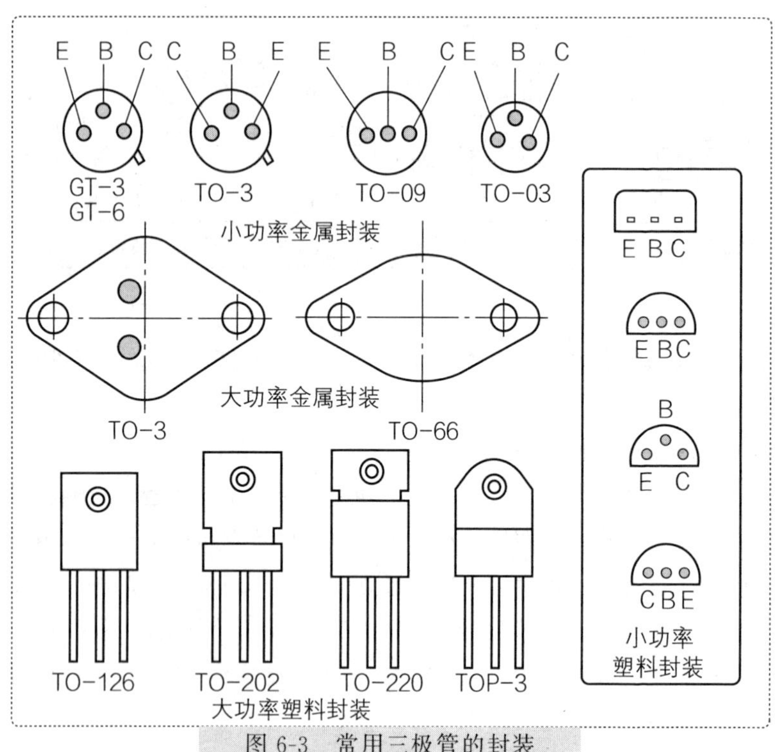
E B C
C B E
E B C
E B C
GT-3
GT-6
TO-3
TO-09
TO-03
小功率金属封装
E B C
E BC
B
E C
C B E
小功率
塑料封装
大功率金属封装
TO-3
TO-66
TO-126
TO-202
TO-220
TOP-3
大功率塑料封装

图 6-3　常用三极管的封装

在分立元件电路中，一般选用$\bar{\beta}$在 20～100（$\bar{\alpha}$在 0.95～0.99）范围内的管子，$\bar{\beta}$太小，电流放大作用差，$\bar{\beta}$太大，受温度影响大，电路稳定性差。

（2）极限参数

① 集电极最大允许电流 I_{cm}。当三极管的β值下降到最大值的一半时，管子的集电极电流就称为集电极最大允许电流。实际使用时 I_c 要小于 I_{cm}。

② 集电极最大允许耗散功率 P_{cm}。当晶体管工作时，由于集电极要耗散一定的功率而使集电结发热。当温升过高时就会导致参数变化，甚至烧毁晶体管。为此规定晶体管集电极温度升高到不至

于将集电结烧毁所消耗的功率，就称为集电极最大耗散功率。在使用时为提高 P_{cm}，可给大功率管加上散热片。

③ 集电极-发射极反向击穿电压 BV_{ceo}。当基极开路时，集电极与发射极间允许加的最大电压。在实际使用时加到集电极与发射极之间的电压，一定要小于 BV_{ceo}，否则将损坏晶体三极管。

(3) 交流参数

晶体管的交流电流放大系数。交流放大系数 β 也可用 h_{FE} 表示。这个参数是指在共发射极电路有信号输入时，集电极电流的变化量 ΔI_c 与基极电流变化量 ΔI_b 的比值：$\beta = \Delta I_c / \Delta I_b$。

6.2 用万用表检测三极管

6.2.1 三极管的识别

可通过三极管的型号识别三极管是硅管还是锗管，还可看出是高频管还是低频管。国产三极管型号的含义如图 6-4 所示。

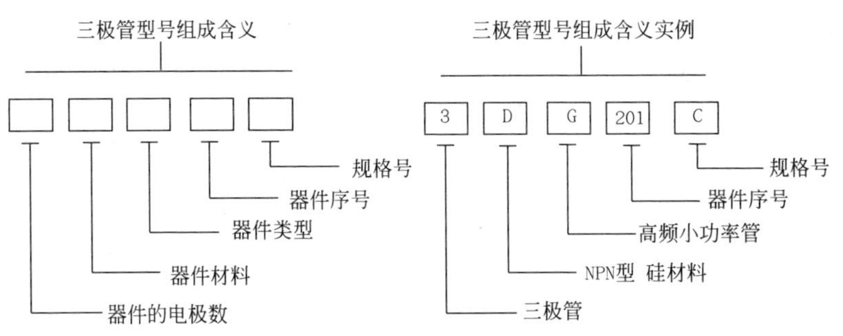
三极管型号组成含义
规格号
器件序号
器件类型
器件材料
器件的电极数
三极管型号组成含义实例
3
D
G
201
C
规格号
器件序号
高频小功率管
NPN型 硅材料
三极管

(a) 国产三极管型号含义　　(b) 国产三极管型号实例

图 6-4 国产三极管型号含义

中国半导体分立器件型号命名法见表 6-1；美国半导体分立器件型号命名法见表 6-2；欧洲半导体分立器件型号命名法见表 6-3；表 6-4 日本半导体分立器件型号命名法。

表 6-1　中国半导体分立器件型号命名法

第一部分		第二部分		第三部分				第四部分	第五部分
用数字表示器件的电极数目		用汉语拼音字母表示器件的材料和极性		用汉语拼音字母表示器件的类型				用数字表示器件的序号	用汉语拼音字母表示规格号
符号	意义	符号	意义	符号	意义	符号	意义		
2	二极管	A	N型,锗材料	P	普通管	D	低频大功率管(小于3MHz,大于1W)		
		B	P型,锗材料	V	微波管				
		C	N型,硅材料	W	稳压管				
		D	P型,硅材料	C	参量管				
3	三极管	A	PNP型,锗材料	Z	整流器	A	高频大功率管(大于3MHz,1W)		
		B	NPN型,锗材料	L	整流堆				
				S	隧道管				
				N	阻尼管	T	场效应器件		
		C	PNP型,硅材料	U	光电器件	B	雪崩管		
				X	低频小功率管(小于3MHz,1W)	J	阶跃恢复管		
		D	NPN型,硅材料			CS	场效应器件		
		E	化合物材料			BT	半导体特殊器件		
				G	高频小功率管(大于3MHz,1W)	FH	复合管		
						PIN	PIN型管		
						JG	激光器件		

表 6-2　美国半导体分立器件型号命名法

第一部分		第二部分		第三部分		第四部分		第五部分	
用符号表示器件类别		用数字表示PN结数目		美国电子工业协会(EIA)注册标记		美国电子工业协会(EIA)登记号		用字母表示器件分档	
符号	意义	符号	意义	符号	意义	符号	意义	符号	意义
JAN或J	军用品	1	二极管	N	该器件已在美国电子工业协会(EIA)注册登记	多位数字	该器件在美国电子工业协会(EIA)的登记号	A	同一型号的不同档别
		2	三极管					B	
	非军用品	3	三个PN结器件					C	
		n	n个PN结器件					D	

例：型号为2NA42和2NC945A三极管的含义如下：

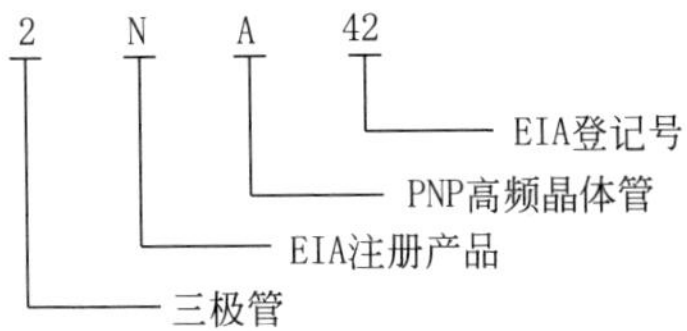

2
N
A
42
EIA登记号
PNP高频晶体管
EIA注册产品
三极管

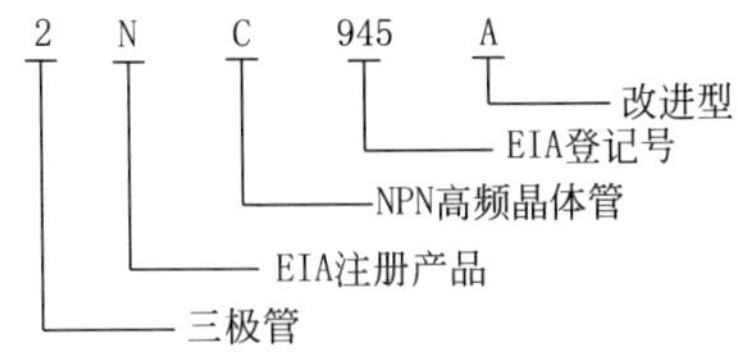

2
N
C
945
A
改进型
EIA登记号
NPN高频晶体管
EIA注册产品
三极管

表 6-3　欧洲半导体分立器件型号命名法

第一部分		第二部分				第三部分		第四部分	
用字母表示器件使用的材料		用字母表示器件的类型及主要特征				用数字或字母加数字表示登记号		用字母对同一型号器件进行分档	
符号	意义	符号	意义	符号	意义	符号	意义	符号	意义
A	锗材料(禁带为0.6～1.0eV)	A	检波/开关二极管/混频二极管	M	封闭磁路中的霍尔元件	三位数字	代表通用半导体器件的登记序号	A B C D E ⋮	表示同一型号的半导体器件按某一参数进行分档的标志
B	硅材料(禁带为1.0～1.3eV)	B	变容二极管	P	光敏器件				
				Q	发光器件				
C	砷化镓材料(禁带大于1.3eV)	C	低频小功率三极管	R	小功率可控硅				
				S	小功率开关管	一个字母二个数字	代表专用半导体器件的登记序号		
D	锑化铟材料(禁带小于1.3eV)	D	低频大功率三极管	T	大功率可控硅				
				U	大功率开关管				
R	复合材料	E	隧道二极管	X	倍增二极管				
		F	高频小功率管	Y	整流二极管				
		G	复合器件及其他器件	Z	稳压二极管				
		H	磁敏二极管						
		K	开放电路中的霍尔元件						
		L	高频大功率三极管						

例：型号为 BU208 和 BZY88C 三极管的含义如下：

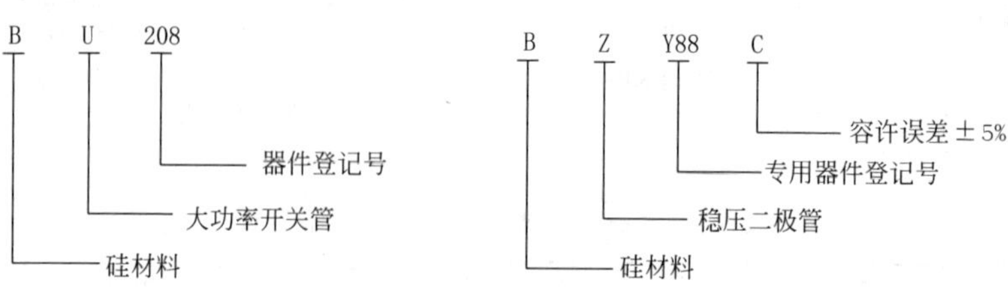
B U 208
器件登记号
大功率开关管
硅材料
B Z Y88 C
容许误差±5%
专用器件登记号
稳压二极管
硅材料

表 6-4　日本半导体分立器件型号命名法

第一部分		第二部分		第三部分		第四部分		第五部分	
用数字表示器件有效电极数或类型		日本电子工业协会(JEIA)注册标志		用字母表示器件使用材料和类型		器件在日本电子工业协会（JEIA）的登记号		同一型号的改进型产品标志	
符号	意义	符号	意义	符号	意义	符号	意义	符号	意义
0	光电二极管或三极管（包括上述器件的组合管）	S	已在日本电子工业协会（JEIA）注册登记的半导体器件	A	PNP 高频晶体管	多位数字	该器件在日本电子工业协会(JEIA)的注册登记号，性能相同，但不同厂家生产的器件可以使用同一个登记号	A B C D ⋮	表示该器件是原型号产品的改进型
1	二极管			B	PNP 低频晶体管				
2	三极管或具有三个电极的其他器件			C	NPN 高频晶体管				
3 ⋮	即有四个电极的器件			D	NPN 低频晶体管				
$n-1$	具有 n 个电极的器件			F	P 控制型可控硅				
				G	N 控制型可控硅				
				H	N 沟道场效应管				
				J	P 沟道场效应管				
				K	N 双向可控硅				

例：型号为 2SA42 和 2SC945A 三极管的含义如下：

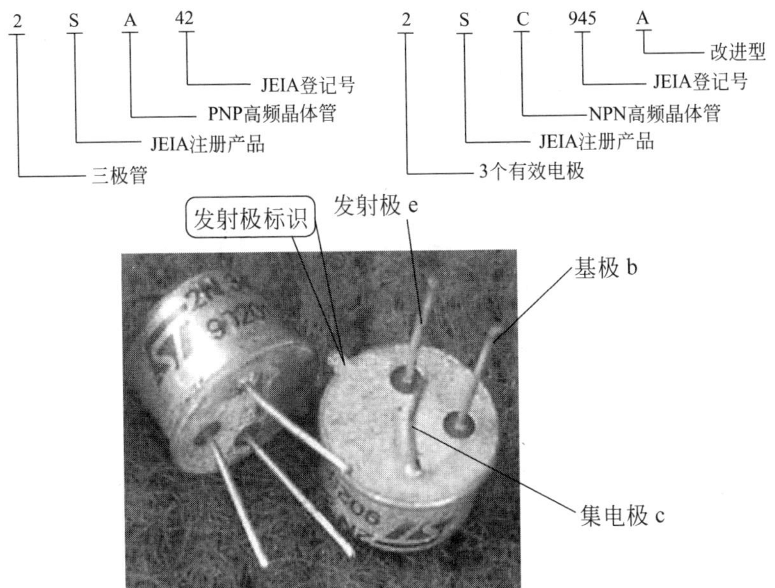
2 S A 42
JEIA登记号
PNP高频晶体管
JEIA注册产品
三极管
2 S C 945 A
改进型
JEIA登记号
NPN高频晶体管
JEIA注册产品
3个有效电极
发射极标识
发射极 e
基极 b
集电极 c

图 6-5 小功率金属封装三极管引脚排列

根据三极管的封装，还可以识别出引脚的极性。国产小功率金属封装的三极管，在外壳上有一凸出小片，与此凸出小片相近的引脚就是发射极 e。如图 6-5 所示。

对于大功率金属封装的三极管，其管壳就是集电极，基极和发射极由图 6-6 所示方法识别。

对于大功率塑料封装的三极管，其中间引脚就是集电极，基极和发射极由图 6-7 所示方法识别。

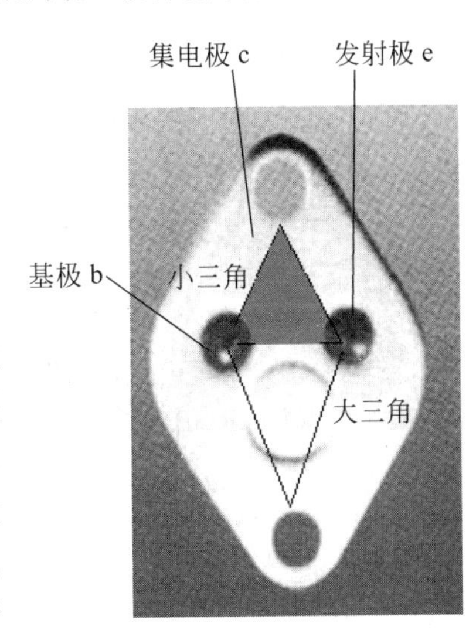
集电极 c
发射极 e
基极 b
小三角
大三角

图 6-6 大功率金属封装三极管引脚排列

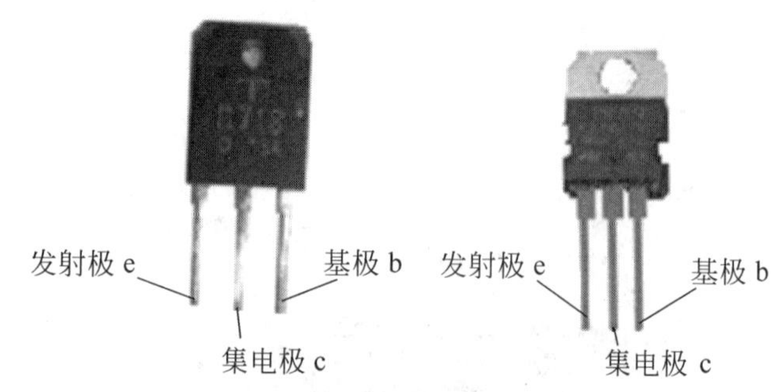
发射极 e
基极 b
集电极 c
发射极 e
基极 b
集电极 c

图 6-7 大功率塑料封装三极管引脚排列

6.2.2 三极管类型的判别

① 判别三极管是硅管还是锗管。根据硅管的正向压降比锗管正向压降大的特点来判断是硅管还是锗管。一般情况下锗管的正向

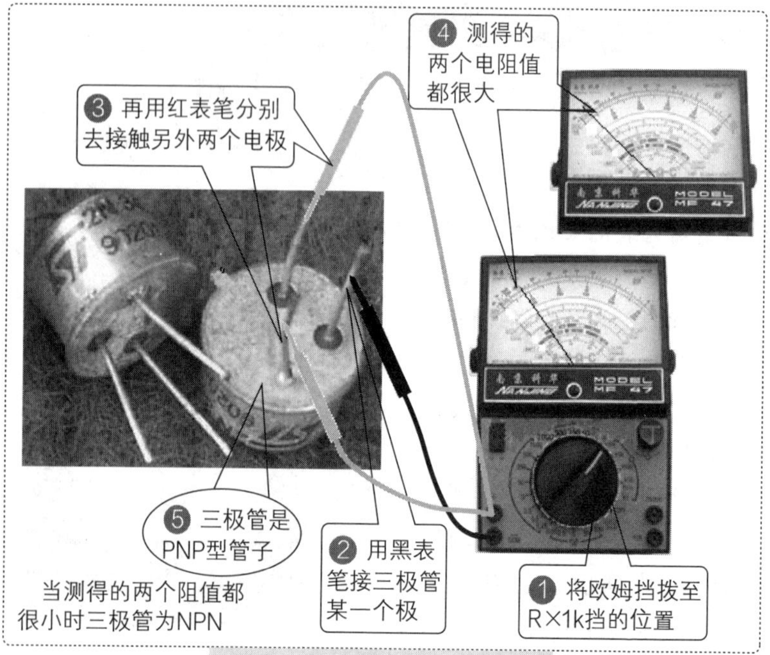

④ 测得的两个电阻值都很大
③ 再用红表笔分别去接触另外两个电极
⑤ 三极管是PNP型管子
② 用黑表笔接三极管某一个极
① 将欧姆挡拨至R×1k挡的位置
当测得的两个阻值都很小时三极管为NPN

图 6-8 判断三极管类型

压降为 0.2～0.3V，硅管的正向压降为 0.5～0.8V。

② 判断三极管是 NPN 型，还是 PNP 型。方法如图 6-8 所示。

如果使用数字万用表判断三极管的管型时，只需将引脚直接插入相应的 h_{FE} 插口中就可以判断。也可按照图 6-9 的方法判断。

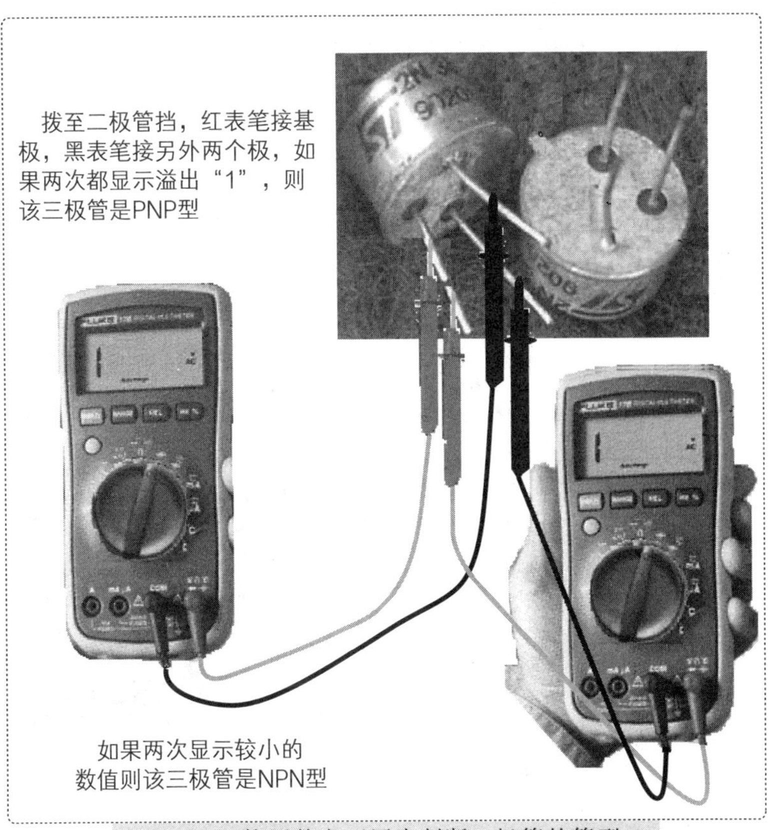
拨至二极管挡，红表笔接基极，黑表笔接另外两个极，如果两次都显示溢出“1”，则该三极管是PNP型
如果两次显示较小的数值则该三极管是NPN型

图 6-9　使用数字万用表判断三极管的管型

6.2.3　三极管引脚的判别

① 判别基极。判别三极管基极的方法如图 6-10 所示。

提示！

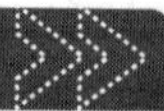

当用万用表R×1K挡位测量三极管时，硅管的PN结正向阻值约为3～10kΩ，反向电阻大于500 kΩ。锗管的PN结正向阻值约为500～2000kΩ，反向电阻大于100kΩ。

如果所测电阻值与此值偏差太大，就可能是管子已经损坏了。

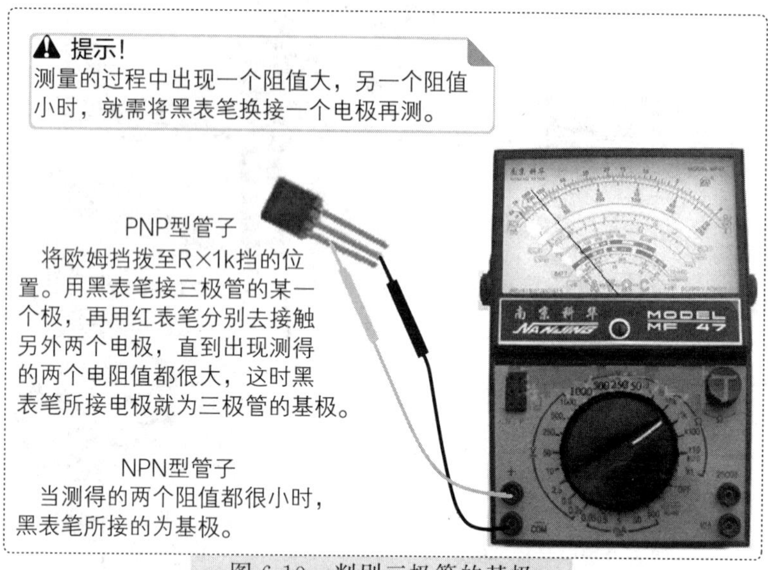
提示！
测量的过程中出现一个阻值大，另一个阻值小时，就需将黑表笔换接一个电极再测。
PNP型管子
将欧姆挡拨至R×1k挡的位置。用黑表笔接三极管的某一个极，再用红表笔分别去接触另外两个电极，直到出现测得的两个电阻值都很大，这时黑表笔所接电极就为三极管的基极。
NPN型管子
当测得的两个阻值都很小时，黑表笔所接的为基极。
MODEL
MF 47

图 6-10　判别三极管的基极

② 判定集电极和发射极。判定集电极和发射极的方法如图6-11所示。

③ 使用数字万用表判定集电极和发射极。使用数字万用表可以既方便又准确地判断三极管的类型和引脚极性，尤其判断三极管的集电极和发射极。具体方法如图 6-12 所示。

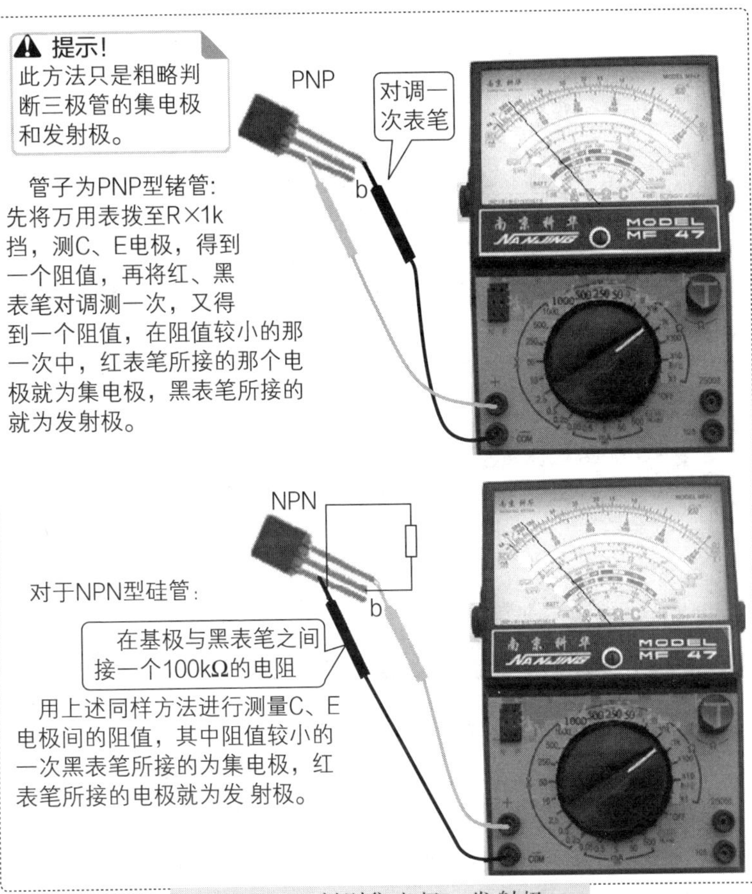
提示!
此方法只是粗略判断三极管的集电极和发射极。
PNP
对调一次表笔
b
管子为PNP型锗管:
先将万用表拨至R×1k挡，测C、E电极，得到一个阻值，再将红、黑表笔对调测一次，又得到一个阻值，在阻值较小的那一次中，红表笔所接的那个电极就为集电极，黑表笔所接的就为发射极。
MODEL MF 47
NANJING
NPN
b
对于NPN型硅管:
在基极与黑表笔之间接一个100kΩ的电阻
用上述同样方法进行测量C、E电极间的阻值，其中阻值较小的一次黑表笔所接的为集电极，红表笔所接的电极就为发射极。

图 6-11 判别集电极、发射极

提示! 判别依据

对于质量良好的晶体管，按正常接法加上电源（对于NPN管，集电结应加反向偏置电压，发射结加正向偏置电压），这时放大系数较高。如将集电极与发射极的位置接反了，管子无法正常工作，放大系数就大为降低。根据这一点可以准确判定C、E极，其准确程度远高于指针万用表。

假定被测管是NPN型，需将仪表拨至h_{FE}挡。把基极插入B孔，剩下两个电极分别插入C孔和E孔中。测出的h_{FE}为几十至几百，此时，C孔上插的是集电极，E孔上插的是发射极。倘若测出的h_{FE}值只有几倍至十几倍，证明管子的集电极、发射极插反了，这时C孔插的是发射极，E孔插的是集电极。

POWER
DATA
HOLD
DT-930G
DC A
OHM
CAP
AC V
PNP
Hz
CX
E B C E E B C E

图 6-12　使用数字万用表判定集电极和发射极

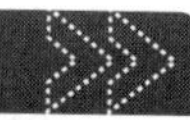

提示!

若两次显示值均为零，说明C-E 极间短路。

对于小功率晶体管，若两次测出的h_{FE}数值都很小（几至十几），说明被测管的放大能力很差，这种管子不宜使用。

对于大功率晶体管，若两次测出的h_{FE}值为几至十几，则属正常情况。

有些硅晶体管在C、E 极接反时，$h_{FE}=0$，亦属于正常现象。

6.2.4　三极管好坏的判别

要想知道三极管质量的好坏，并定量分析其参数，需要专用的测量仪器进行测试，如晶体管特性图示仪。当不具备这样的条件时，用万用表也可以粗略判断晶体三极管性能的好坏。

提示!

通过测量三极管各电极间电阻的大小，可判断管子的质量，也可以判断三极管内部是否短路、断路等情况。在测量三极管极间电阻时，要注意电阻挡量程的选择，否则将产生误判。

① 测小功率管。图 6-13 为判断小功率三极管应注意的事项。判断小功率三极管好坏的依据，就是根据三极管极间正反向电阻不相同这一特点。

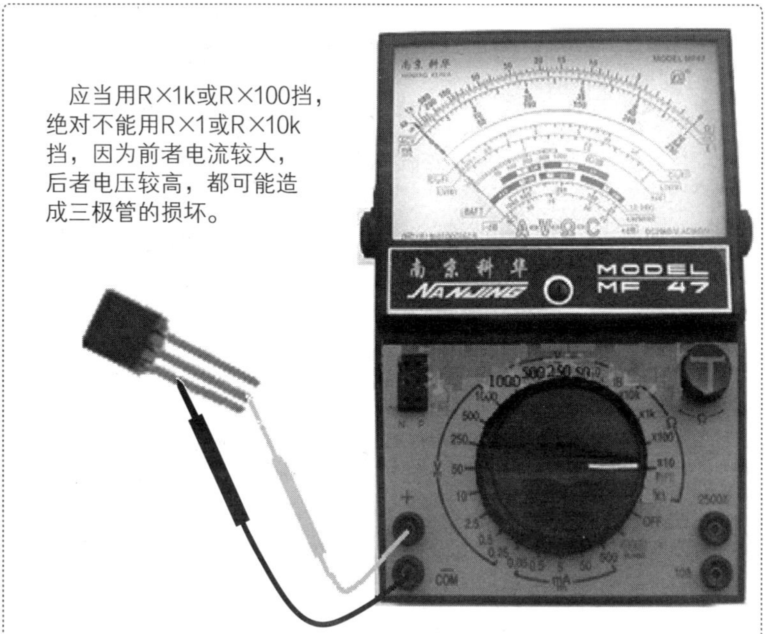

应当用R×1k或R×100挡，绝对不能用R×1或R×10k挡，因为前者电流较大，后者电压较高，都可能造成三极管的损坏。

图 6-13　判断小功率三极管

② 测量大功率锗管。要注意图 6-14 中所提的事项。

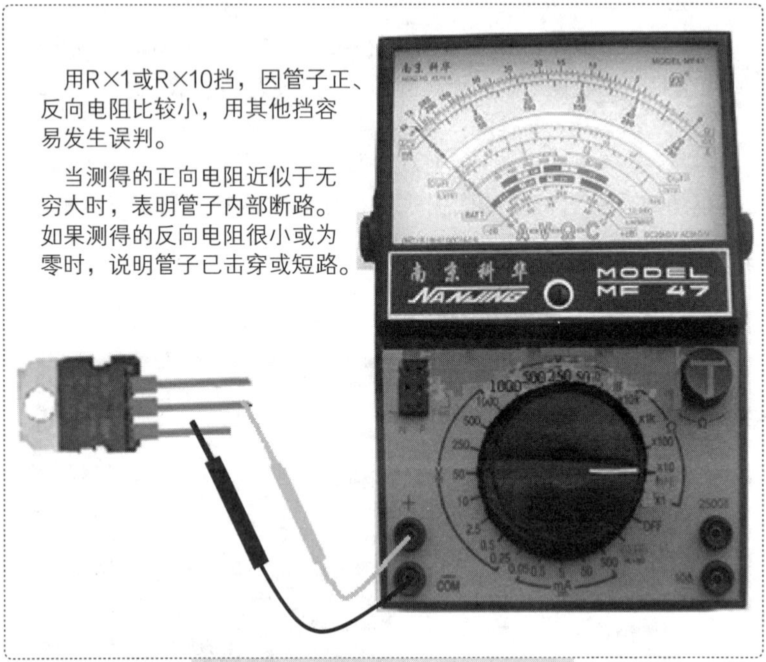

用R×1或R×10挡，因管子正、反向电阻比较小，用其他挡容易发生误判。

当测得的正向电阻近似于无穷大时，表明管子内部断路。如果测得的反向电阻很小或为零时，说明管子已击穿或短路。

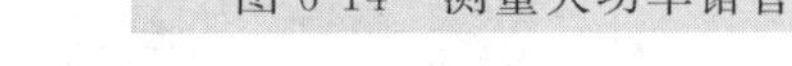

图 6-14　测量大功率锗管

提 示!

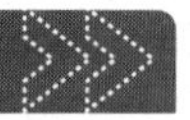

对于质量良好的中、小功率三极管，基极与集电极，基极与发射极正向电阻一般为几百欧姆到几千欧姆。其余的极间电阻都很高，约为几百千欧。硅材料的三极管要比锗材料的三极管的极间电阻高。

③ 三极管穿透电流的测量。方法如图 6-15 所示。

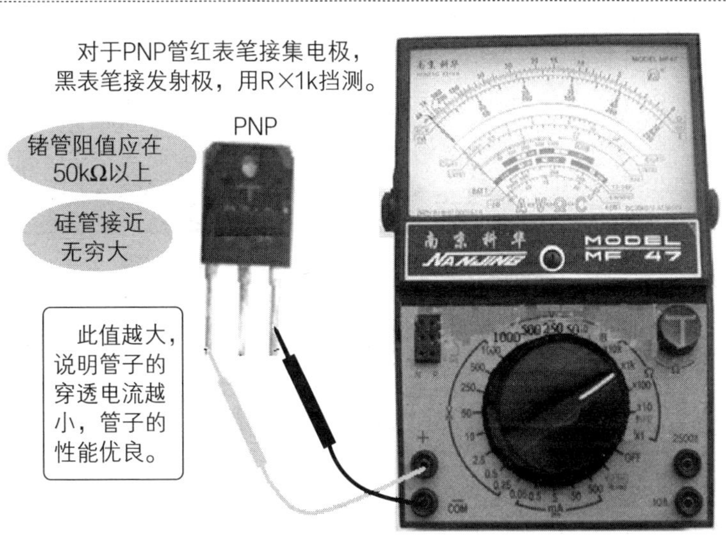
对于PNP管红表笔接集电极，
黑表笔接发射极，用R×1k挡测。
PNP
锗管阻值应在50kΩ以上
硅管接近无穷大
此值越大，说明管子的穿透电流越小，管子的性能优良。
南京科华
NANJING
MODEL MF 47

若阻值小于25kΩ，说明管子的穿透电流大，工作不稳定并有很大噪声，不宜选用。

对于NPN 管，应将表笔对调测试其电阻值。

图 6-15　三极管穿透电流的测量

提 示!

三极管的穿透电流随温度的升高而增大，特别是锗管受温度影响更大，这个参数反映了三极管的热稳定性，反向电流小，三极管的热稳定性就好。

6.2.5　三极管放大倍数的测量

晶体三极管电流放大系数 β 值的测试如图 6-16 所示。

a. 先测量集电极与发射极之间的电阻值。

b. 然后将 100kΩ 电阻接入基极与集电极之间。

c. 分析判断。

对于 NPN 型三极管放大能力的测量与 PNP 管的方法完全一样，只是要把红、黑表笔对调就可以了。

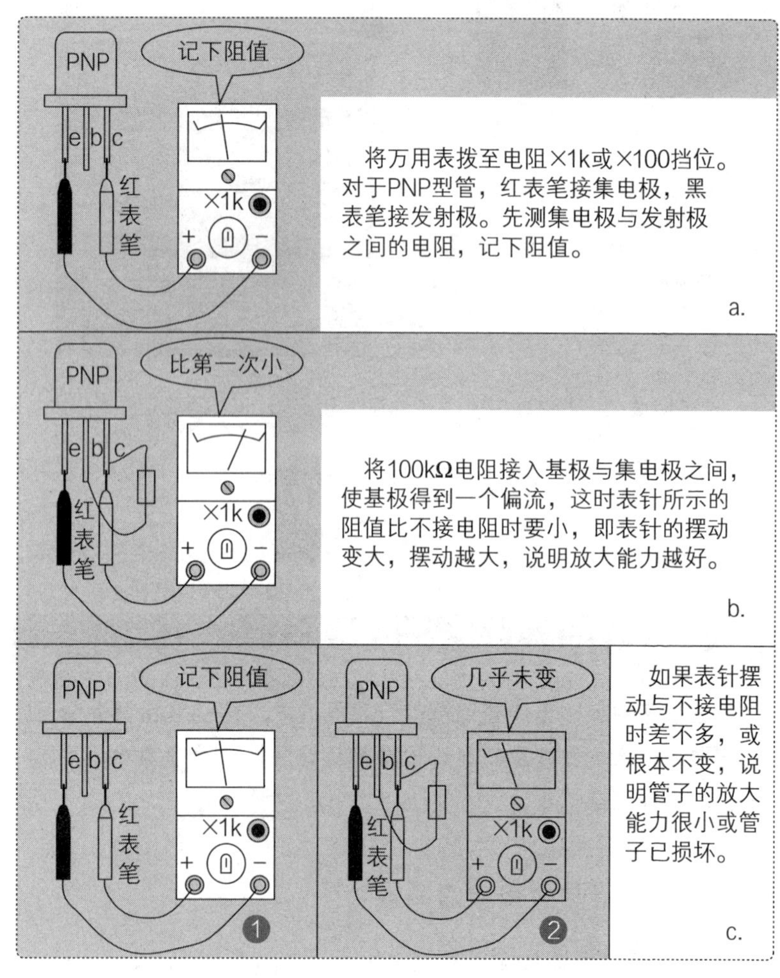
PNP
记下阻值
e b c
红
表
笔
×1k
+
−
将万用表拨至电阻×1k或×100挡位。对于PNP型管，红表笔接集电极，黑表笔接发射极。先测集电极与发射极之间的电阻，记下阻值。
a.
PNP
比第一次小
e b c
红
表
笔
×1k
将100kΩ电阻接入基极与集电极之间，使基极得到一个偏流，这时表针所示的阻值比不接电阻时要小，即表针的摆动变大，摆动越大，说明放大能力越好。
b.
PNP
记下阻值
e b c
红
表
笔
×1k
1
PNP
几乎未变
e b c
红
表
笔
×1k
2
如果表针摆动与不接电阻时差不多，或根本不变，说明管子的放大能力很小或管子已损坏。
c.

图 6-16　β值的估测

6.2.6 三极管选择和使用注意事项

为了减少三极管在使用中的损坏，在选择和使用中要注意以下事项：

① 需要工作电压高时，选择基极开路时 c-b 间的击穿电压 $U_{(BR)CEO}$大的高反压管。要注意 b、e 间的反向电压不要超过 $U_{(BR)CEO}$，需要大的功率输出时，应选择 P_{cm}大的功率管，同时要满足散热条件。需要输出大电流时，应选择 I_{cm}大的管子。

② 工作信号高时，选择高频管或超高频管；工作于开关电路时，选择开管关。需要导通管压降低时，选择锗管；需要反向电流小时，选择硅管。同型号管子中选择反向电流小的。

③ 选择 β 值一般为几十至一百左右，β 值太大稳定性差。当电源对地为正时，多选用 NPN 型的管子；当电源对地为负值时，多选用 PNP 型的管子。

6.3 用万用表检测达林顿三极管

6.3.1 达林顿三极管的结构特点

达林顿三极管是由几个晶体管组成的复合晶体管，引出三个电极 E、B、C。达林顿三极管的放大倍数是每个三极管放大倍数的乘积，放大倍数可达几千倍，其特点是基极驱动电流小，电流放大倍数较大，承受电压可达 1000V 以上。

达林顿三极管分为普通达林顿三极管和大功率达林顿三极管两种。普通达林顿三极管内部没有保护电路，功率比较小，一般在 2W 以下。在使用环境温度比较高时，稳定性比较差。大功率达林顿三极管由于内部设有保护电路，因此，管子适应在高温条件下工作。

用万用表对普通达林顿三极管的检测包括识别电极、区分PNP和NPN类型、估测放大能力等。

6.3.2 达林顿三极管的检测

(1) 小功率达林顿三极管的检测

提示!

因为达林顿三极管的E-B极之间包含多个发射结，所以应该使用万用表能提供较高电压的R×10k挡进行测量。

因R×1k电池电压仅为1.5V，所以不宜使用此挡检测达林顿管的放大能力。

① 识别达林顿三极基极及管子的类型

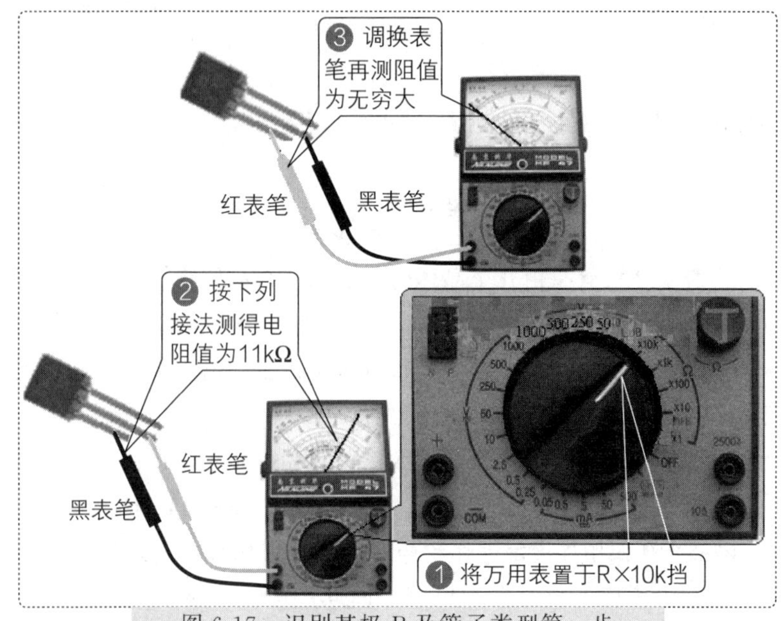

③ 调换表笔再测阻值为无穷大
红表笔
黑表笔
② 按下列接法测得电阻值为11kΩ
红表笔
黑表笔
① 将万用表置于R×10k挡

图6-17 识别基极B及管子类型第一步

第一步　先测任意两引脚的阻值，方法如图 6-17 所示。

第二步　再测另外两引脚之间的阻值，方法如图 6-18 所示。

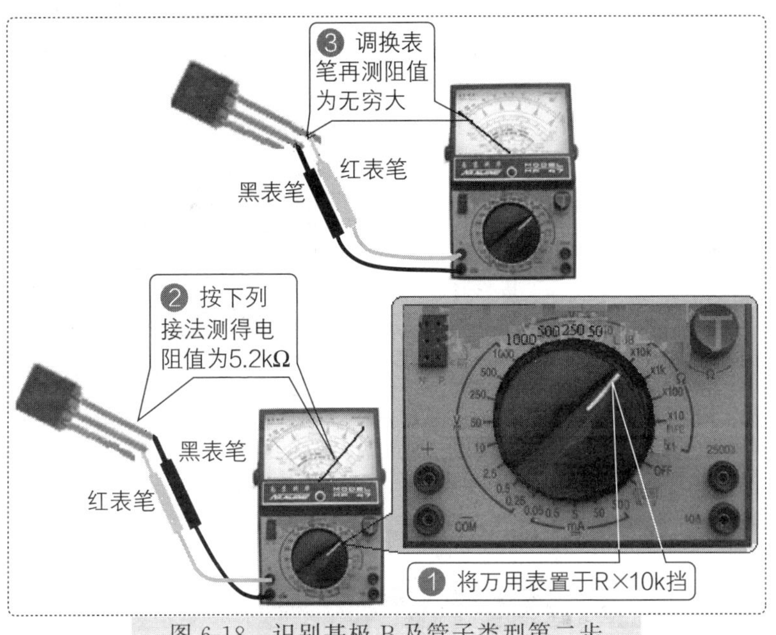
③ 调换表笔再测阻值为无穷大
红表笔
黑表笔
② 按下列接法测得电阻值为5.2kΩ
黑表笔
红表笔
① 将万用表置于R×10k挡

图 6-18　识别基极 B 及管子类型第二步

第三步　最后测量剩余两引脚的阻值，并得出结论。方法如图 6-19 所示。

② 判别达林顿三极管集电极 C、发射极 E 和检测放大能力，方法如图 6-20 所示。

③ 判别达林顿三极管集电极 C、发射极 E 的原理示意如图 6-21。

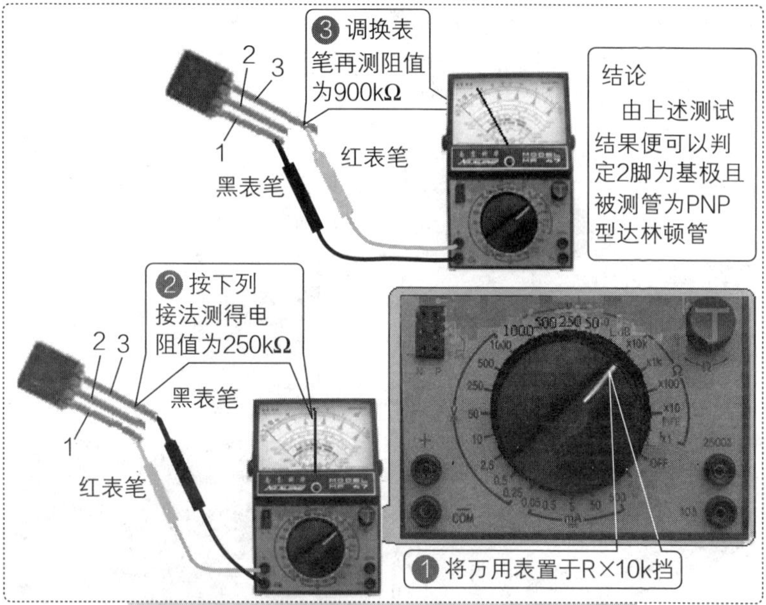

③调换表笔再测阻值为900kΩ

结论　由上述测试结果便可以判定2脚为基极且被测管为PNP型达林顿管

②按下列接法测得电阻值为250kΩ

①将万用表置于R×10k挡

图 6-19　识别基极 B 及管子类型第三步

(2) 大功率达林顿三极管的检测

提 示!

大功率达林顿三极管的检测方法和小功率达林顿三极管的检测方法基本相同。

但是由于大功率达林顿三极管内部有保护电路，因此所测数值与小功率达林顿三极管的数值不同。

图 6-22 是达林顿三极管的电路结构图，在测量大功率达林顿三极管时要注意：

① 大功率达林顿三极管基极与集电极之间的正反向电阻值明显不同，差别较大，判断基极的方法如图 6-23 所示；

② 大功率达林顿三极管的基极与发射极之间有两个 PN 结，而且还有电阻和二极管，测量各极间的阻值时要加以分析。

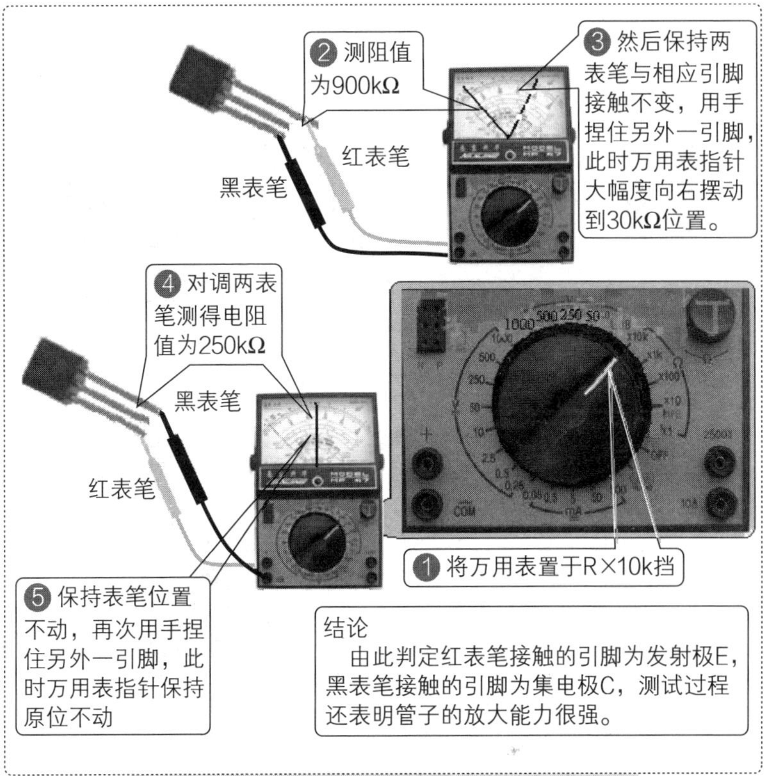

② 测阻值为900kΩ

③ 然后保持两表笔与相应引脚接触不变，用手捏住另外一引脚，此时万用表指针大幅度向右摆动到30kΩ位置。

红表笔

黑表笔

④ 对调两表笔测得电阻值为250kΩ

黑表笔

红表笔

① 将万用表置于R×10k挡

⑤ 保持表笔位置不动，再次用手捏住另外一引脚，此时万用表指针保持原位不动

结论

由此判定红表笔接触的引脚为发射极E，黑表笔接触的引脚为集电极C，测试过程还表明管子的放大能力很强。

图 6-20　判别管子集电极 C、发射极 E

提 示！判断依据

由图6-22 可知：

• 在基极与发射极之间有两个PN 结，还有电阻。用万用表测量时，所得阻值为PN 结的电阻值与两个电阻值的并联。当反向测量时，PN 结反偏，所测阻值约为两个电阻值之和，约为几千欧姆，且固定不变。

• 当管子的内部并联有二极管时，此时，测得的阻值为两个电阻值和二极管正向电阻值的并联。

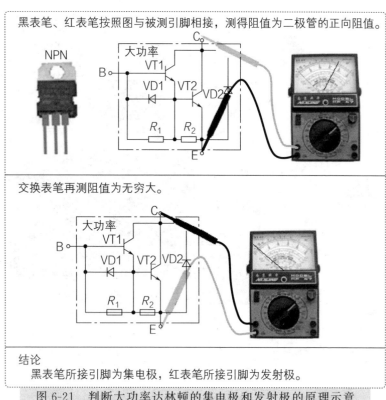

黑表笔、红表笔按照图与被测引脚相接，测得阻值为二极管的正向阻值。

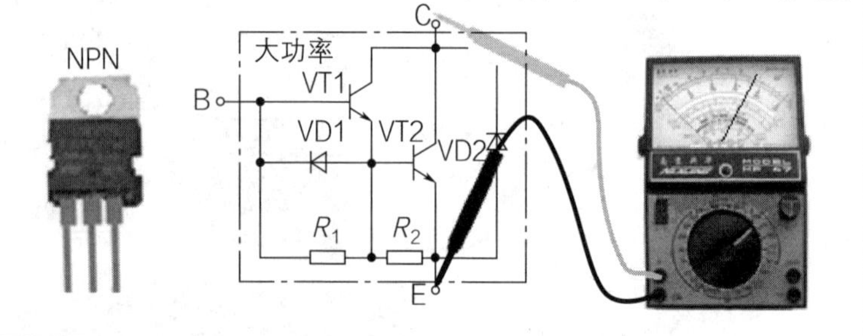

交换表笔再测阻值为无穷大。

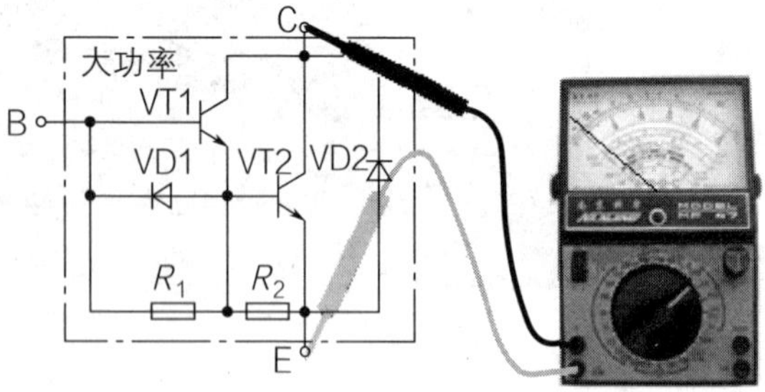

结论

黑表笔所接引脚为集电极，红表笔所接引脚为发射极。

图 6-21　判断大功率达林顿的集电极和发射极的原理示意

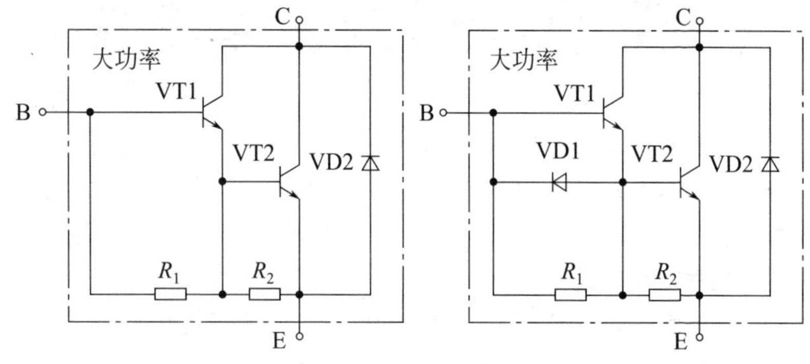
C
大功率
VT1
B
VT2
VD2
R_1
R_2
E
C
大功率
VT1
B
VD1
VT2
VD2
R_1
R_2
E

图 6-22　达林顿三极管的电路结构图

万用表拨至R×10挡，黑表笔接一极，红表笔接另一极，记下电阻值。交换表笔再测，记下电阻值，如果电阻值一次大，另一次小，且差别较大，电阻小的那一次，黑表笔所接的引脚为基极，红表笔所接的一极为集电极。

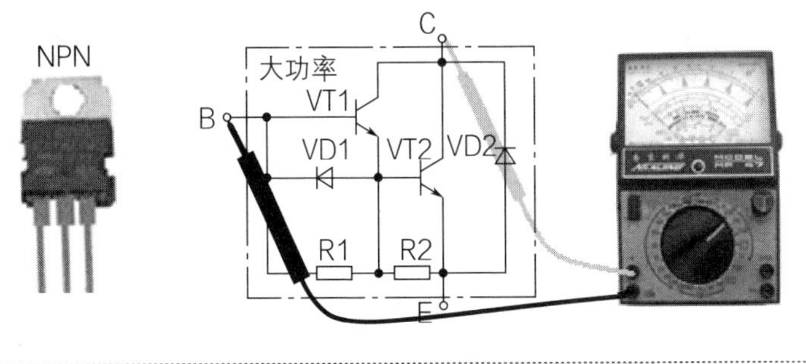
NPN
C
大功率
VT1
B
VD1
VT2
VD2
R1
R2
E

图 6-23 判断大功率达林顿的基极

6.4 用万用表检测光电三极管

6.4.1 光电三极管的类型

光电三极管是在光电二极管的基础上发展起来的一种光电元件。可等效为光电二极管和普通三极管的组合元件。它具有电流放大功能，能实现光电转换，而且因而被广泛应用在光控电路中。

光电三极管有 PNP 和 NPN 两种类型，且有普通型和达林顿型之分。其文字符号与普通三极管相同。其电路图形符号和外形如图 6-24 所示。

光电三极管基集 PN 结就相当于一个光电二极管，在光照下产生的光电流输入到三极管的基极进行放大。光电三极管通常只有两个引脚，即发射极 E 和集电极 C。光电三极管一般采用透明树脂封装，管壳内部清晰可见，内部较宽的电极为集电极，而较窄的电极为发射极。

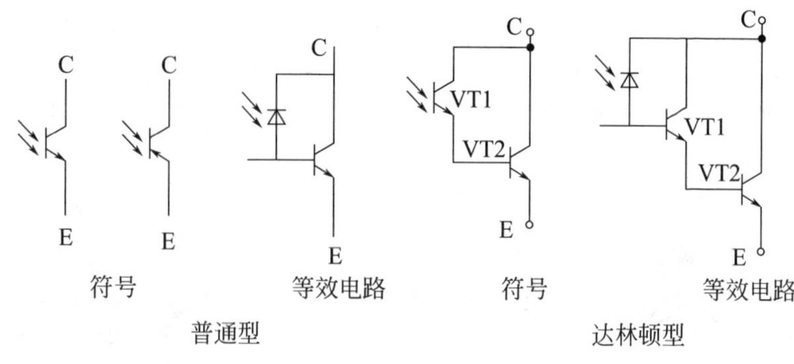
C
C
C
E
E
E
VT1
VT2
E
C
VT1
VT2
C
E
符号
等效电路
符号
等效电路
普通型
达林顿型

图 6-24　光电三极管电路图形符号及等效电路

6.4.2　光电三极管的检测

① 光电三极管的引脚识别。通过外观封装特征可以很容易识别没有使用过的光电三极管的引脚。一般而言，引线比较长的引脚为发射极 E，较短的引脚为集电极 C。如果光电三极管采用透明树脂封装，那么，在其内部较宽的电极为集电极 C，而较窄的电极为发射极 E。另外，对于达林顿型光电三极管，封装缺圆的一侧为集电极 C。

② 检测光电三极管的暗电阻和亮电阻。使用指针式万用表 R×1k 挡，检测发光三极管时，黑表笔接集电极 C，红表笔接发射极 E。无光照时，电阻为无穷大，随着光照增强，电阻会逐渐变小。将表笔对调，则无论有无光照，其电阻均为无穷大。

提 示！判别依据

- 光电三极管的暗电阻值为无穷大。
- 光电三极管的亮电阻值应在15～30kΩ 左右。

a. 检测光电三极管暗电阻的方法如图 6-25 所示。

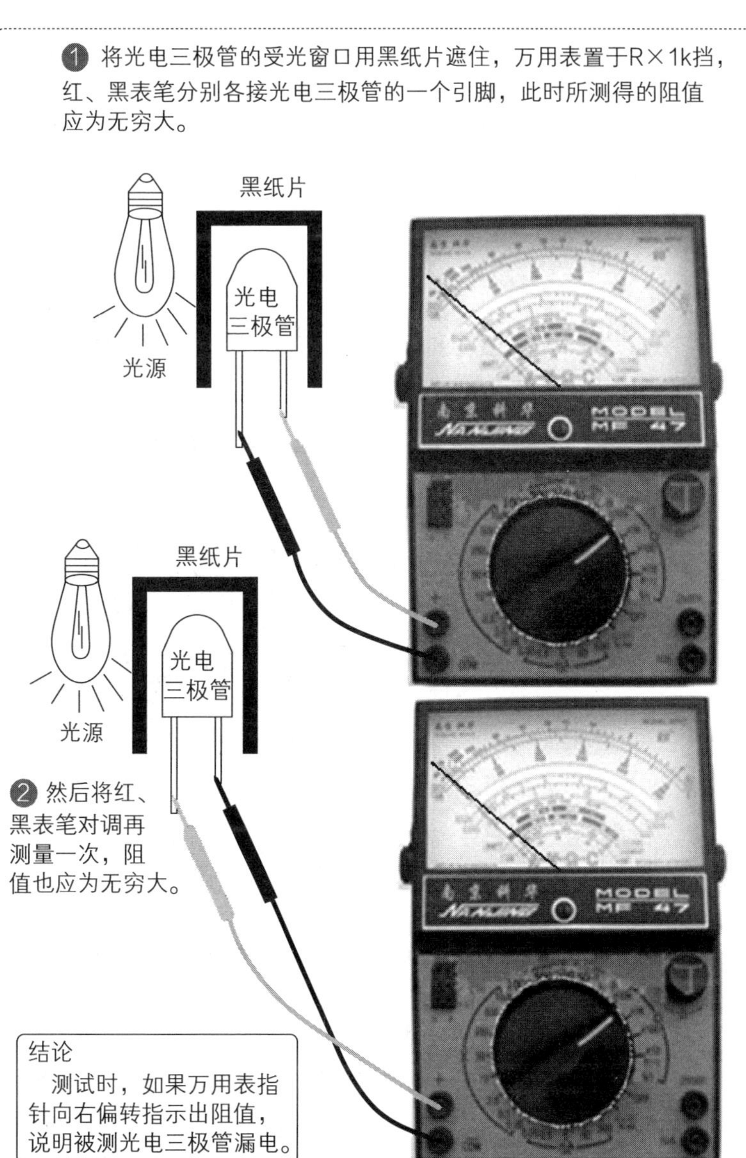
❶ 将光电三极管的受光窗口用黑纸片遮住，万用表置于R×1k挡，红、黑表笔分别各接光电三极管的一个引脚，此时所测得的阻值应为无穷大。
黑纸片
光电三极管
光源
MODEL MF 47
黑纸片
光电三极管
光源
❷ 然后将红、黑表笔对调再测量一次，阻值也应为无穷大。
MODEL MF 47
结论
测试时，如果万用表指针向右偏转指示出阻值，说明被测光电三极管漏电。

图 6-25　检测光电三极管的暗电阻

b. 检测光电三极管亮电阻的方法如图 6-26 所示。

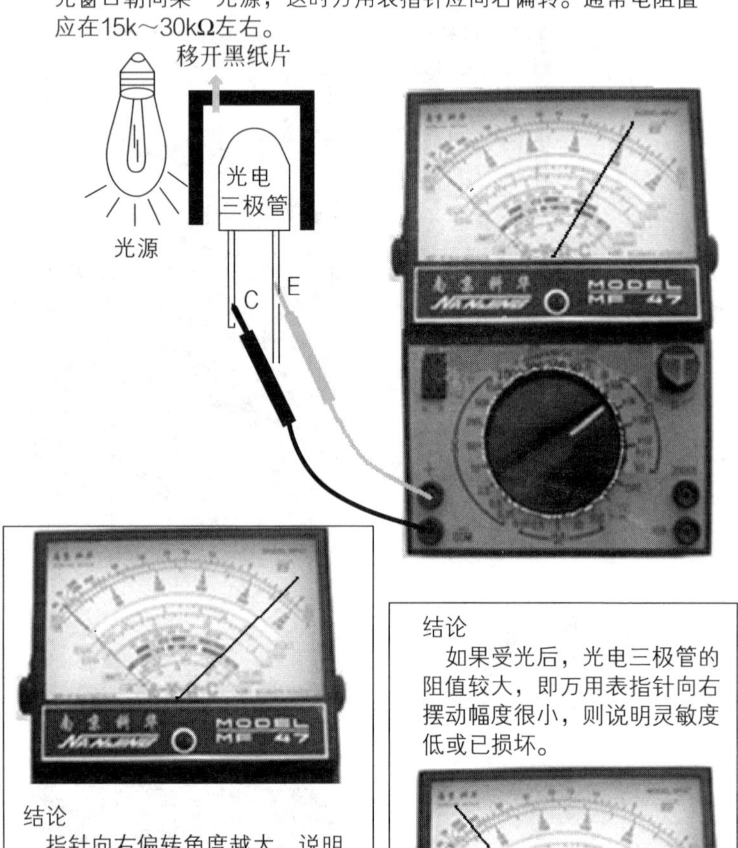
使用万用表R×1k挡，将红表笔接发射极E，黑表笔接集电极C，然后将遮光黑纸片从光电三极管的受光窗口处移开，并使受光窗口朝向某一光源，这时万用表指针应向右偏转。通常电阻值应在15k～30kΩ左右。
移开黑纸片
光电
三极管
光源
C
E
MODEL
MF 47
结论
指针向右偏转角度越大，说明被测光电三极管的灵敏度越高。
结论
如果受光后，光电三极管的阻值较大，即万用表指针向右摆动幅度很小，则说明灵敏度低或已损坏。

图 6-26　检测光电三极管的亮电阻

c. 使用数字万用表检测发光三极管的方法如图 6-27 所示。

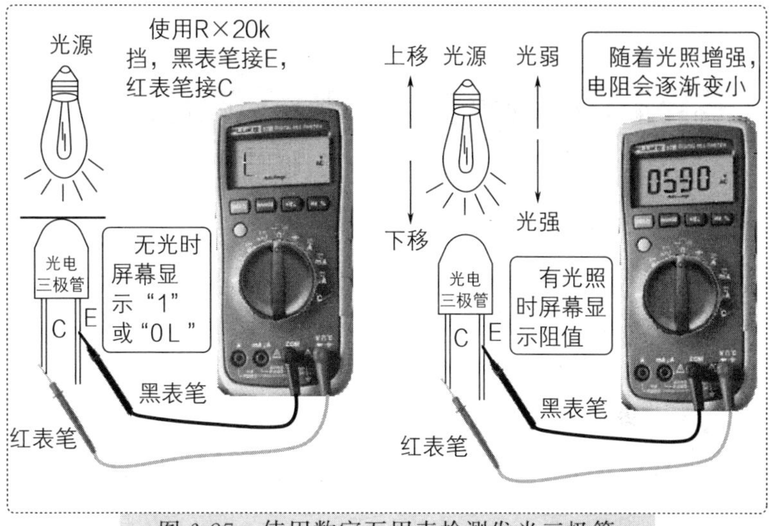
光源
使用R×20k
挡，黑表笔接E，
红表笔接C
光电
三极管
C
E
无光时
屏幕显
示“1”
或“0L”
黑表笔
红表笔
上移
光源
光弱
随着光照增强，
电阻会逐渐变小
下移
光强
光电
三极管
C
E
有光照
时屏幕显
示阻值
0590
黑表笔
红表笔

图 6-27　使用数字万用表检测发光三极管

第 7 章

使用万用表检测晶闸管

7.1 晶闸管的基础知识

7.1.1 晶闸管的结构

晶闸管是一种既具有开关作用，又具有整流作用的半导体功率器件，应用于可控整流、变频、逆变和无触点开关等多种电路。晶闸管是晶体闸流管的简称，它的内部有一个由硅半导体材料做成的管芯。管芯是一个圆形薄片，它是四层（P、N、P、N）、三端（A、K、G）器件，其结构如图 7-1 所示。

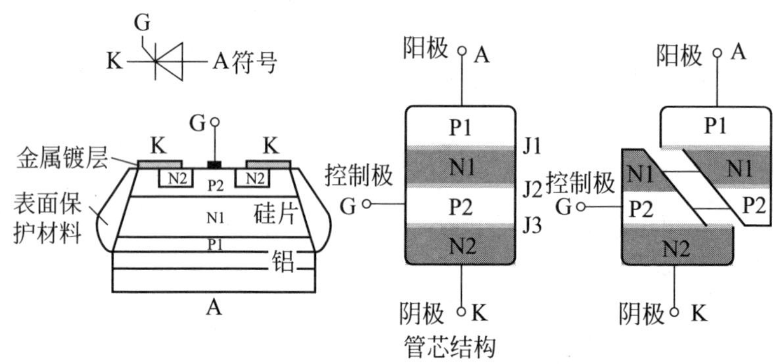
G
K
A符号
金属镀层
K
G
K
N2
P2
N2
表面保护材料
N1
硅片
P1
铝
A
阳极
A
P1
J1
N1
控制极
G
J2
P2
J3
N2
阴极
K
管芯结构
阳极
A
P1
N1
N1
控制极
G
P2
P2
N2
阴极
K

图 7-1　晶闸管的结构及图形符号

7.1.2 晶闸管的种类

晶闸管的种类很多，有单向导通晶闸管（SCR）、双向导通晶闸管（TRIAC）、可关断晶闸管（GTO）、快速晶闸管（FST）、逆导晶闸管（RCT）和光控晶闸管（LTT）。

晶闸管从外形上来分，有螺栓形和平板形等多种外形，如图7-2所示。额定电流小于200A的晶闸管可采用螺栓形或其他封装形式，大于200A的采用平板形。对于螺栓形晶闸管，如图7-2（a）所示，螺栓是晶闸管的阳极A，它与散热器紧密连接，粗辫子线是晶闸管的阴极K，细辫子线是门极G。对于平板形晶闸管，如图7-2（b）所示，它的两个平面分别是阳极和阴极，而细辫子线则是门极。使用时两个互相绝缘的散热器把晶闸管紧紧地夹在一起。

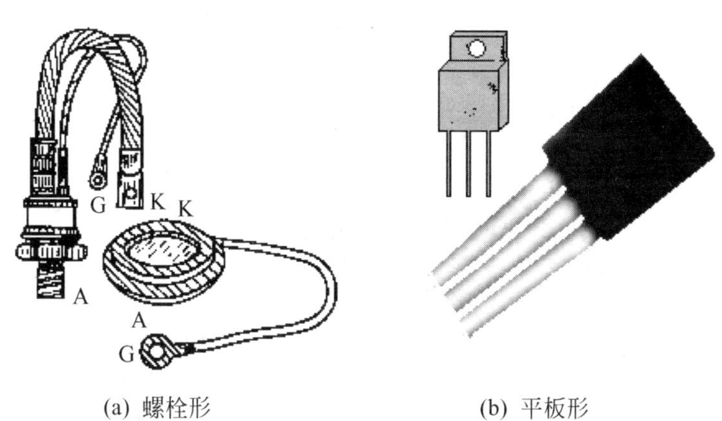
G
K
K
A
A
G

(a) 螺栓形　　(b) 平板形

图7-2　晶闸管外形

7.1.3 晶闸管的主要参数

晶闸管主要参数如图7-3所示。

① 晶闸管电压定额相关参数如表7-1所示。

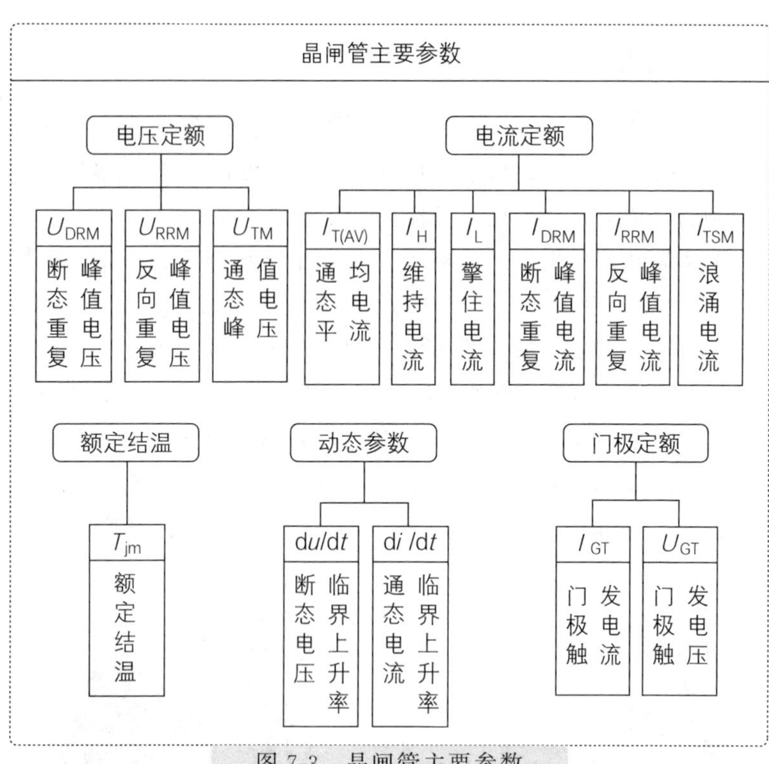
晶闸管主要参数
电压定额
电流定额
U_{DRM}
断态重复峰值电压
U_{RRM}
反向重复峰值电压
U_{TM}
通态峰值电压
$I_{T(AV)}$
通态平均电流
I_H
维持电流
I_L
擎住电流
I_{DRM}
断态重复峰值电流
I_{RRM}
反向重复峰值电流
I_{TSM}
浪涌电流
额定结温
动态参数
门极定额
T_{jm}
额定结温
du/dt
断态电压临界上升率
di /dt
通态电流临界上升率
I_{GT}
门极触发电流
U_{GT}
门极触发电压

图 7-3 晶闸管主要参数

表 7-1 晶闸管电压定额相关参数

参数名称	参数含义	说明
断态重复峰值电压 U_{DRM}	U_{DRM}是门极断路而器件的结温为额定值时，允许重复加在器件上的正向峰值电压。规定断态重复峰值电压 U_{DRM} 为断态不重复峰值电压 U_{DSM} 的 90%	晶闸管正向工作时有两种工作状态：阻断状态简称断态；导通状态简称通态
反向重复峰值电压 U_{RRM}	U_{RRM}是门极断路而结温为额定值时，允许重复加在晶闸管上的反向峰值电压。规定反向重复峰值电压 U_{RRM} 为反向不重复峰值电压 U_{RSM} 的 90%	

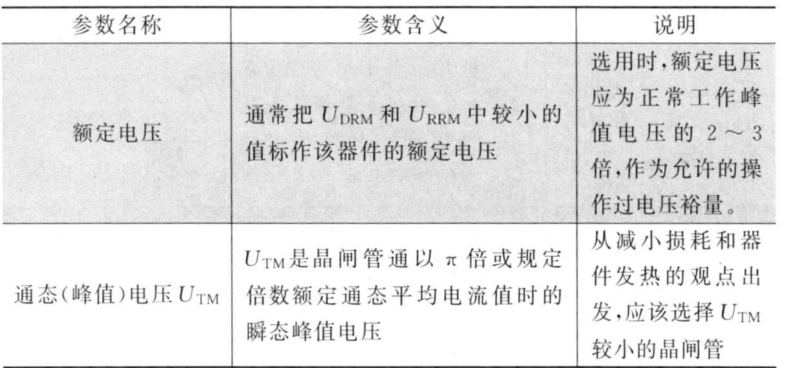

续表

参数名称	参数含义	说明
额定电压	通常把 U_{DRM} 和 U_{RRM} 中较小的值标作该器件的额定电压	选用时，额定电压应为正常工作峰值电压的 2～3 倍，作为允许的操作过电压裕量。
通态(峰值)电压 U_{TM}	U_{TM} 是晶闸管通以 π 倍或规定倍数额定通态平均电流值时的瞬态峰值电压	从减小损耗和器件发热的观点出发，应该选择 U_{TM} 较小的晶闸管

② 晶闸管电流定额，如表 7-2 所示。

表 7-2　晶闸管电流定额

参数名称	参数含义	说明
通态平均电流 $I_{T(AV)}$	$I_{T(AV)}$ 在环境温度为＋40℃和规定的冷却条件下，带电阻性负载的单相工频正弦半波电路中，管子全导通(导通角 θ 不小于 170°)而稳定结温不超过额定值时所允许的最大平均电流	由于晶闸管的过载能力比一般电磁器件小，因而要选用晶闸管的通态平均电流为其实际正常平均值的 1.5～2.0 倍，使之有一定的安全裕量
维持电流 I_H	I_H 是使晶闸管维持通态所必需的最小主电流	它一般为几十到几百毫安。它与结温有关，结温越高，则此值越小
擎住电流 I_L	I_L 是晶闸管刚从断态转入通态并移除触发信号之后，能维持通态所需的最小主电流	擎住电流的数值与工作条件有关。对于同一晶闸管来说，通常 I_L 约为 I_H 的 2～4 倍

续表

参数名称	参数含义	说明
断态重复峰值电流 I_{DRM} 和反向重复峰值电流 I_{RRM}	I_{DRM} 和 I_{RRM} 分别是对应于晶闸管承受断态重复峰值电压 U_{RRM} 和反向重复峰值电压 U_{RRM} 时的峰值电流	
浪涌电流 I_{TSM}	浪涌电流有上下限两个级。I_{TSM} 是一种由于电路异常情况(如故障)引起的并使结温超过额定结温的不重复性最大正向过载电流。用峰值表示	

③ 晶闸管的门极定额，如表 7-3 所示。

表 7-3 晶闸管门极定额

参数名称	参数含义	说明
门极触发电流 I_{GT}	I_{GT} 是在室温下，阳极电压直流 6V 时使晶闸管由断态转入通态所必需的最小门极电流	
门极触发电压 U_{GT}	U_{GT} 是产生门极触发电流所必需的最小门极电压	标准只规定了 I_{GT} 和 U_{GT} 的下限

提示!

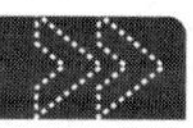

选用器件时，应注意产品合格证上标明的实测数值。应使触发器输送给门极的电流和电压适当大于晶闸管出厂合格证上所列的数值，但不应超过其峰值 I_{FGM} 和 U_{FGM}。门极平均功率和峰值功率也不应超过规定值。

④ 晶闸管动态参数，如表 7-4 所示。

表 7-4 晶闸管动态参数

参数名称	参数含义	说明
断态电压临界上升率 du/dt	du/dt 是在额定结温和门极开路的情况下，不导致从断态到通态转换的最大主电压上升率	使用中的实际电压上升率必须低于此临界值
通态电流临界上升率 di/dt	di/dt 是在规定条件下，晶闸管能承受而无有害影响的最大通态电流上升率	如果主电流上升太快，则晶闸管刚一开通时，会有很大的电流集中在门极附近的小区域内，从而造成局部过热而使晶闸管损坏。因此要采取措施限制其值在临界值内

⑤ 额定结温 T_{jm}。器件在正常工作时所允许的最高结温，在此温度下，一切有关的额定值和特性都能得到保证。

7.2 用万用表检测晶闸管

7.2.1 晶闸管引脚判别

使用指针式万用表检测识别晶闸管引脚的方法如图 7-4 所示。

7.2.2 晶闸管好坏的判别

① 晶闸管好坏的判断方法如图 7-5 所示。共分三个步骤。

第一步 判断控制极与阴极之间的 PN 结。如图 7-5 所示。

提 示! 

在使用万用表判断晶闸管好坏时有一种情况要注意。如果晶闸管阳极A和阴极K或阳极A和控制极G之间断路，它们之间的阻值也为无穷大，使用本方法很难判断出来。因此，本方法仅是粗略判断晶闸管的好坏，在此基础之上还要进行通电检测。

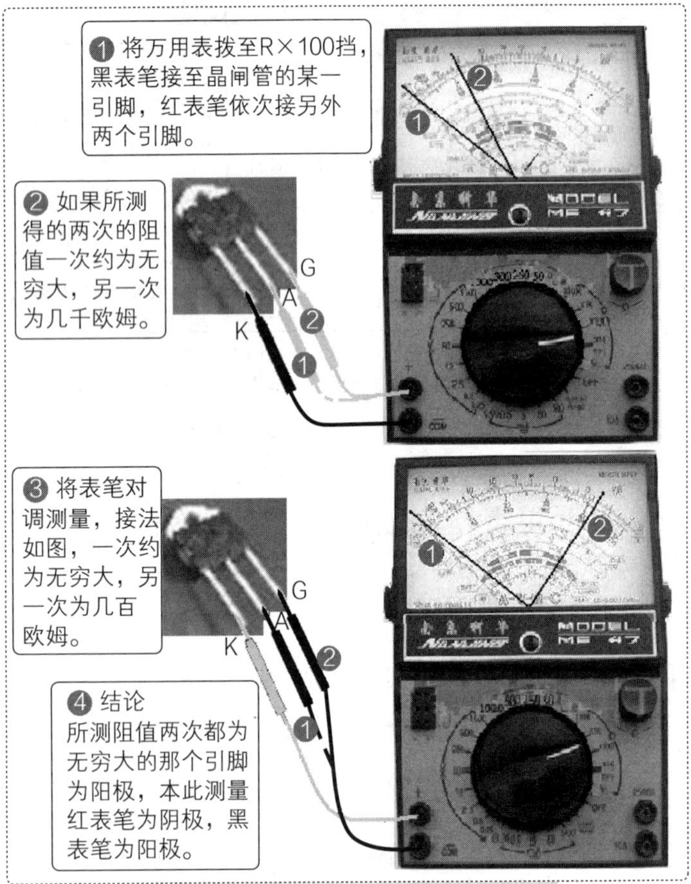

❶ 将万用表拨至R×100挡，黑表笔接至晶闸管的某一引脚，红表笔依次接另外两个引脚。

❷ 如果所测得的两次的阻值一次约为无穷大，另一次为几千欧姆。

❸ 将表笔对调测量，接法如图，一次约为无穷大，另一次为几百欧姆。

❹ 结论
所测阻值两次都为无穷大的那个引脚为阳极，本此测量红表笔为阴极，黑表笔为阳极。

图 7-4　检测识别晶闸管的引脚

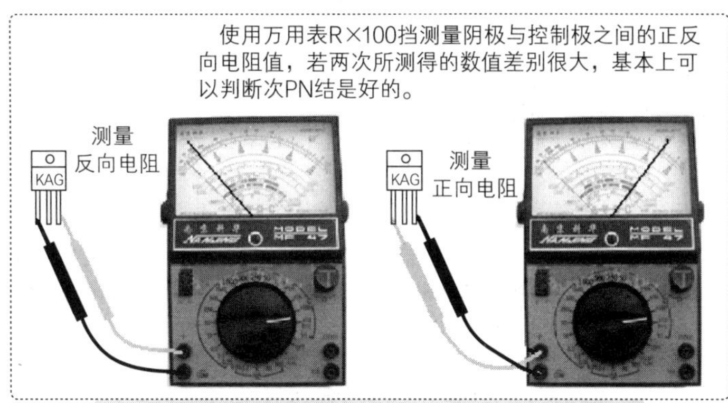
使用万用表R×100挡测量阴极与控制极之间的正反向电阻值，若两次所测得的数值差别很大，基本上可以判断次PN结是好的。
测量
反向电阻
KAG
测量
正向电阻
KAG
MODEL
MF 47

图 7-5　判断控制极与阴极之间的 PN 结

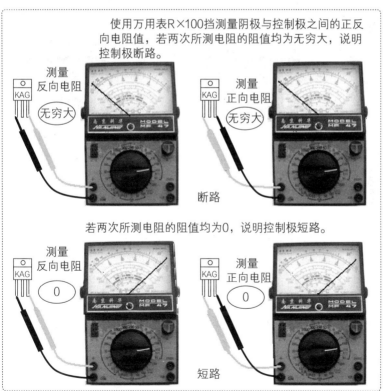

使用万用表R×100挡测量阴极与控制极之间的正反向电阻值，若两次所测电阻的阻值均为无穷大，说明控制极断路。

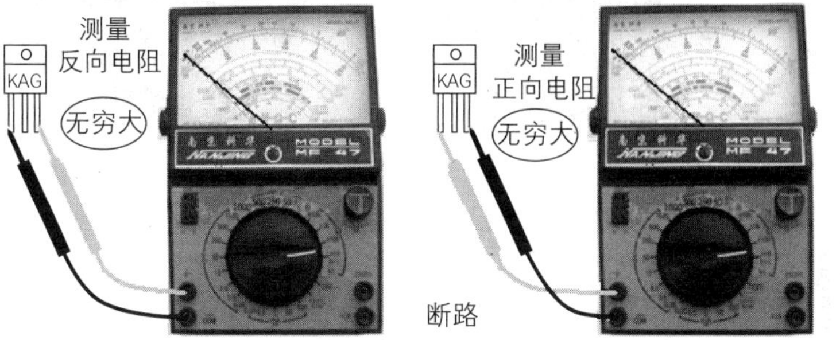

测量
反向电阻
KAG
无穷大

测量
正向电阻
KAG
无穷大

断路

若两次所测电阻的阻值均为0，说明控制极短路。

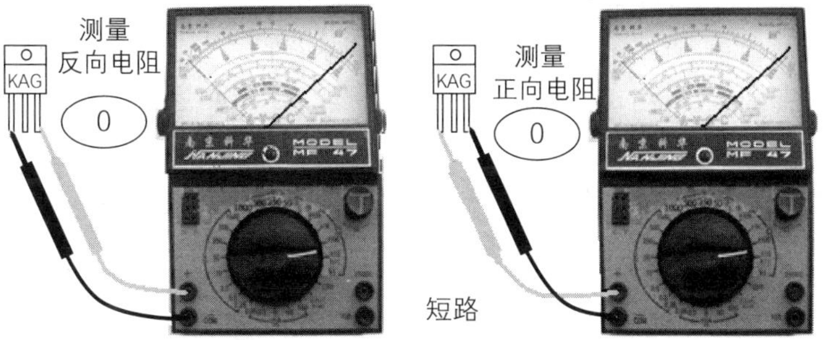

测量
反向电阻
KAG
0

测量
正向电阻
KAG
0

短路

图 7-6　判断控制极与阴极之间的断路和短路

第二步　判断控制极与阴极之间的断路和短路。如图 7-6 所示。

第三步　判断阳极与阴极之间的短路。如图 7-7 所示。

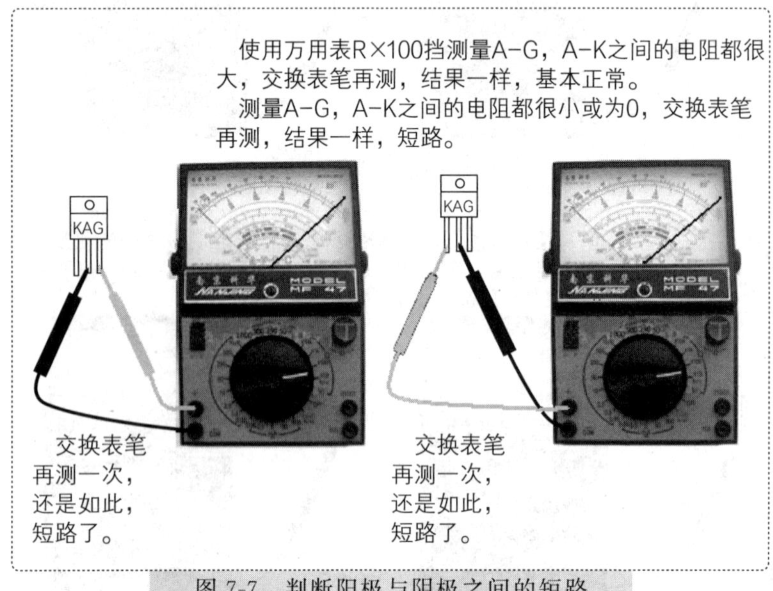
使用万用表R×100挡测量A-G，A-K之间的电阻都很大，交换表笔再测，结果一样，基本正常。
测量A-G，A-K之间的电阻都很小或为0，交换表笔再测，结果一样，短路。
KAG
KAG
MODEL MF 47
MODEL MF 47
交换表笔再测一次，还是如此，短路了。
交换表笔再测一次，还是如此，短路了。

图 7-7　判断阳极与阴极之间的短路

② 小功率单向晶闸管的检测方法如图 7-8 所示。可用双表法检测，即把两块万用表 R×1 挡串联起来使用，获得 3V 的电源电压，或用外接电源法进行检查。

7.2.3　使用数字万用表检测晶闸管

使用数字万用表检测晶闸管，有两种方法。

第一种方法如图 7-9 所示。

第二种方法如图 7-10 所示。

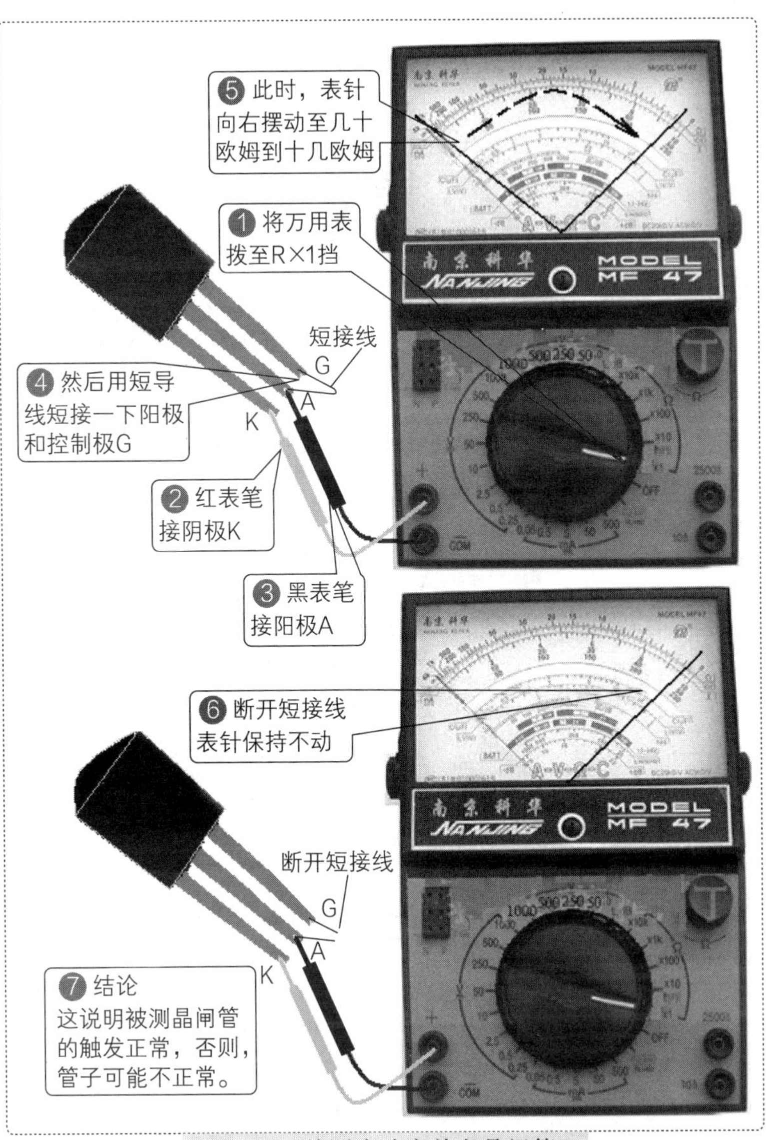

⑤ 此时，表针向右摆动至几十欧姆到十几欧姆
① 将万用表拨至R×1挡
短接线
G
④ 然后用短导线短接一下阳极和控制极G
A
K
② 红表笔接阴极K
③ 黑表笔接阳极A
MODEL MF 47
NANJING
⑥ 断开短接线 表针保持不动
断开短接线
G
A
K
⑦ 结论 这说明被测晶闸管的触发正常，否则，管子可能不正常。

图 7-8　检测小功率单向晶闸管

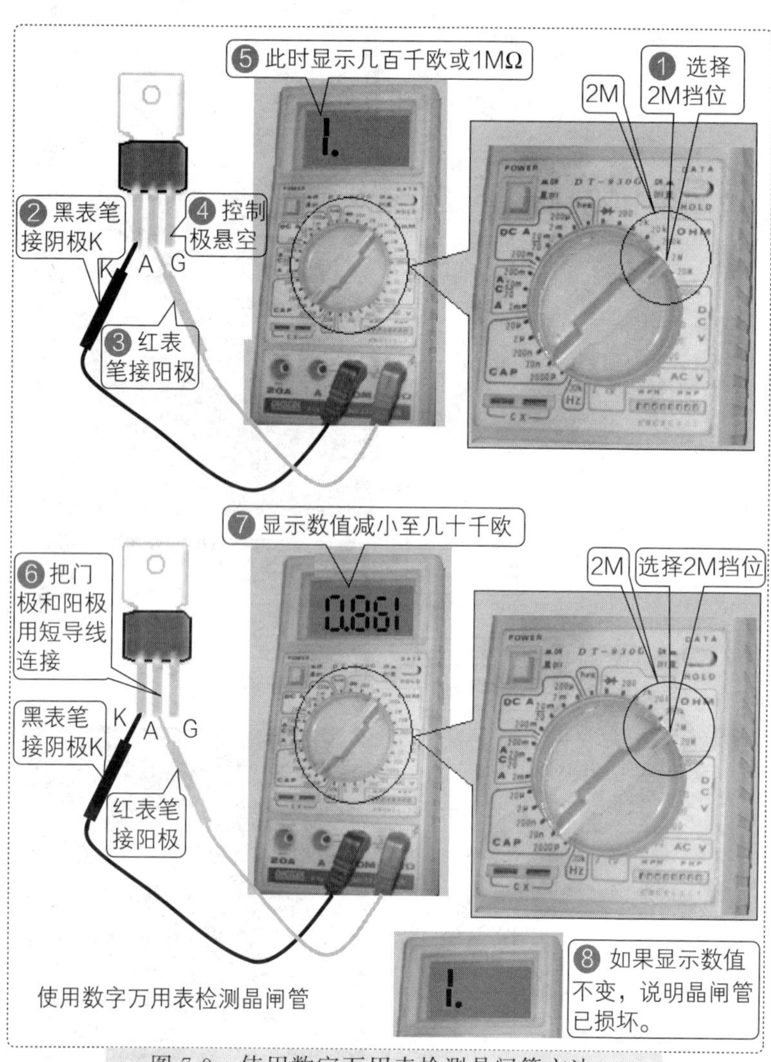
⑤此时显示几百千欧或1MΩ
2M
①选择2M挡位
②黑表笔接阴极K
④控制极悬空
K
A
G
③红表笔接阳极
⑦显示数值减小至几十千欧
2M
选择2M挡位
⑥把门极和阳极用短导线连接
黑表笔接阴极K
K
A
G
红表笔接阳极
⑧如果显示数值不变，说明晶闸管已损坏。
使用数字万用表检测晶闸管

图 7-9 使用数字万用表检测晶闸管方法一

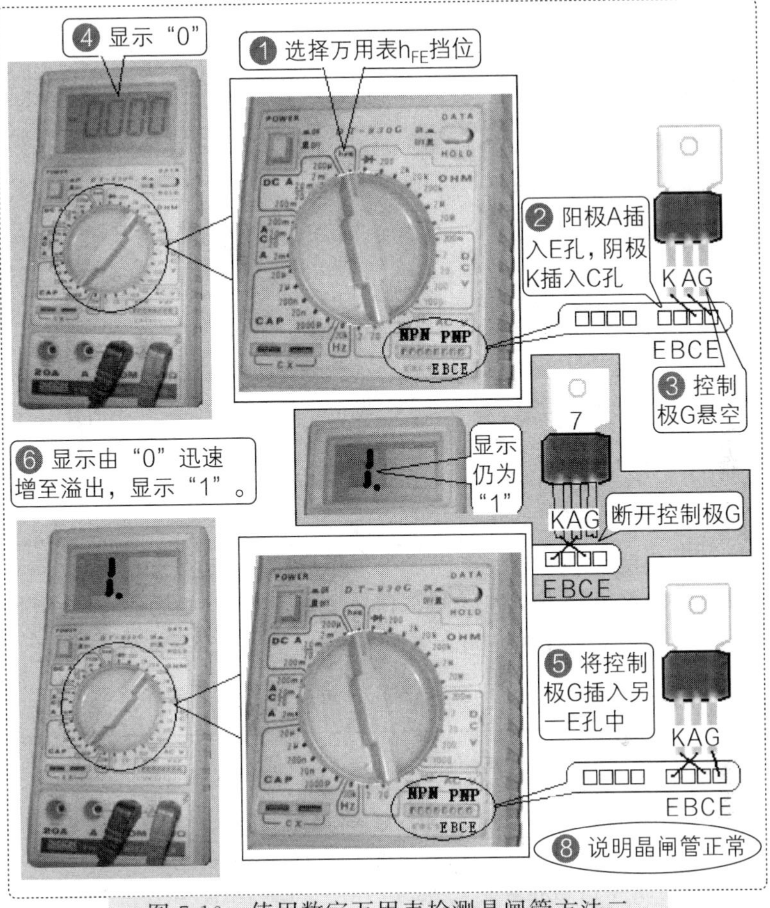
④ 显示"0"
① 选择万用表h_{FE}挡位
② 阳极A插入E孔，阴极K插入C孔
KAG
EBCE
③ 控制极G悬空
显示仍为"1"
断开控制极G
KAG
EBCE
⑥ 显示由"0"迅速增至溢出，显示"1"。
⑤ 将控制极G插入另一E孔中
KAG
EBCE
⑧ 说明晶闸管正常

图 7-10 使用数字万用表检测晶闸管方法二

7.3 用万用表检测双向晶闸管

7.3.1 双向晶闸管的特点

双向晶闸管由五层半导体材料构成，有三个电极，分别为主电极 T1 和 T2 及控制极 G。其结构如图 7-11 所示。

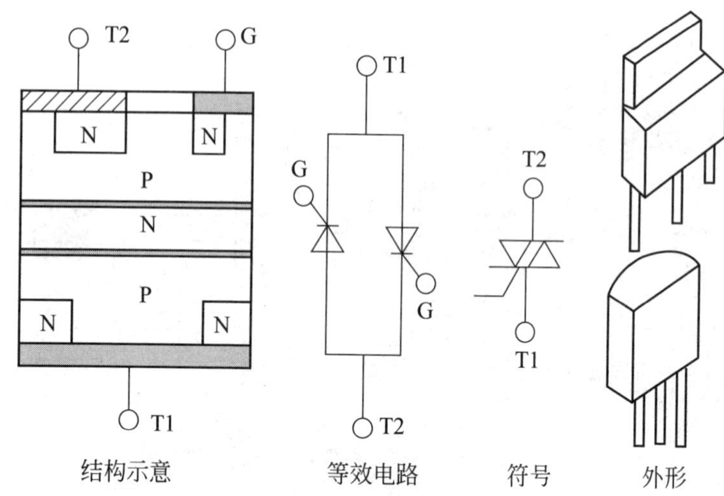
T2
G
N
N
P
N
P
N
N
T1
T1
G
G
T2
T2
T1
结构示意
等效电路
符号
外形

图 7-11　晶闸管结构、外形、符号

触发双向晶闸管的触发电压不论是正还是负，只要满足必需的触发电流，都能触发双向晶闸管在两个方向导通。双向晶闸管有四种触发状态，如表 7-5 所示。

表 7-5　双向晶闸管有四种触发状态

序号	条件	状态		
		T1	T2	导通方向
1	G 极和 T2 极相对于 T1 极的电压均为正时	阴极	阳极	T2 →T1
2	G 极和 T1 极相对于 T2 极的电压均为正时	阴极	阳极	T2 →T1
3	G 极和 T1 极相对于 T2 极的电压均为正时	阳极	阴极	T1 →T2
4	G 极和 T2 极相对于 T1 极的电压均为正时	阳极	阴极	T1→T2

提 示!

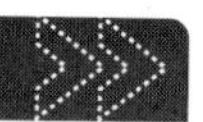

双向晶闸管一旦导通，不论有无触发脉冲，均维持导通。只有在流过主电极的电流小于维持电流时，或主电极改变电压极性且没有触发脉冲存在时，双向晶闸管才能自行关断。

将万用表拨至RX1挡，检测任意两引脚之间的正、反向电阻值，其中，若测得两个引脚之间的正、反向电阻都呈低电阻，约几十欧姆，则被测两极为G、T1，余下的引脚就是T2。

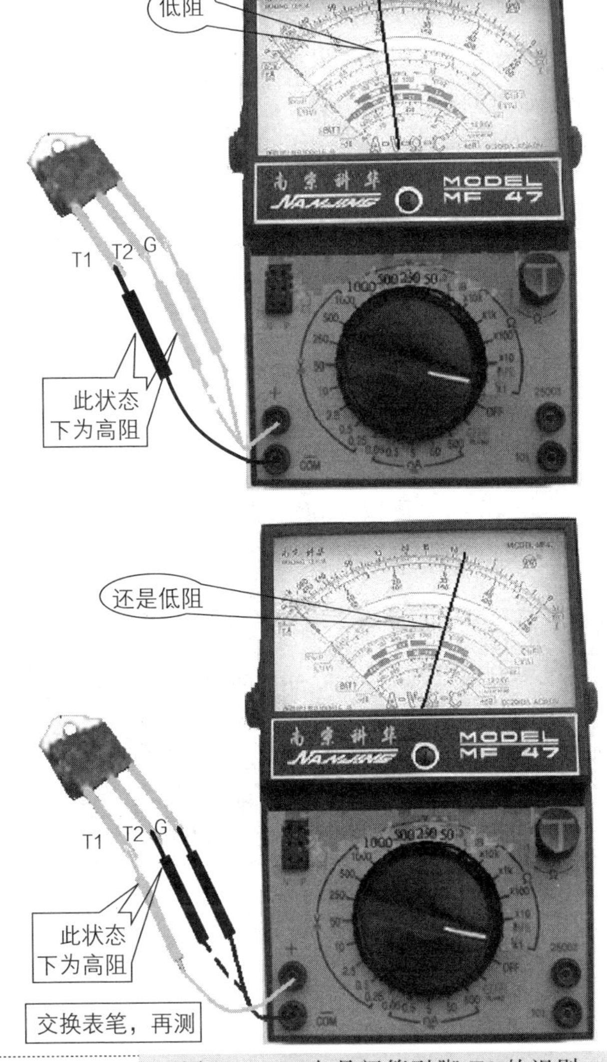
低阻
T1
T2
G
此状态下为高阻
MODEL MF 47
还是低阻
T1
T2
G
此状态下为高阻
交换表笔，再测

图 7-12 双向晶闸管引脚 T2 的识别

7.3.2 双向晶闸管的检测

双向晶闸管相当于两个单向晶闸管的反极并联，有三个电极引脚 T1、T2 和 G，使用一个触发电路的交流开关器件。G-T1 极间的正、反向电阻值都很小。使用万用表进行双向晶闸管引脚的识别方法如图 7-12 所示，先判断出 T2 引脚。

如果是 TO-220 封装的双向晶闸管，T2 通常与散热板连通，据此也可确定 T2。

找到 T2 后，再判断 T1 和 G。具体方法如下：

第一步　检测主电极 T1 到 T2 导通的方法如图 7-13 所示。

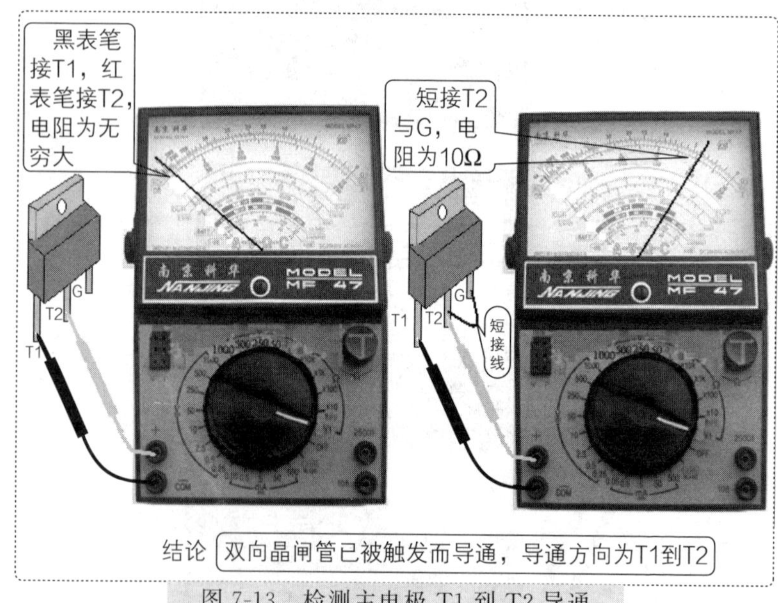
黑表笔接T1，红表笔接T2，电阻为无穷大
短接T2与G，电阻为10Ω
短接线
G
T2
T1
MODEL MF 47
NANJING
结论
双向晶闸管已被触发而导通，导通方向为T1到T2

图 7-13　检测主电极 T1 到 T2 导通

第二步　检测主电极 T1、T2 维持导通的方法如图 7-14 所示。

第三步　检测主电极 T2 到 T1 导通的方法如图 7-15 所示。

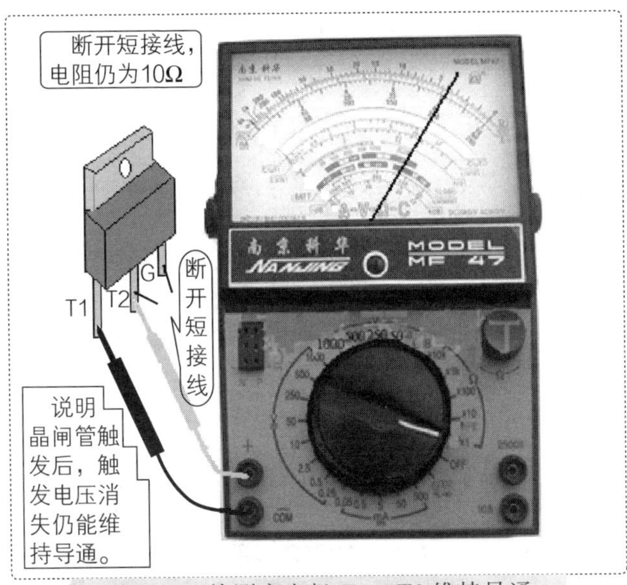
断开短接线，电阻仍为10Ω
G
T1
T2
断开短接线
说明晶闸管触发后，触发电压消失仍能维持导通。
MODEL MF 47

图 7-14　检测主电极 T1、T2 维持导通

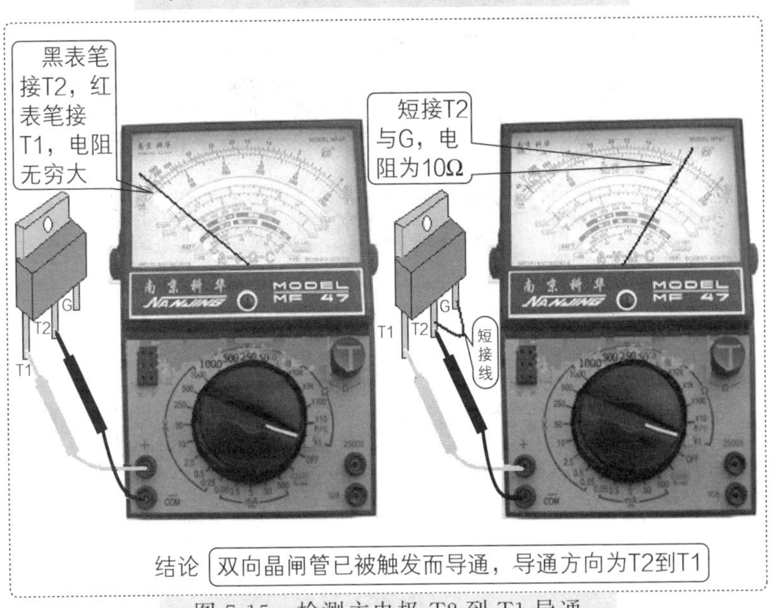
黑表笔接T2，红表笔接T1，电阻无穷大
短接T2与G，电阻为10Ω
G
T2
T1
短接线
MODEL MF 47
结论 双向晶闸管已被触发而导通，导通方向为T2到T1

图 7-15　检测主电极 T2 到 T1 导通

第四步　检测主电极 T2 到 T1 维持导通的方法如图 7-16 所示。

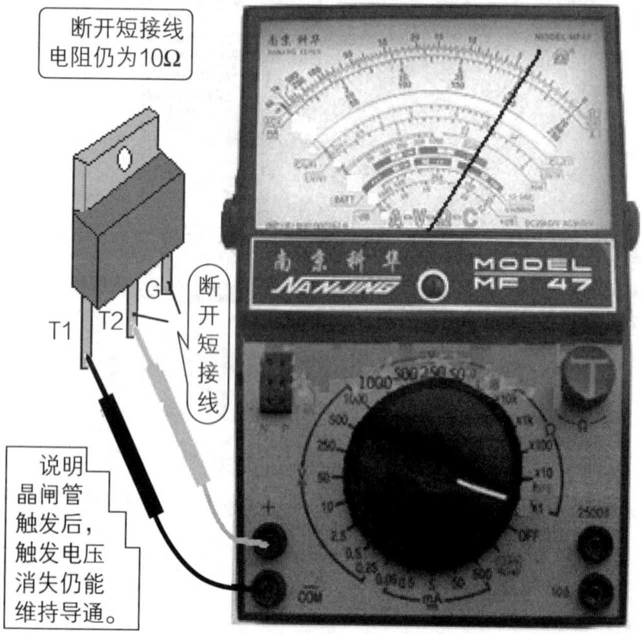

断开短接线
电阻仍为10Ω
G
T2
T1
断开短接线
说明晶闸管触发后，触发电压消失仍能维持导通。
南京科华
NANJING
MODEL
MF 47

图 7-16　检测主电极 T2 到 T1 维持导通

提 示!

检测不同型号的管子，所测的阻值是不一样的。

7.4 用万用表检测可关断晶闸管

7.4.1 可关断晶闸管的结构特点

可关断晶闸管（GTO）也叫门控晶闸管，主要特点是当控制极和阴极间加正向触发信号时能导通，当控制极和阴极间加负向触发信号时能自行关断。我们知道，要使普通晶闸管关断，必须使流过晶闸管的正向电流小于维持电流，或在阳极与阴极之间施以反向电压强迫关断。可关断晶闸管既保留了普通晶闸管耐压高、电流大等优点，又具有自关断能力，使用方便，是理想的高压、大电流开关器件。

可关断晶闸管也属于 PNPN 四层三端器件，可关断晶闸管也有三个电极，分别为阳极 A、阴极 K 和称控制极 C。可关断晶闸管的外形及符号如图 7-17 所示。可关断晶闸管的结构与普通晶闸管相同。由于可关断晶闸管的功率不同，因此封装也不同，大功率可关断晶闸管多采用圆盘状或模块形式。

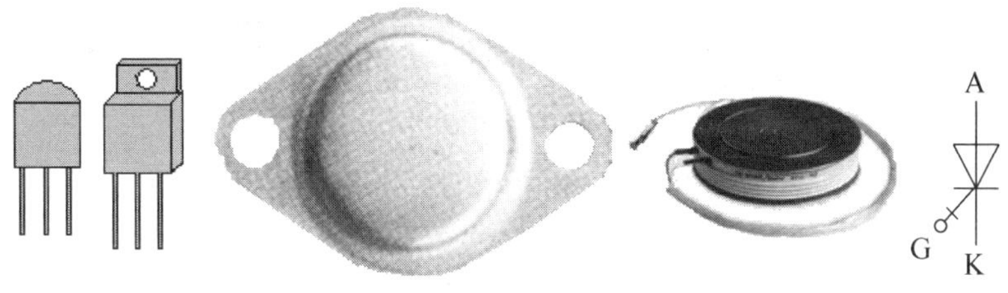
A
G
K

图 7-17 可关断晶闸管的外形及符号

提 示! 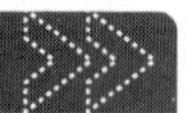

可关断晶闸管与普通晶闸管的触发导通原理相同，但它们的关断原理及关断方式却不同。这是由于普通晶闸管在导通之后即处于深度饱和状态，而可关断晶闸管导通后只能达到临界饱和，所以给控制极加上负向触发信号即可关断。

7.4.2 可关断晶闸管的检测

① 判断引脚的极性，方法如图 7-18 所示。

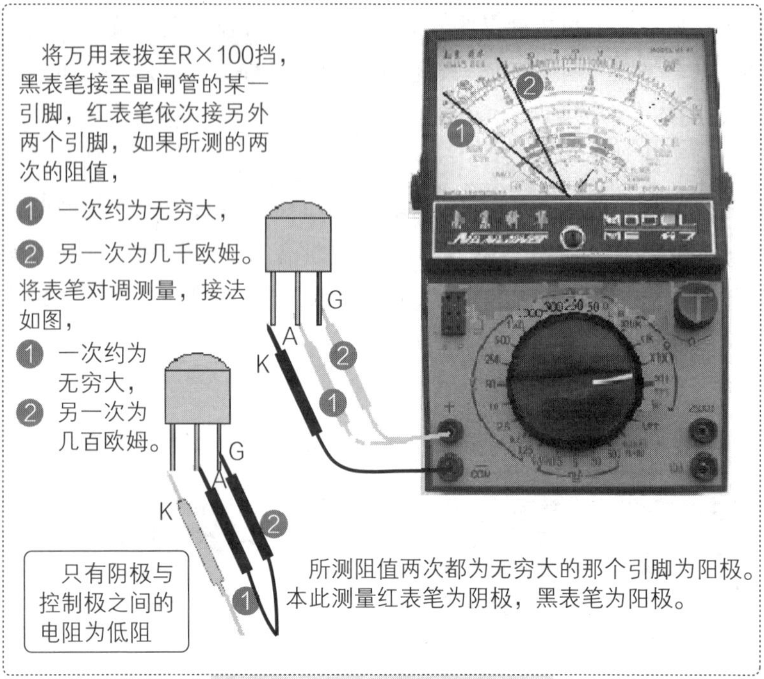

将万用表拨至R×100挡，黑表笔接至晶闸管的某一引脚，红表笔依次接另外两个引脚，如果所测的两次的阻值，

❶ 一次约为无穷大，

❷ 另一次为几千欧姆。

将表笔对调测量，接法如图，

❶ 一次约为无穷大，

❷ 另一次为几百欧姆。

只有阴极与控制极之间的电阻为低阻

所测阻值两次都为无穷大的那个引脚为阳极。本此测量红表笔为阴极，黑表笔为阳极。

G A K ❶ ❷

图 7-18 判断引脚的极性

② 判断管子是否能导通，如图 7-19 所示。

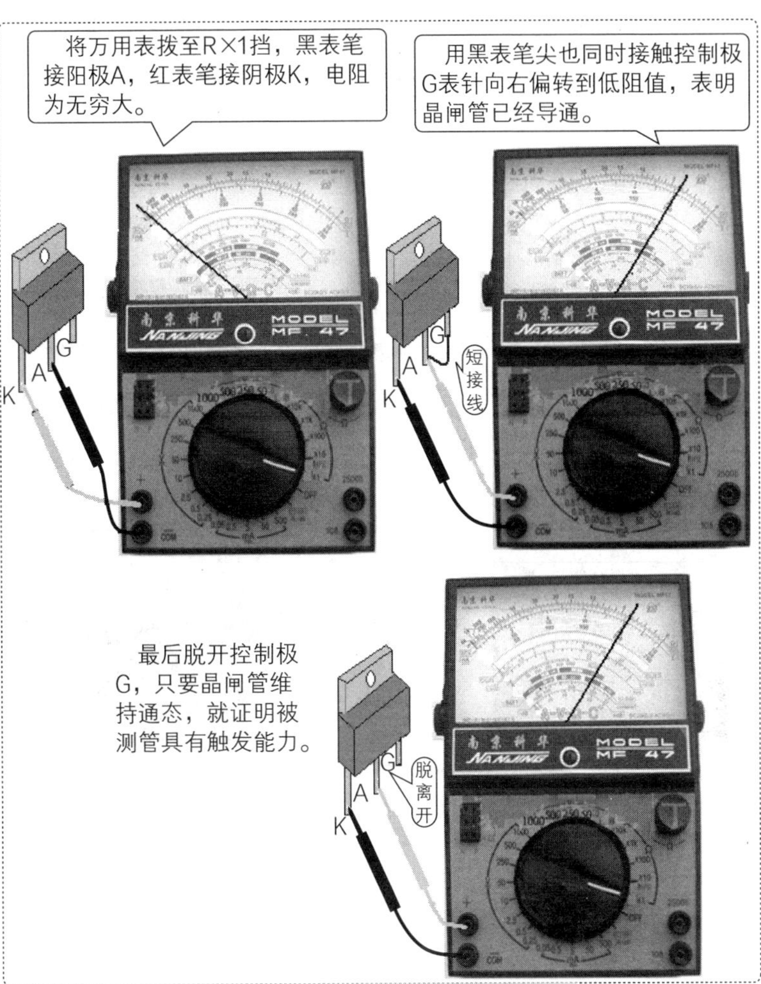
将万用表拨至R×1挡，黑表笔接阳极A，红表笔接阴极K，电阻为无穷大。
用黑表笔尖也同时接触控制极G表针向右偏转到低阻值，表明晶闸管已经导通。
最后脱开控制极G，只要晶闸管维持通态，就证明被测管具有触发能力。
K
A
G
短接线
脱离开
MODEL
MF 47

图 7-19　判断管子是否能导通

提示!

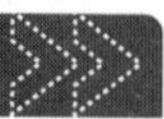

检测大功率可关断晶闸管时，可在R×1 挡外面串联一节1.5V的电池，以提高测试电压，使晶闸管可靠地导通。

③ 判断管子是否能关断。采用双表法检查可关断晶闸管的关断能力，如图 7-20 所示。

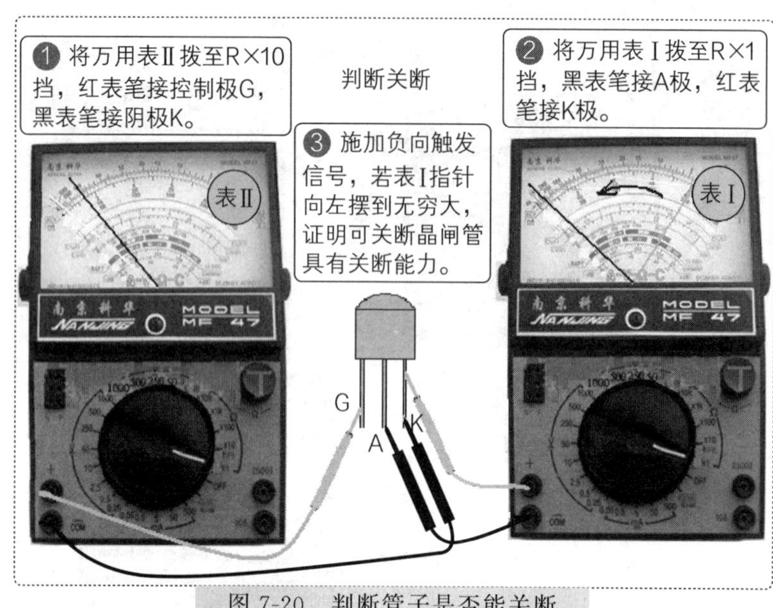
判断关断
❶ 将万用表Ⅱ拨至R×10挡，红表笔接控制极G，黑表笔接阴极K。
❷ 将万用表Ⅰ拨至R×1挡，黑表笔接A极，红表笔接K极。
❸ 施加负向触发信号，若表Ⅰ指针向左摆到无穷大，证明可关断晶闸管具有关断能力。
表Ⅱ
表Ⅰ
南京科华
NANJING
MODEL MF 47
G
A
K

图 7-20　判断管子是否能关断

第8章 使用万用表检测场效应晶体管

8.1 场效应管的基础知识

8.1.1 场效应晶体管的类型

场效应管是一种利用电场效应来控制电流大小的半导体器件，是一种电压控制型、可作为放大器使用的三端半导体器件。它输入阻抗高、噪声低、热稳定性好、抗辐射能力强、制造工艺简单、体积小、重量轻、寿命长。

根据场效应管结构的不同和电场的存在环境，场效应管可划分为结型场效应管（JFET）和金属-氧化物-半导体场效应管（MOSFET）两种类型。图8-1是结型场效应管（JFET）的结

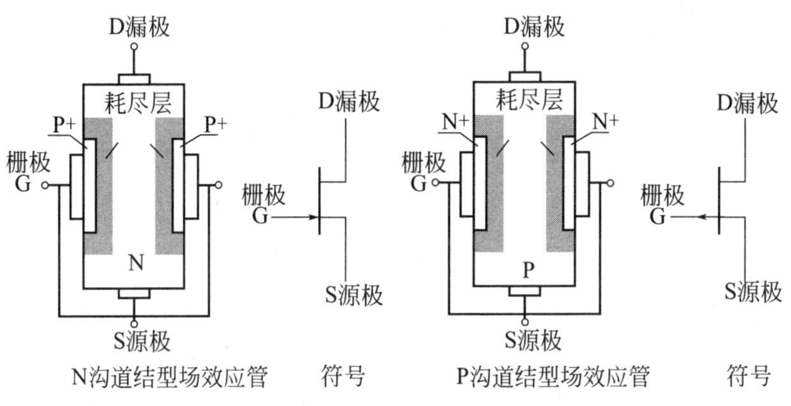
D漏极
耗尽层
P+
P+
栅极
G
N
S源极
N沟道结型场效应管
D漏极
栅极
G
S源极
符号
D漏极
耗尽层
N+
N+
栅极
G
P
S源极
P沟道结型场效应管
D漏极
栅极
G
S源极
符号

图8-1 结型场效应管（JFET）的结构示意及符号

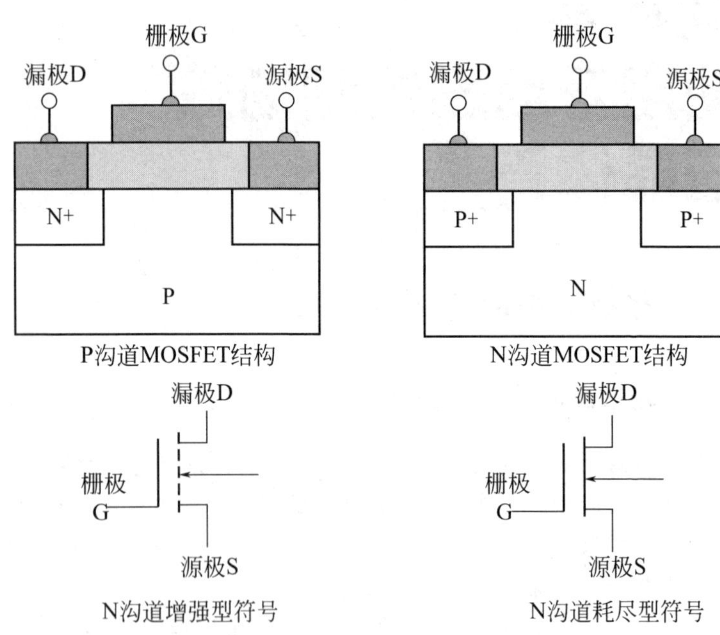
栅极G
漏极D
源极S
N+
N+
P
P沟道MOSFET结构
栅极G
漏极D
源极S
P+
P+
N
N沟道MOSFET结构
漏极D
栅极
G
源极S
N沟道增强型符号
漏极D
栅极
G
源极S
N沟道耗尽型符号

图 8-2 绝缘栅场效应管（MOSFET）的结构示意及符号

构示意及符号。

图 8-2 是绝缘栅场效应管（MOSFET）的结构示意及符号。

8.1.2 场效应管主要参数

① 结型场效应管的主要参数如表 8-1 所示。

② MOSFET 的特性参数。绝缘栅型场效应管分为增强型和耗尽型两种，根据半导体材料的不同，每一种又可分为 N 沟道和 P 沟道两类。这样，总共有 4 种场效应管。即：N 沟道增强型场效应管、N 沟道耗尽型场效应管、P 沟道增强型场效应管和 P 沟道耗尽型场效应管。MOSFET 的特性参数如表 8-2 所示。

表 8-1　结型场效应管的主要参数

参数名称	参数含义	说明
夹断电压 V_P	对于给定的漏源电压 u_{DS}，使沟道在漏端夹断的栅极电压。此时，$I_D=0$	
饱和漏电流 I_{DSS}	在栅源极之间的电压 u_{GS} 为 0，漏源极之间的电压 u_{DS} 值大于夹断电压 V_P 的绝对值时的漏极电流	
最大漏源电压 $V_{(BR)DS}$	是指发生雪崩击穿、漏极电流 i_D 开始急剧上升时的漏极与源极之间的值	
最大栅源电压 $V_{(BR)GS}$	输入 PN 结反向电流开始急剧上升时的栅源极的电压值	
直流输入电阻 R_{GS}	在漏源极短路的条件下，栅源极之间加一定电压时的栅源直流电阻	
低频互导（跨导）g_m	在 u_{DS} 等于常数时，漏极电流的微量变化量和引起这个变化量的栅源电压 u_{GS} 的微变量之比	互导反应了栅源电压对漏极电流的控制能力
输出电阻 r_d	说明了漏源极之间的电压 u_{DS} 对漏极电流 i_D 的影响	在饱和区 i_D 随 u_{DS} 改变很小，因此 r_d 的数值可达几十千欧姆或几百千欧姆之间
大耗散功率 P_{DM}	等于漏源极之间的电压 u_{DS} 和漏极电流 i_D 的乘积，即 $P_{DM}=u_{DS}\times i_D$	这些耗散功率转换成热能使管子的温度迅速升高

表 8-2 MOSFET 的特性参数

参数名称	参数含义
开启电压 U_T	$I_D=0$ 时的栅源电压
饱和漏极电流 I_{Dsat}	耗尽-增强型器件在 $U_G=0$ 时的漏极饱和电流值
截止漏极电流 I_{Do}	增强型器件在 $U_G=0$ 时，由 PN 结反向漏电流形成的漏极电流
漏源极直流电阻 R_{DS}	工作在未饱和区的漏源极直流电阻
栅极电流 I_G	栅压 U_G 下的栅源电流
跨导 g_m	与 JFET 的跨导相同
漏源极动态电阻 r_d	与 JFET 的 r_d 相同

提示!

MOSFET 对温度十分敏感，所测参数应是在一定温度条件下的数值。对于生产厂家提供的参数数值，在使用时要考虑使用温度，必要时要加以修正。

8.1.3 场效应管的特点

场效应管的特点如表 8-3 所示。

表 8-3 场效应管的特点

特　点	含　义
具有负的电流温度系数和较好的热稳定性	指在栅极电压不变的情况下，漏极电流 I_D 随温度上升而略有下降，这种电流自动抑制性能十分有利于多个器件并联，而使管子在大工作电流时更显出它的优越性。管子还具有比较均匀的温度分布能力，这对于避免器件的热击穿十分有利
具有高的输入阻抗，只需要很小的驱动电流	管子是电压控制型器件，输入阻抗大，其驱动电流在数百纳安(nA)数量级时，输出电流可达数十或数百安培。直流放大系数高，能直接用 COMS 或 TTL 等集成逻辑电路来驱动管子工作

续表

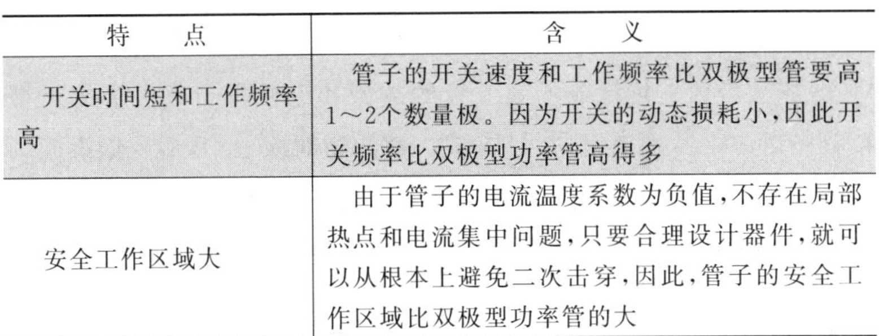

特　　点	含　　义
开关时间短和工作频率高	管子的开关速度和工作频率比双极型管要高1～2个数量极。因为开关的动态损耗小，因此开关频率比双极型功率管高得多
安全工作区域大	由于管子的电流温度系数为负值，不存在局部热点和电流集中问题，只要合理设计器件，就可以从根本上避免二次击穿，因此，管子的安全工作区域比双极型功率管的大

8.1.4　使用场效应管应注意的事项

① 使用时　各参数不能超过管子的最大允许值。

② 存放时　要特别注意对栅极的保护。要用金属线将三个电极短路。因为它的输入阻抗非常高，栅极如果感应有电荷，就很难泄放掉，电荷积累就会使电压升高，特别是极间电容比较小的管子，少量的电荷就足以产生击穿的高压。为了避免这种情况，关键在于不能让栅极悬空，要在栅源之间一直保持直流通路。

③ 焊接时　应把电烙铁的电源断开再去焊接，先焊源极（S），再焊栅极（G），最后焊漏极（D），以免交流感应将栅极击穿。拆卸时要等待线路板上的电容放完电，再按漏极（D）、栅极（G）、源极（S）顺序逐个焊开。

④ 测量时　不能用手直接接触栅极。元件的栅极电压不能超过±20V。

8.2　场效应管的检测

8.2.1　绝缘栅型场效应管的检测

(1) 根据封装识别管引极性

绝缘栅场效应管就是栅极 G 与漏极 D、S 源极完全绝缘的场效应管。又因它是由金属（M）作电极，氧化物（O）作绝缘层和半导体（S）组成的金属-氧化物-半导体场效应管，所以，称之为MOS场效应管。绝缘栅场效应管的类型和电极可与三极管的类型和电极对应。N沟道对应NPN型，P沟道对应PNP型。绝缘栅场效应管的栅极G对应三极管的基极b，漏极D对应集电极c，源极S对应发射极e。常用绝缘栅场效应管的封装及引脚排列如图8-3所示。

55N03
D
漏极
S
源极
G
栅极
栅极 G D S 源极
漏极
栅极 G D S 源极
漏极
栅极G D S 源极
漏极

图 8-3 常用绝缘栅场效应管的封装及引脚排列

对于大功率场效应管而言，引脚排列从左到右为栅极G、漏极D、源极S。对于贴片式场效应管，与散热片相连接的引脚是漏极D，一般漏极D居中，其左边的引脚是栅极G，右边的引脚是源极S。

（2）判别功率型绝缘栅场效应管的引脚极性

首先判别引脚，第一步判别出栅极G。具体方法如图8-4所示。

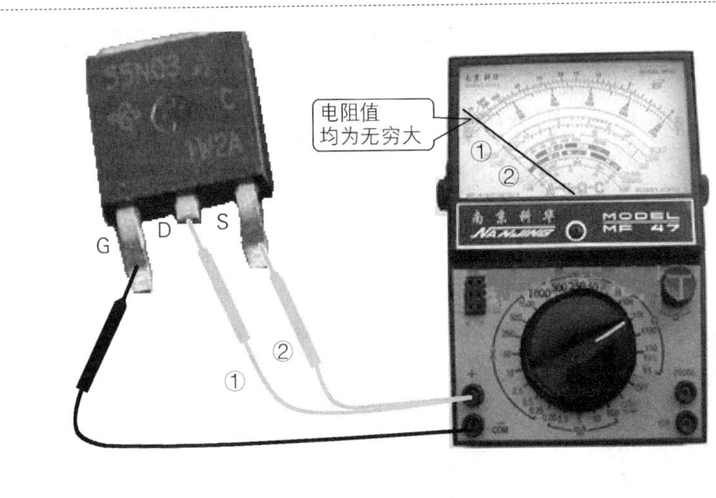
电阻值
均为无穷大
①
②
G
D
S
MODEL
MF 47

将万用表置于 R×1k 挡，分别测量 3 个引脚之间的电阻，如果测得某引脚与其余两引脚间的电阻值均为无穷大，对换表笔测量时阻值仍为无穷大，则证明此脚是栅极 G。

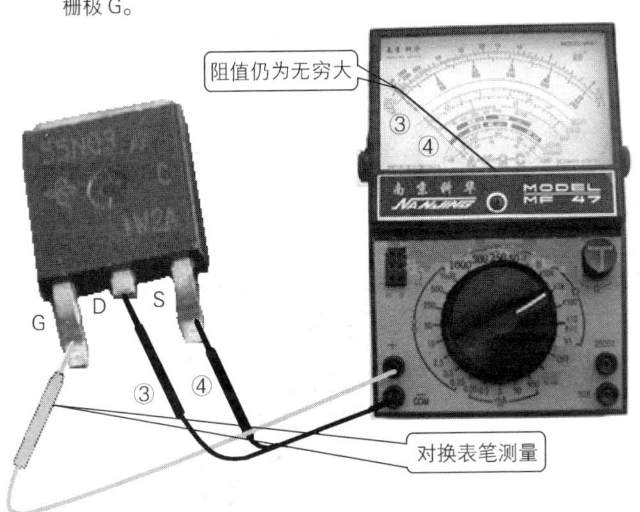
阻值仍为无穷大
③
④
G
D
S
MODEL
MF 47
对换表笔测量

图 8-4　判别出栅极 G

提示！

判别依据及适用管型

- 因为从结构上看，栅极G与其余两脚是绝缘的。
- 此种测量法仅对管内无保护二极管的管子适用。

第二步　判断源极 S 和漏极 D。具体方法如图 8-5 所示。

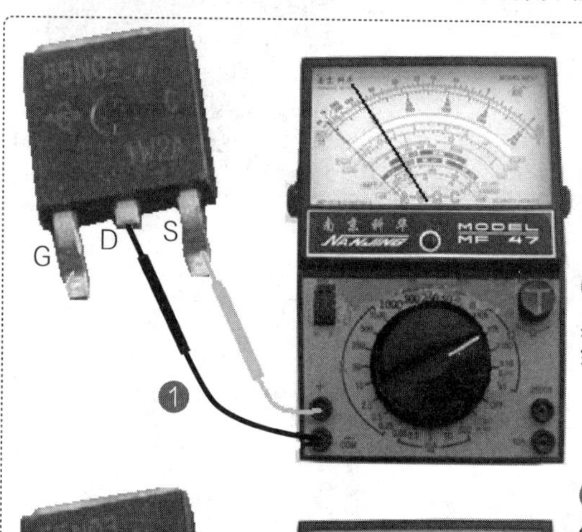
G
D
S
1
MODEL
MF 47

将万用表置于R×1k挡，然后用交换表笔的方法测两次电阻。

❶ 其中阻值较大的一次黑表笔所接的为漏极D，红表笔所接的为源极S。

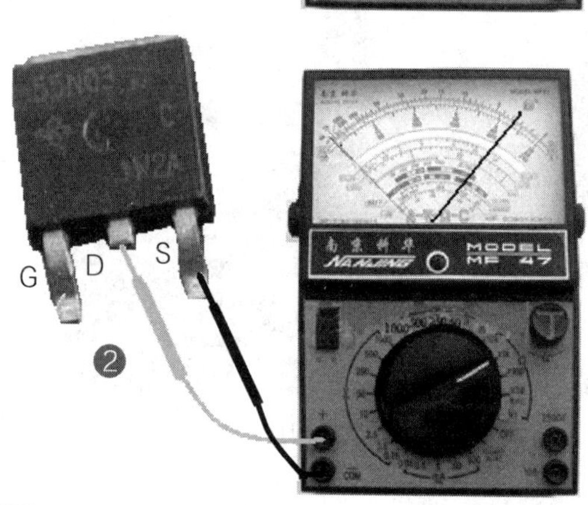
G
D
S
2
MODEL
MF 47

❷ 阻值较小的一次，红表笔所接的为漏极D，黑表笔所接的为源极S。

结论：

管子是好的，被测管为N沟道管。如果被测管子为P沟道管，则所测阻值的大小规律正好相反。

图 8-5　判断源极 S 和漏极 D

提示！判别依据

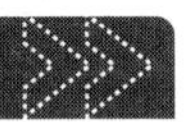

在源极S与漏极D之间有一个PN结，因此根据PN结正、反向电阻的不同，来判断源极S和漏极D。

(3) 管子好坏的判别

具体步骤如下。

提示！判别依据

用万用表R×1k挡去测量场效应管任意两引脚之间的正、反向电阻值。如果出现两次及两次以上电阻值较小，则该场效应管损坏；如果仅出现一次电阻值较小，其余各次测量电阻值均为无穷大，还需作进一步判断。

此方法适用于内部无保护二极管的管子。

第一步　具体方法如图8-6。

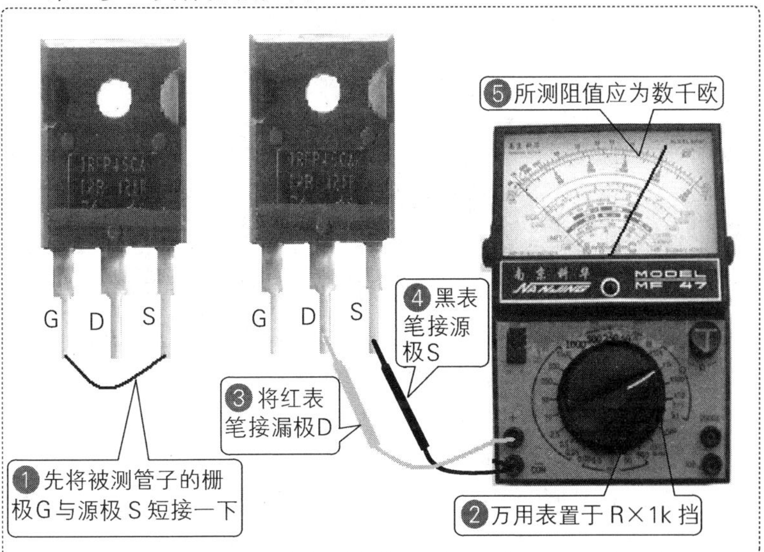
⑤所测阻值应为数千欧
G
D
S
G
D
S
MODEL
MF 47
④黑表笔接源极S
③将红表笔接漏极D
①先将被测管子的栅极G与源极S短接一下
②万用表置于R×1k挡

图8-6　测量漏、源极间的电阻一

第二步　具体方法如图 8-7。

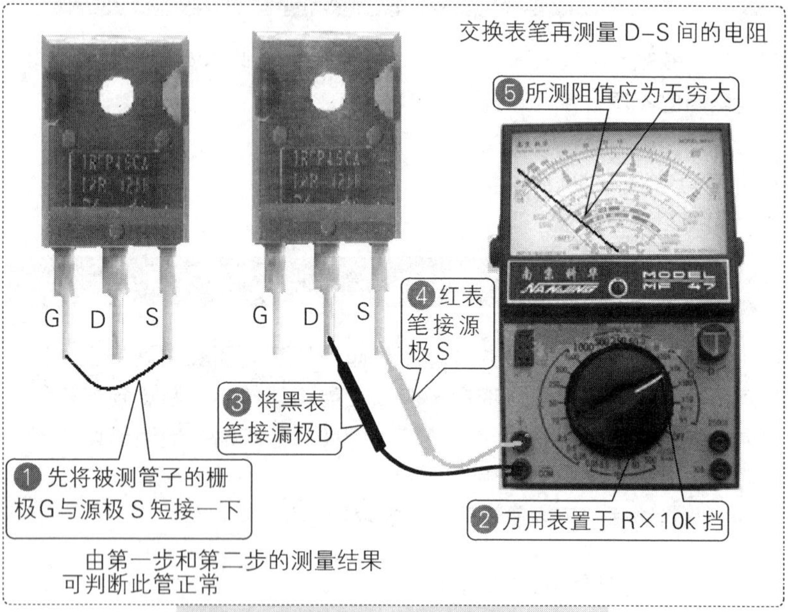

交换表笔再测量 D–S 间的电阻
⑤所测阻值应为无穷大
G　D　S
G　D　S
④红表笔接源极 S
③将黑表笔接漏极D
①先将被测管子的栅极G与源极 S 短接一下
②万用表置于 R×10k 挡
由第一步和第二步的测量结果可判断此管正常

图 8-7　测量漏、源极间的电阻二

第三步　第二步完成后，马上进行下面的测量，具体方法如图 8-8。

提 示!

进行此步测试时需要注意：万用表的电阻挡一定要选用R×10k 的高阻挡，这时表内电压较高，阻值变化比较明显。如果使用R×1k 或R×100 挡，会因表内电压较低而不能正常进行测试。

第四步　具体方法如图 8-9。

我们还可以使用数字式万用表检测场效应管，具体方法和步骤如图 8-10 和图 8-11 所示。

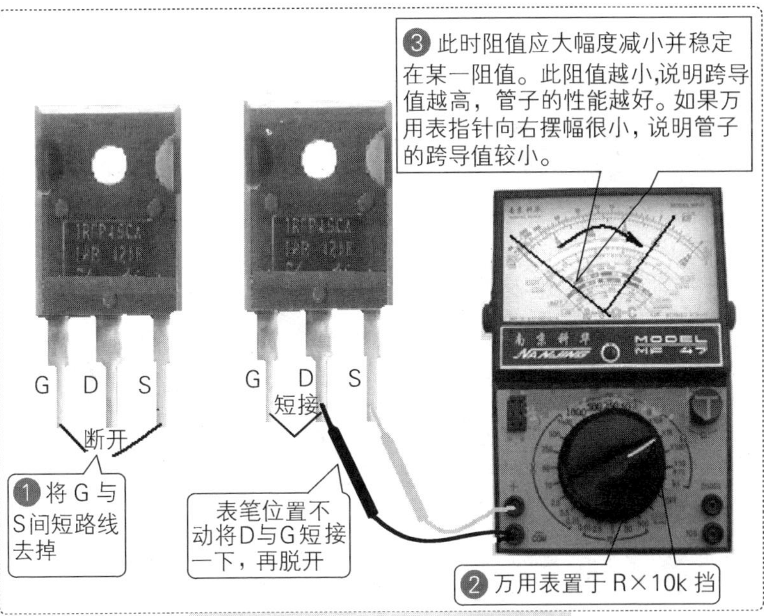
③此时阻值应大幅度减小并稳定在某一阻值。此阻值越小，说明跨导值越高，管子的性能越好。如果万用表指针向右摆幅很小，说明管子的跨导值较小。
G
D
S
G
D
S
短接
断开
①将G与S间短路线去掉
表笔位置不动将D与G短接一下，再脱开
②万用表置于R×10k挡
MODEL MF 47

图 8-8　判断管子的性能步骤一

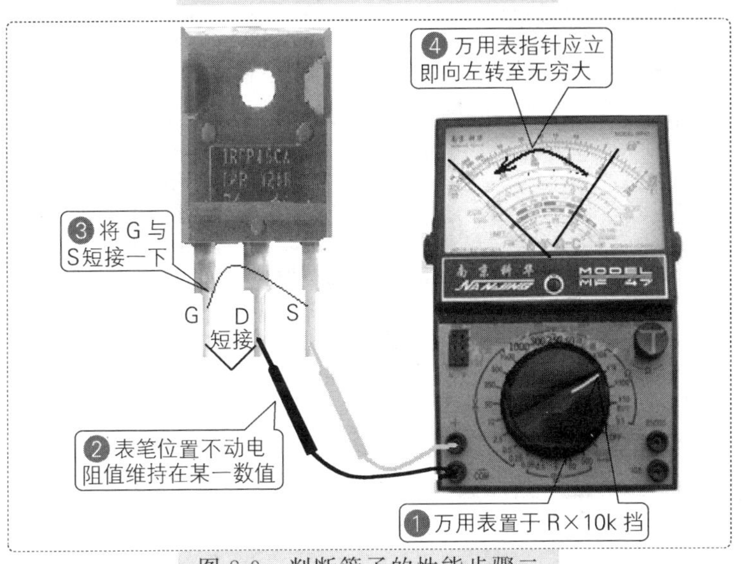
④万用表指针应立即向左转至无穷大
③将G与S短接一下
G
D
S
短接
②表笔位置不动电阻值维持在某一数值
①万用表置于R×10k挡
MODEL MF 47

图 8-9　判断管子的性能步骤二

将N沟道场效应管的栅极G，漏极D，源极S分别插入NPN型的b、c、e孔，此时，屏幕上显示一个数值，这个数值就是管子的跨导。

IPN
PNP
E B C E E B C E

将P沟道场效应管的栅极G，漏极D，源极S分别插入PNP型的b、c、e孔，此时，屏幕上显示一个数值，这个数值就是管子的跨导。

NPN
PNP
E B C E E B C E

图 8-10　检测场效应管的跨导

引脚插错了
显示“0”或“1”
N P N
PNP
E B C E E B C E
极性插错了
显示“0”或“1”
N P N
PNP
E B C E E B C E

图 8-11　检测场效应管的引脚极性

提 示!

数字万用表的电阻挡电流较小，不适合测量场效应管，要使用h_{FE}挡位进行测量。

8.2.2 用万用表检测结型场效应管

① 判别电极及沟道类型。具体方法如图 8-12 所示。

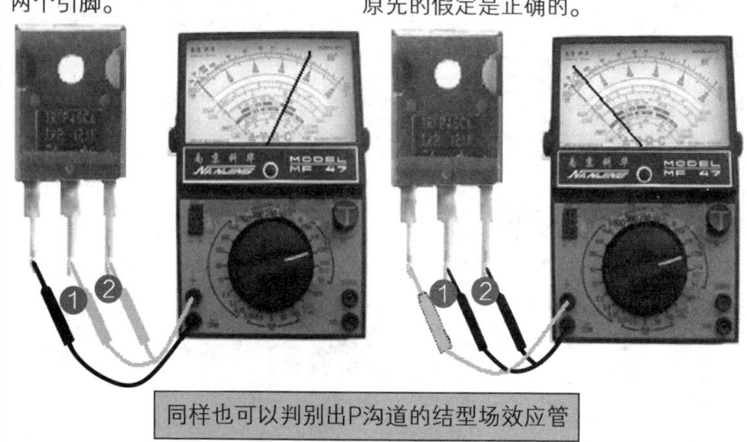
判断引脚极性
1.将万用表置于R×100挡，用黑表笔接触假定的栅极G引脚，然后用红表笔分别接触另两个引脚。
2.若阻值均比较小,再将红、黑表笔交换测量一次。如阻值均很大，属N沟道管，且黑表接触的引脚为栅极G，说明原先的假定是正确的。
MODEL MF 47
1
2
同样也可以判别出P沟道的结型场效应管

图 8-12 判别引脚极性

提 示!

结型场效应管的源极和漏极在结构上具有对称性，源极S和漏极D之间的正反向电阻均相同，正常时为几千欧左右。

通常源极S和漏极D不必再进行区分。

② 检测管子的放大性能。具体方法如图 8-13 所示。

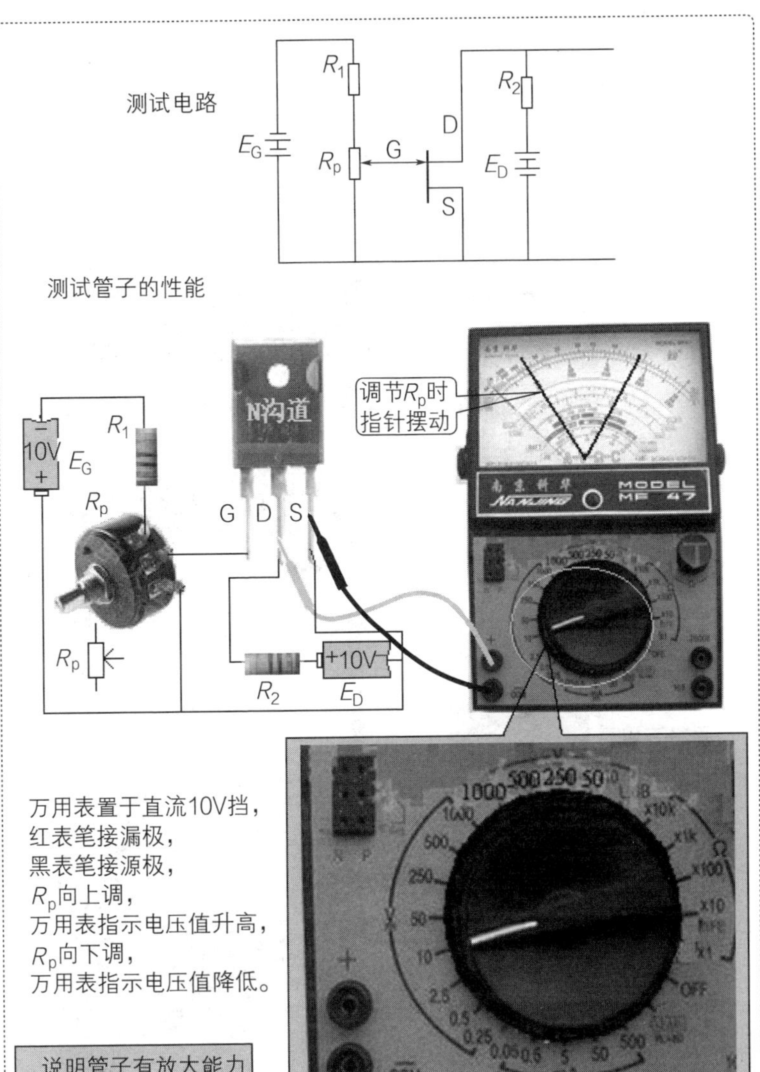
测试电路
R_1
R_2
D
E_G
G
R_p
E_D
S
测试管子的性能
调节R_p时
指针摆动
N沟道
R_1
10V
E_G
R_p
G D S
MODEL MF 47
R_p
+10V
R_2
E_D
万用表置于直流10V挡，
红表笔接漏极，
黑表笔接源极，
R_p向上调，
万用表指示电压值升高，
R_p向下调，
万用表指示电压值降低。
说明管子有放大能力

图 8-13 检测管子的放大性能

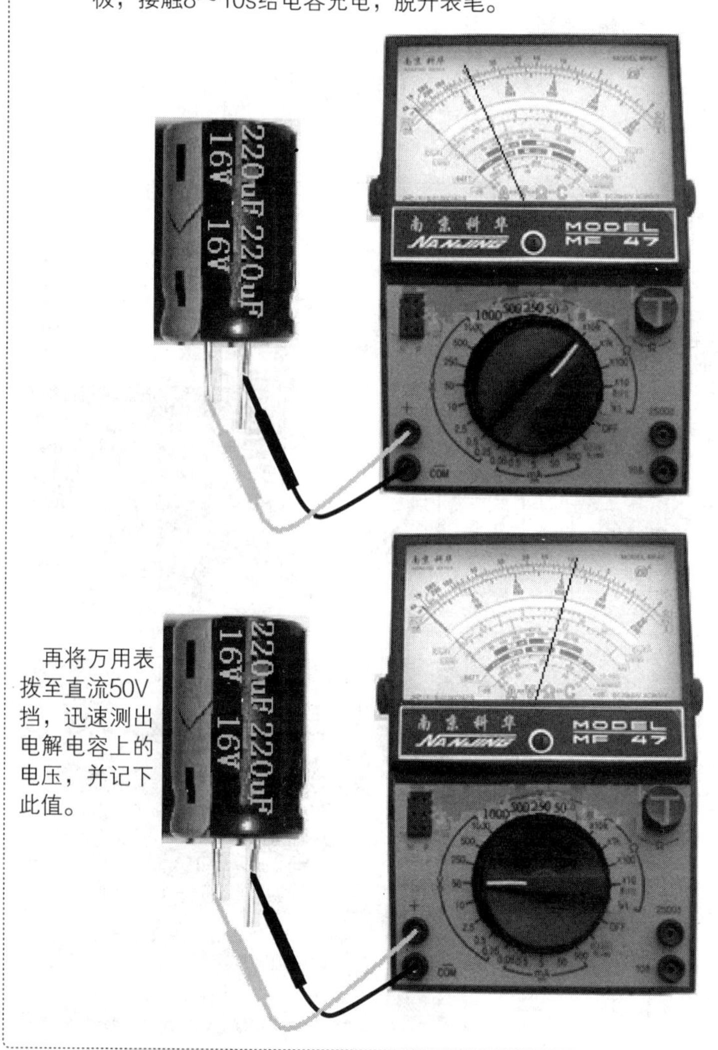
用一只220μF/16V的电解电容。将万用表置于R×10k挡，先将黑表笔接电解电容正极，红表笔接电解电容的负极，接触8～10s给电容充电，脱开表笔。
220uF 16V
MODEL MF 47
再将万用表拨至直流50V挡，迅速测出电解电容上的电压，并记下此值。
220uF 16V
MODEL MF 47

图 8-14　检测场效应管夹断电压步骤一

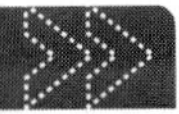

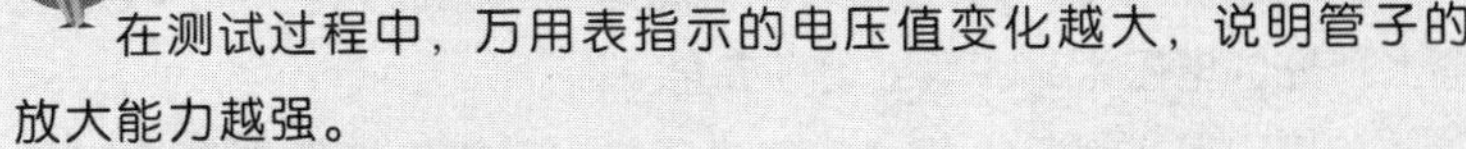

提示！

在测试过程中，万用表指示的电压值变化越大，说明管子的放大能力越强。

如果管子放大能力很小或已经失去放大能力，那么万用表指示变化就不明显或不变化。

③ 检测场效应管夹断电压。以 N 沟道结型场效应管为例，具体方法如下。

第一步 测试前的准备，如图 8-14 所示。

第二步 测试夹断电压如图 8-15。

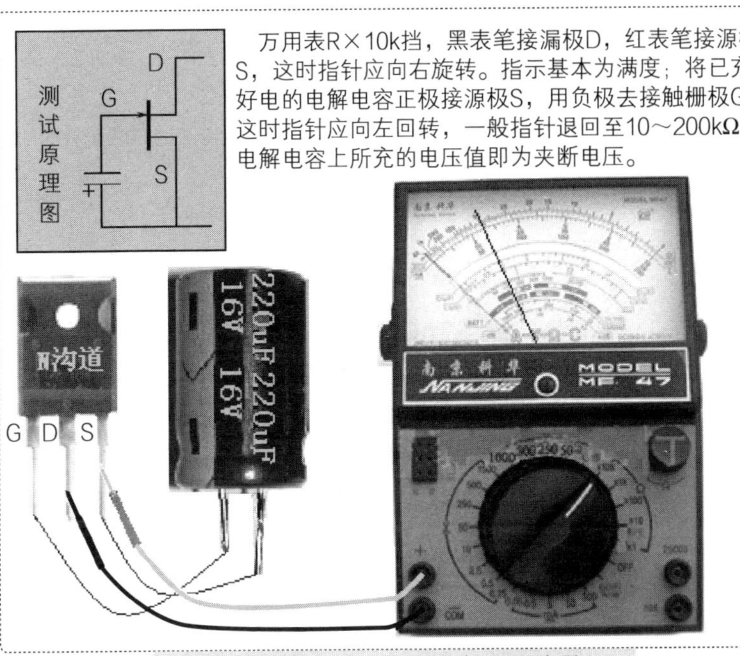
测试原理图
D
G
S
+
万用表R×10k挡，黑表笔接漏极D，红表笔接源极S，这时指针应向右旋转。指示基本为满度；将已充好电的电解电容正极接源极S，用负极去接触栅极G，这时指针应向左回转，一般指针退回至10～200kΩ时，电解电容上所充的电压值即为夹断电压。
N沟道
G D S
220uF 16V
MODEL MF 47

图 8-15 检测场效应管夹断电压步骤二

提 示!

在测试过程中，万用表指针可能退回至无穷大。这是因为电容上所充的电压太高，导致管子完全夹断。

如果出现此情况，要对电容进行放电，放电至使电容接至管子的栅极G和源极S后，测量出的电阻值在10～200kΩ范围内为止。

第9章 使用万用表检测集成电路

9.1 检测集成电路的一般方法

集成电路就是采用特殊工艺，将晶体管、电阻、电容等器件集成制作在一块硅片上，形成具有指定功能的器件。集成电路有各种类型，可分为模拟和数字两种。模拟集成电路主要有运算放大器、

KBL06
AC
LM324N
CHINA
MICROCHIP
LM4766

图 9-1　常见集成电路的几种外形

直流稳压器、功率放大和专用集成电路。数字集成电路主要用来处理和储存数字信号，主要有组合逻辑电路和时序逻辑电路两种。实际工作中经常用到的有 TTL 和 CMOS 两大系列。集成电路有各种封装形式，图 9-1 是常见的几种外形封装。

集成电路的型号一般都印在表面，集成电路有很多引脚，每一个引脚都有固定的功能，使用时必须弄清楚。每一个引脚对地都有一定的阻值，在集成电路的主要技术数据中体现。判断集成电路的好坏有两种方法，其一是直流电阻法，其二是电压法。

① 直流电阻法检测集成电路。在线路板上，集成电路总有一个引脚要接地，我们称之为接地脚。该脚与其他引脚之间有一定的直流电阻。可以使用万用表测量这个电阻值，然后与已知正常同型号集成电路各引脚之间的直流电阻值进行对比，来判断集成电路的好坏。检测过程如图 9-2。

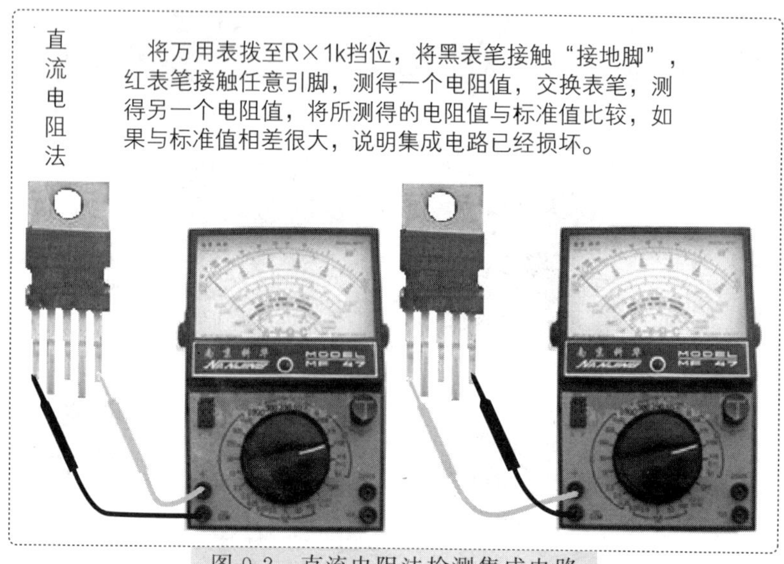
直流电阻法
将万用表拨至R×1k挡位，将黑表笔接触“接地脚”，红表笔接触任意引脚，测得一个电阻值，交换表笔，测得另一个电阻值，将所测得的电阻值与标准值比较，如果与标准值相差很大，说明集成电路已经损坏。
MODEL MF-47

图 9-2　直流电阻法检测集成电路

提示!

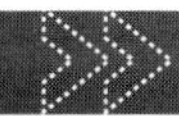

如果在线路板上检测集成电路，必须先断开电源，然后再测量。

在线路板上检测集成电路可不把芯片从电路上拆下来，只需将电压或在路电阻异常的脚与电路断开，再测量该脚与接地脚之间的正、反向电阻值，便可判断其好坏。

② 通电检测集成电路（电压法）。通过万用表检测集成电路在电路中对地交、直流电压及工作电流是否正常，来判断该集成电路是否损坏。这种方法是检测集成电路最常用和实用的方法。电压法分直流电压法和交流电压法两种。

a．直流电压法检测集成电路，如图 9-3 所示。

直流电压法就是在通电情况下，用万用表直流电压挡对直流供电电压、外围元件的工作电压进行测量，检测集成电路各引脚对地直流电压值，并与正常值相比较。

MODEL
MF 47
NANJING

图 9-3　直流电压法检测集成电路

b. 交流电压法就是用万用表交流电压挡对输出交流信号的输出端进行测量。如图 9-4 所示。

检测交流电压时要把万用表挡位拨到“交流挡”，然后检测该脚对电路“地”的交流电压。如果电压异常，则可断开引脚连接，测接线端电压，以判断电压变化是由外围元件引起，还是由集成电路内部引起的。

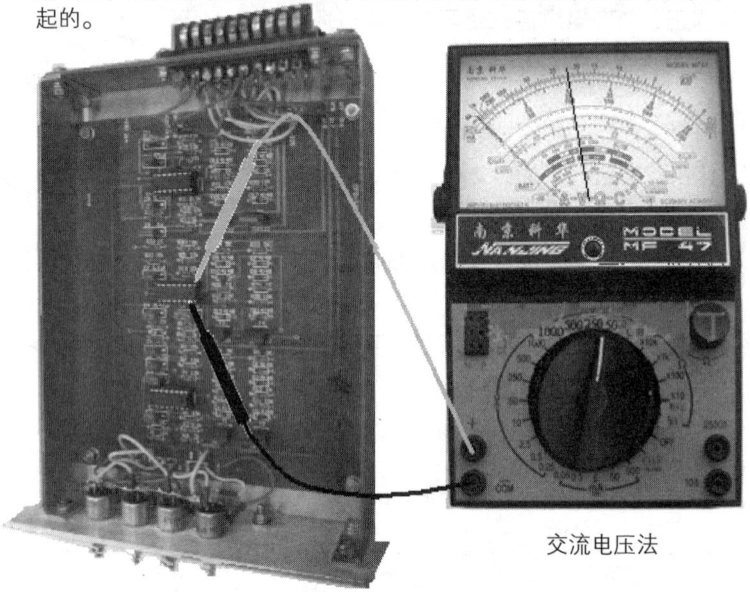

交流电压法

图 9-4　交流电压法检测集成电路

9.2　用万用表检测整流桥

9.2.1　整流桥的特点及主要参数

(1) 整流桥的特点

整流桥是一种有四个（或五个）引出端，能够将交流电变成直流电的器件。小功率的整流桥可直接焊接在电路板上，大功率的整流桥就要使用螺钉紧固。

整流桥有单相整流桥和三相整流桥之分。单相整流桥由四个二极管接成桥式整流电路，并被封装在塑料或金属壳内。电路结构如图 9-5 所示。

KBL06
AC
+
−
~
外形
电路

图 9-5 单相整流桥电路结构

三相整流桥由六个二极管接成桥式整流电路，并被封装在塑料或金属壳内。电路结构如图 9-6 所示。

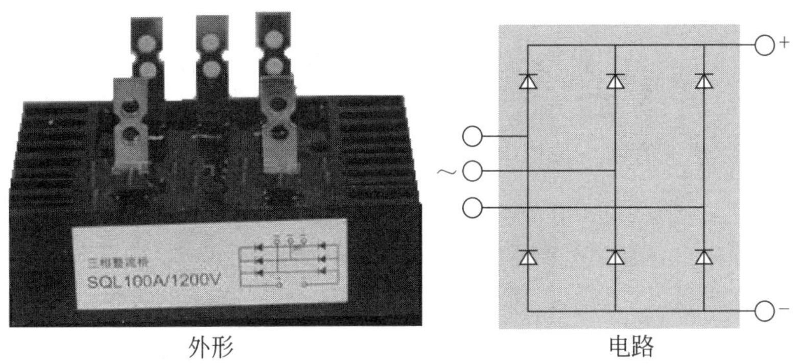
三相整流桥
SQL100A/1200V
+
~
−
外形
电路

图 9-6 三相整流桥电路结构

(2) 主要参数

选择整流桥的主要参数时，可参考二极管的参数，其主要参数有：额定正向整流电流和反向峰值电压。这两个参数一般标注在整流桥的外壳上。如 QL1A100 表示该整流桥的额定正向整流电流值为 1A，反向峰值电压为 100V。如果在整流桥的外壳上标注为 QL2AH，则此整流桥的额定正向整流电流值为 2A，反向峰值电压为 600V。在这种标注中字母“H”表示电压等级。常用字母所代表的电压等级如表 9-1。

表 9-1 整流桥反向峰值电压的字母表示

字母	A	B	C	D	E	F	G	H	I	J	L	M
电压/V	25	50	100	200	300	400	500	600	700	800	900	1000

9.2.2 整流桥的检测

（1）整流桥引脚的判断

一般常用的方法是由引脚排列识别整流桥的极性。整流桥的引脚极性可根据封装形式进行判断。

① 圆柱形封装的整流桥表面上只标注“+”时，对应该符号的引脚就是“+”输出端。与该引脚对面的引脚是“−”输出端，另外两个引脚就是交流输入端。除此标注以外，此类封装的整流桥，“+”输出端的引脚线在四根引脚线中是最长的，如图 9-7 所示。

② 图 9-8 是长方体封装的整流桥引脚排列，输入端和输出端直接标注在表面。长线引脚为“+”输出端。

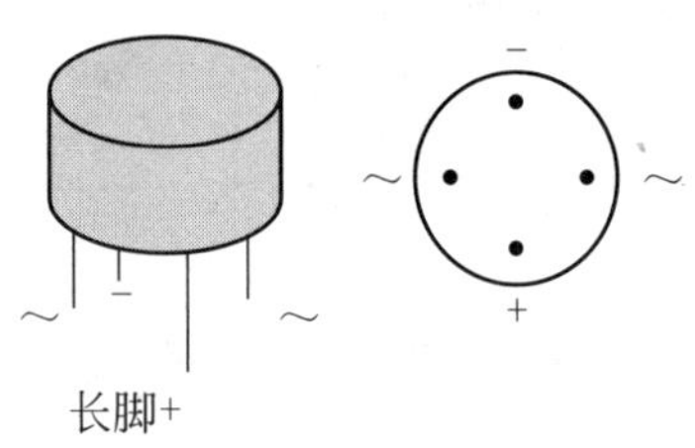
~
−
~
长脚+
−
~
~
+

图 9-7 圆柱形封装的整流桥引脚排列

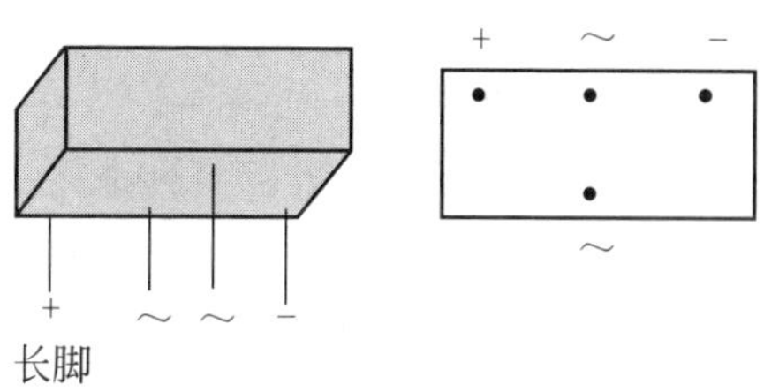
+
～
－
～
+
～
～
－
长脚

图 9-8　长方体封装的整流桥引脚排列

③ 图 9-9 扁形长方体封装的整流桥引脚排列。该封装靠近缺角的电极为“＋”输出端，远离缺角的电极为“－”输出端，中间两个电极为交流输入端。除此以外，还可以根据引脚的长短判断出“＋”，一般来讲引脚线长的为“＋”输出端。

KBL06
AC
+
－
+
～
～
－
～
～
－
长脚 +

图 9-9　扁形长方体封装的整流桥引脚排列

④ 图 9-10 是方形封装的整流桥引脚排列。靠近缺角的电极为“＋”输出端，与其对角的电极为“－”输出端，另外两个电极为

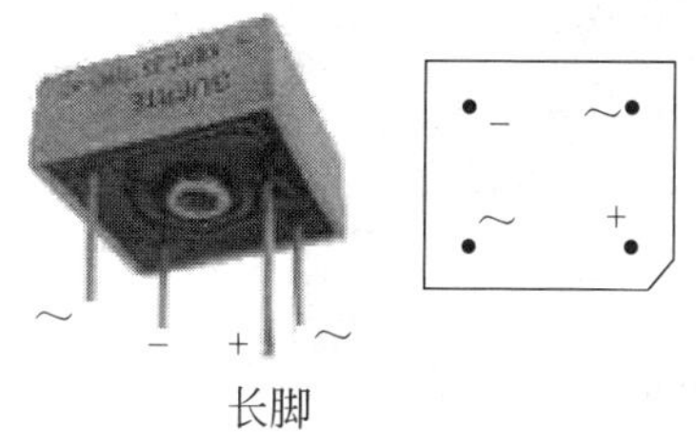
－
～
～
+
～
－
+
～
长脚

图 9-10　方形封装的整流桥引脚排列

交流输入端。除此以外，还可以根据引脚的长短判断出“+”，一般来讲引脚线长的为“+”输出端。

⑤ 图 9-11 是方形大功率单相整流桥引脚排列。此类整流桥的极性标记一般在侧面。如有缺角，则靠近缺角的电极为“+”输出端，与其对角（或远离缺角）的电极为“−”输出端，另外两个电极为交流输入端。

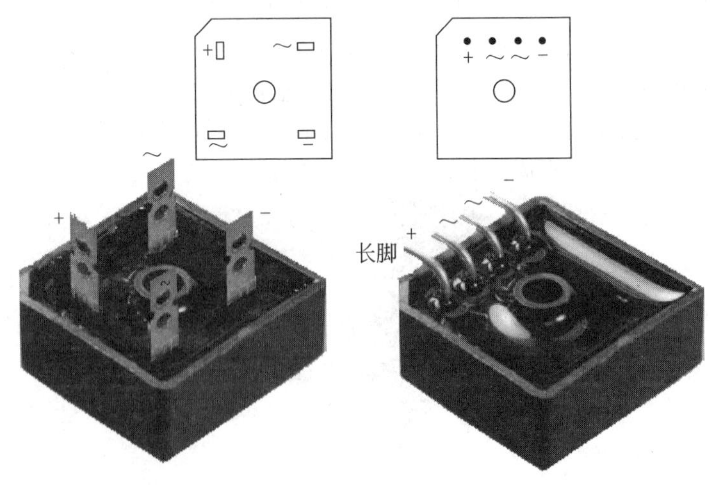
长脚

图 9-11　方形大功率单相整流桥引脚排列

⑥ 图 9-12 是方形大功率三相整流桥引脚排列。三相整流桥的

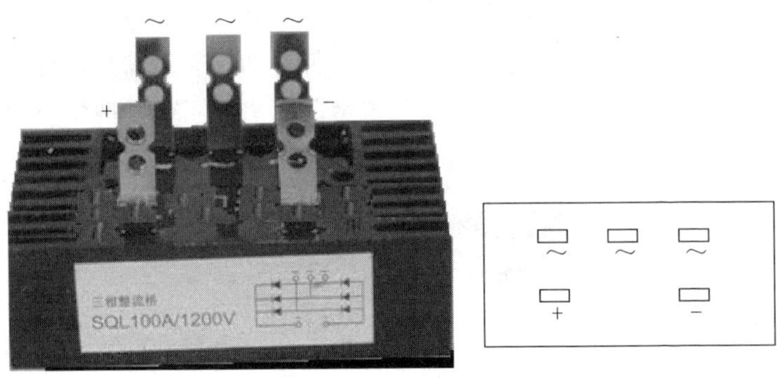
三相整流桥
SQL100A/1200V

图 9-12　方形大功率三相整流桥引脚排列

引脚极性一般也在侧面标出。在一排的三个引脚为交流输入端，引脚朝上，靠近左端的引脚为“+”输出端。

（2）整流桥好坏的检测

对于已经使用或标记模糊不清的整流桥，仅靠外部标记有时很难判断出极性。更重要的是在日常使用中，要判断整流桥的好坏，这时候就必须借助万用表才能做出准确判断。

① 使用万用表判断整流桥的极性。判断整流桥的正极、负极方法如图 9-13 和图 9-14 所示。

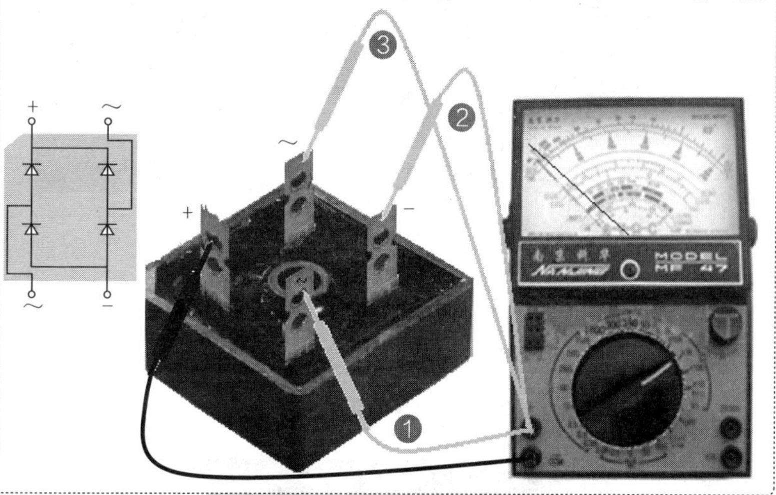
将万用表拨至R×1k挡，黑表笔接触任意一引脚，使用红表笔依次接触另外三个引脚，若所测阻值均为无穷大，则黑表笔所接引脚为“+”输出端。
3
2
1
~
+
−
MODEL
MF 47

图 9-13　判断整流桥的正极

提 示！判别依据

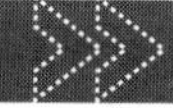

整流桥两个交流输入端的电阻值为无穷大。

直流输入端的正向阻值为10kΩ 左右。

将万用表拨至R×1k挡，黑表笔接触任意一引脚，使用红表笔依次接触另外三个引脚，若三个阻值中有两个比较接近，为几千欧姆，另外一个阻值为10kΩ左右，则黑表笔所接的引脚为“-”输出端。

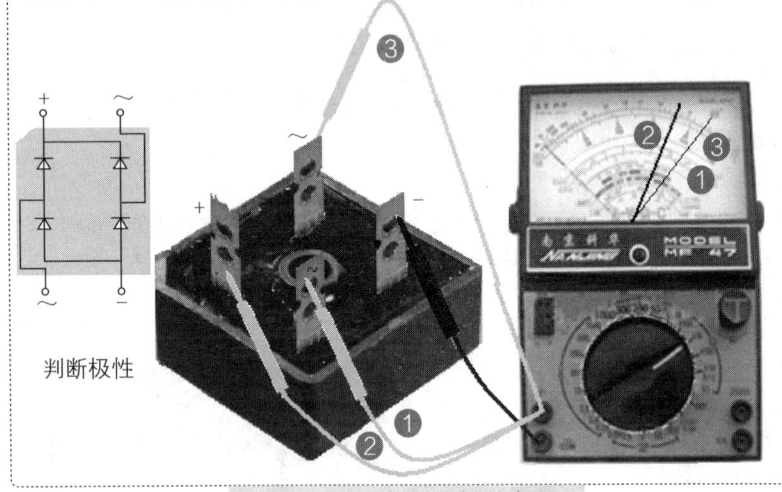
+
~
~
-
判断极性
+
~
-
③
②
③
①
①
②
MODEL
MF 47

图 9-14 判断整流桥的负极

② 使用万用表判断整流桥的好坏

第一步 检测交流输入端的阻值。方法如图 9-15 所示。

第二步 检测直流输出端的阻值。方法如图 9-16 所示。

提 示!

当测得交流输入端两引脚之间的电阻值只有几千欧姆时，说明整流桥中有的二极管已经被击穿。

当测得交流输入端两引脚之间的电阻值不是无穷大时，说明整流桥中有的二极管漏电。

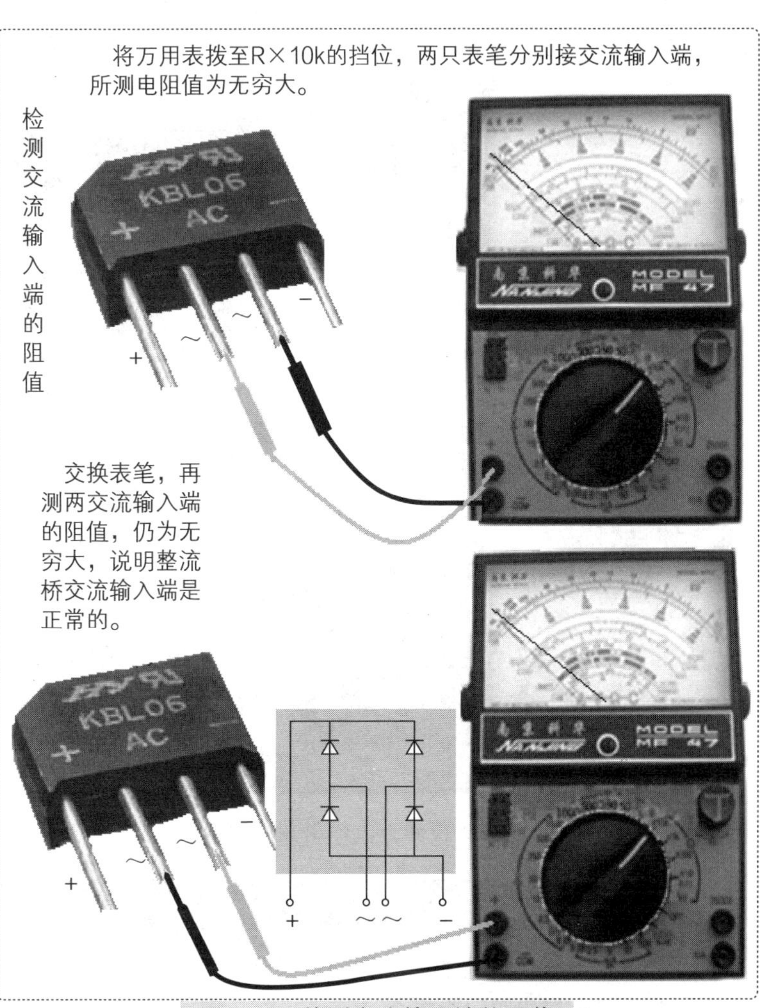
将万用表拨至R×10k的挡位，两只表笔分别接交流输入端，所测电阻值为无穷大。
检测交流输入端的阻值
KBL06
AC
+
～
～
－
MODEL
MF 47
交换表笔，再测两交流输入端的阻值，仍为无穷大，说明整流桥交流输入端是正常的。
+
～～
－

图 9-15 检测交流输入端的阻值

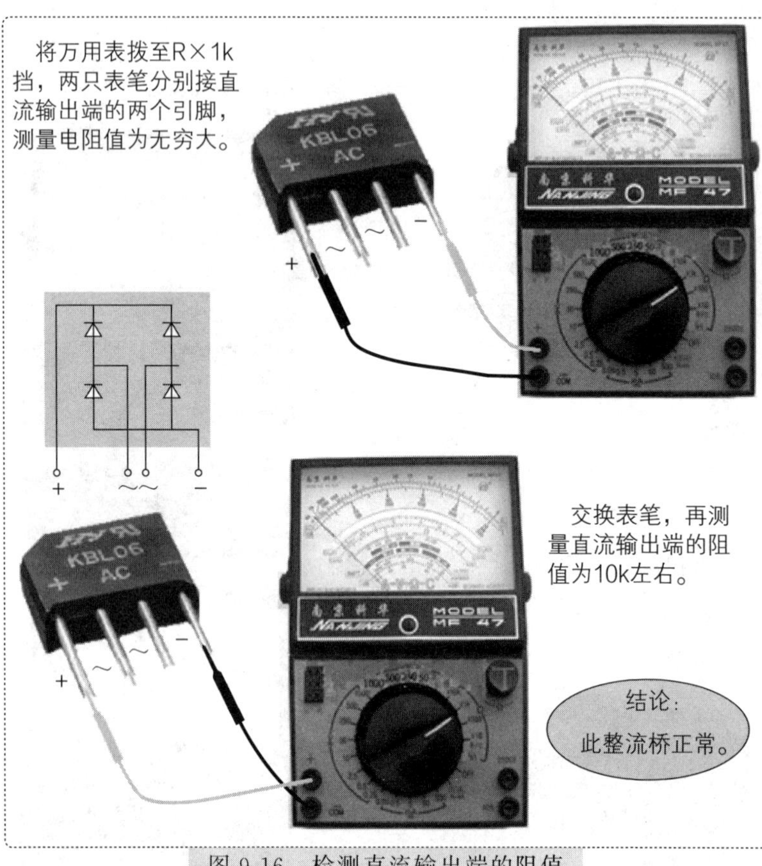
将万用表拨至R×1k挡，两只表笔分别接直流输出端的两个引脚，测量电阻值为无穷大。
KBL06
AC
+
~
~
−
MODEL
MF 47
交换表笔，再测量直流输出端的阻值为10k左右。
结论：
此整流桥正常。

图 9-16　检测直流输出端的阻值

提 示！

当测得直流输出端两引脚之间的正向电阻值小于6kΩ 时，说明整流桥中有的二极管已经损坏。

当测得直流输出端两引脚之间的正向电阻值大于10kΩ 时，说明整流桥中有的二极管可能阻值变大或已开路。

9.3 用万用表检测常用三端稳压器

9.3.1 常用三端稳压器的基础知识

三端集成稳压器是目前广为应用的模拟集成电路，它具有体积小、重量轻、使用方便、可靠性高等优点。三端集成稳压器是将串联型稳压电源中的调整管、基准电压、取样放大、启动和保护电路等全部集成于一块半导体芯片上，其外部有三个引脚，故称为三端集成稳压器。三端集成稳压器可以分为三端固定输出稳压器和三端可调输出稳压器两大类。常用三端集成稳压器外形图如图 9-17 所示。

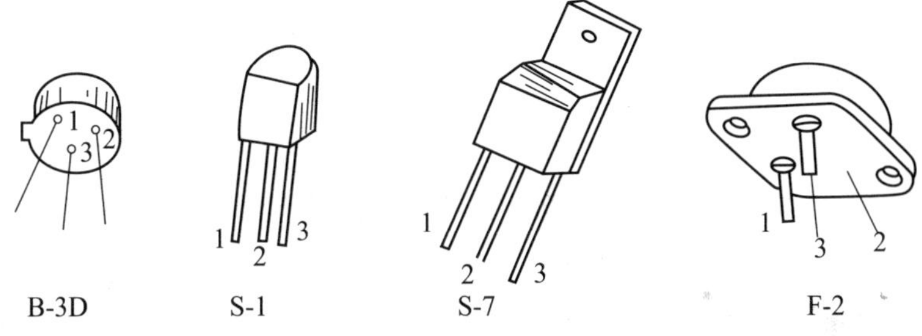
1
3
2
B-3D
1
2
3
S-1
1
2
3
S-7
1
3
2
F-2

图 9-17　三端集成稳压器外形

常用三端固定输出稳压器有正电压输出的 CW78XX 系列和负电压输出的 CW79XX 系列，每个系列均有 9 种输出电压等级：5V、6V、8V、9V、10V、12V、15V、18V、24V。稳压器的输出电压是由其型号的后两位数字表示的，如 CW7805、CW7912 分别表示输出为＋5V 和－12V 的三端固定输出集成稳压器。

可调式三端稳压器，通过调节外接电阻能够在很大范围内连续调节其输出电压，如 CW117/CW217/CW317 和 CW137/CW237/CW337 系列可调式三端稳压器的输出电压可分别在 1.25～37V 和－1.25～－37V 范围内连续调节。

9.3.2 常用三端稳压器的引脚识别

① 常用78××系列三端固定集成稳压器有多种封装，不同的封装形式，其引脚的极性也不同，常用78××系列三端固定集成稳压器的外形及引脚极性如图9-18。78××系列三端固定集成稳压器输出正电源。

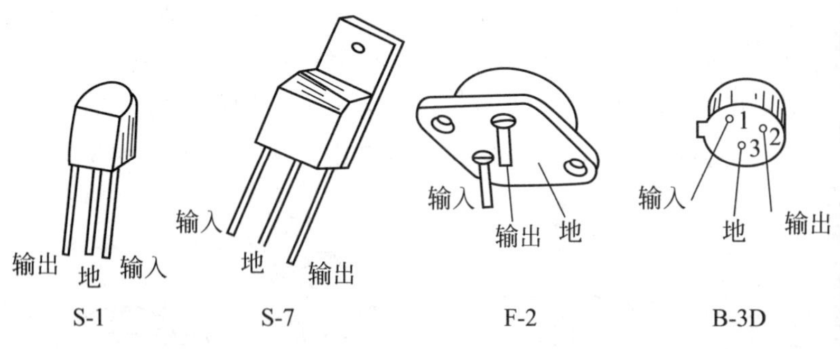
输出
地
输入
S-1
输入
地
输出
S-7
输入
输出
地
F-2
1
2
3
输入
地
输出
B-3D

图9-18 78××系列三端固定集成稳压器的外形及引脚极性

② 常用79××系列三端固定集成稳压器有多种封装，不同的封装形式，其引脚的极性也不同，常用79××系列三端固定集成稳压器的外形及引脚极性如图9-19所示。79××系列三端固定集成稳压器的外形与78××系列相同，但是引脚极性却与78××系列有很大不同，使用时要千万注意，不能用错。79××系列三端固定集成稳压器输出负电源。

③ 三端可调式稳压器有正电压输出和负电压输出两种。它使用方便，只需外接两个电阻，就能得到一定范围内可调的输出电压，而且内部保护齐全。主要参数有：最大输出电压、输出电压、电压调整率、电流调整率、最小负载电流、调整电流、基准电压和工作温度。

三端可调式稳压器不同的封装形式，其引脚极性排列如图9-20。

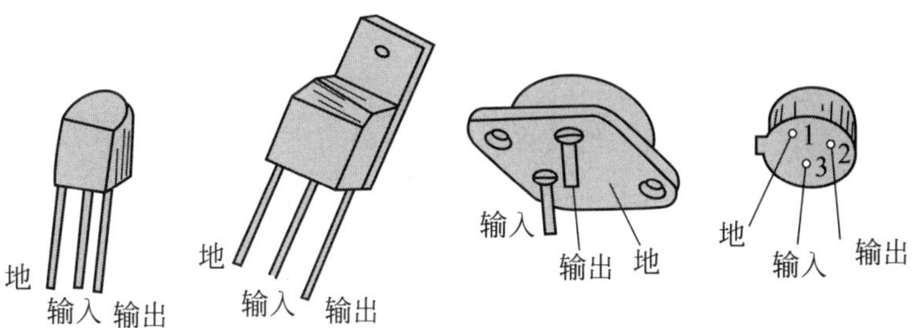
地
输入 输出
地
输入 输出
输入
输出 地
1
2
3
地
输入
输出

图 9-19　79××系列三端固定集成稳压器的外形及引脚极性

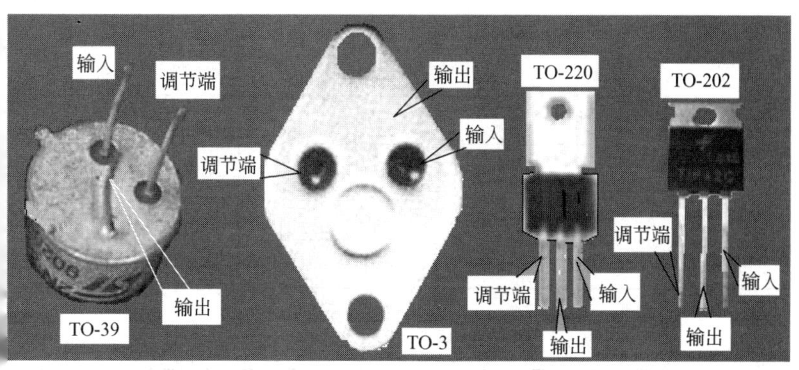
输入
调节端
输出
TO-39
输出
输入
调节端
TO-3
TO-220
调节端
输入
输出
TO-202
调节端
输入
输出

图 9-20　三端可调式稳压器引脚极性排列

提 示!

使用三端可调稳压器时要注意：

• 引脚不能接错；• 满负荷时要加散热片；• 在输入与输出端之间加保护二极管；

• 输入电压不能超出规定范围。

9.3.3 常用三端稳压器的检测

使用万用表有两种方法可以测试三端稳压器，可以粗略判断三端稳压器的好坏。

① 电阻法。使用此方法时，测试之前要知道三端稳压器各引脚之间的正确电阻值。然后将实际测量值与之比较，判断三端稳压器的好坏。使用万用表，按照表 9-2、表 9-3 中的连接方法测量 78、79 系列三端稳压器各引脚之间的电阻值。检测的具体方法如图 9-21。

表 9-2 78××系列各引脚之间的电阻值

序号	黑表笔所接引脚	红表笔所接引脚	正常值
1	输入	地	15～50kΩ
2	输出	地	5～15kΩ
3	地	输入	3～6kΩ
4	地	输出	3～7kΩ
5	输入	输出	30～50kΩ
6	输出	输入	4.5～5.5kΩ

表 9-3 79××系列各引脚之间的电阻值

序号	黑表笔所接引脚	红表笔所接引脚	正常值
1	输入	地	4～5kΩ
2	输出	地	2.5～3.5kΩ
3	地	输入	14.5～16kΩ
4	地	输出	2.5～3.5kΩ
5	输入	输出	4～5kΩ
6	输出	输入	18～22kΩ

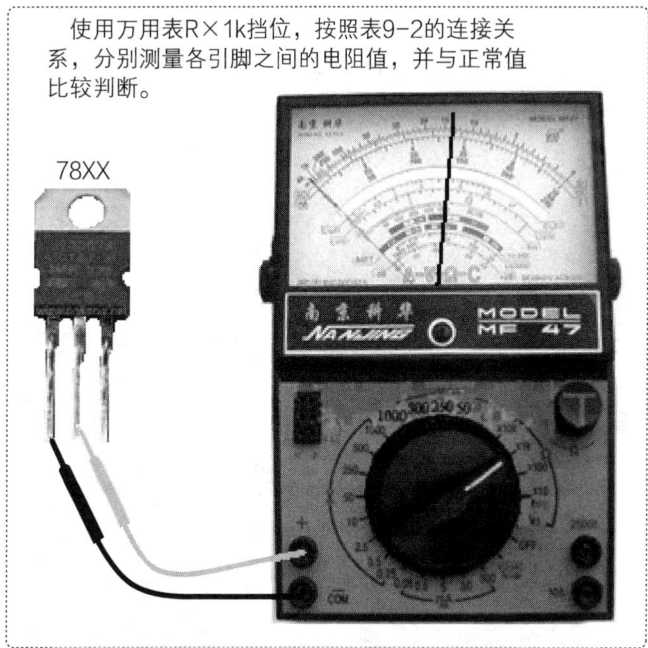
使用万用表R×1k挡位，按照表9-2的连接关系，分别测量各引脚之间的电阻值，并与正常值比较判断。
78XX
MODEL
MF 47
图 9-21　测量三端稳压器各引脚之间的电阻值

提 示!

各生产厂家的产品是有差异的，即使是同一厂家的产品，由于生产批号不同也会存在差异。因此，测量得到的各引脚之间的电阻值与上表中所列数值不大一样。

② 电压法。此种方法简单实用又直观，就是在电路中，通电以后直接测量三端稳压器的输出电压值，看一看是否在标称值的允许范围内，如果符合要求，则说明稳压器是好的。如果超出标称值的±5%，说明稳压器性能不好或已经损坏。图 9-22 是检测 LM7815 的一个实例。

提 示!

• 检测时，必须先测量输入电压。输入电压值不能超过最大必须输入值。

• 输入电压一般比输出电压的标称值至少高3V 。

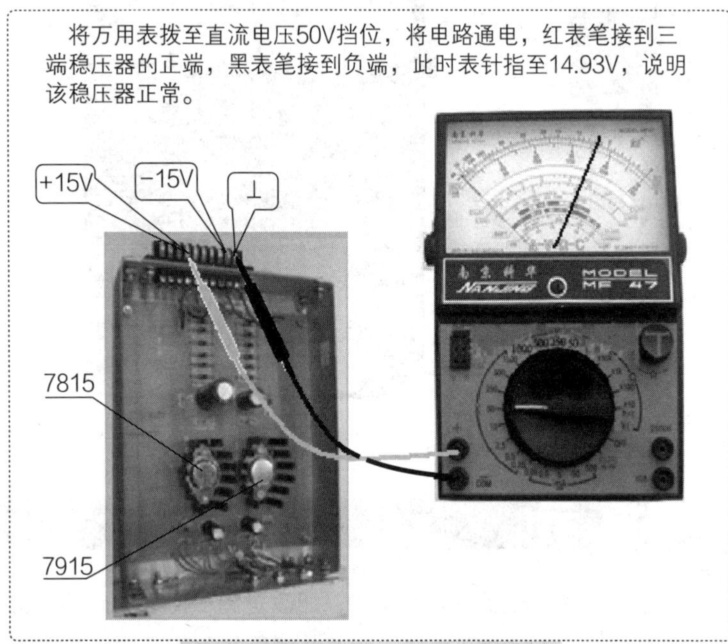
将万用表拨至直流电压50V挡位，将电路通电，红表笔接到三端稳压器的正端，黑表笔接到负端，此时表针指至14.93V，说明该稳压器正常。
+15V
−15V
⊥
7815
7915
MODEL
MF 47

图 9-22　检测 LM7815 的输出电压

9.4　用万用表检测模拟运算放大器

9.4.1　模拟运算放大器的封装形式与引脚识别

以 CM324 为例。

LM324 为四运放集成电路，采用 14 脚双列直插塑料封装。内部有四个运算放大器，除电源共用外，四组运放相互独立。每一组运算放大器可用如图 9-30 所示的符号来表示，它是一个 5 端引脚的器件，有 2 个电源输入端，用 $+V_S$ 和 $-V_S$ 表示，2 个输入端 V_{IN}，用“+”和“−”表示，1 个输出端 V_{OUT}。“+”输入端 V_{IN} 称为同相端，“−”输入端 V_{IN} 称为反相端。当信号从同相端输入时，输出端的输出信号与输入端的信号极性相同，而输入信号如果是从反相端输入的，则输出端的输出信号与输入端的信号极性相反，即正（或负）信号从同相端输入时，输出的信号仍然为正（或负）；正（或负）信号从反相端输入时，输出的信号则为负（或正）。

LM324 工作电压范围宽，可用正电源 3～30V，或正负双电 ±1.5～±15V 工作。它的输入电压可低到地电位，而输出电压范围为 0V 到电源电压。LM324 引脚排列如图 9-23。由于 LM324 运放电路具有电源电压范围宽、静态功耗小、可单电源使用、价格低廉等特点，因此被非常广泛的应用在各种电路中。

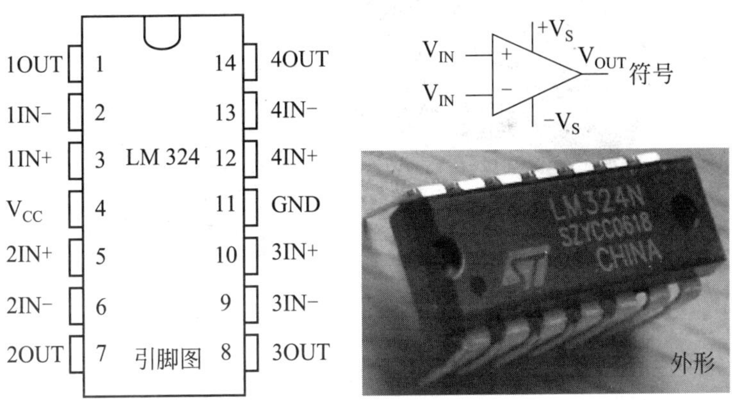
1OUT 1
1IN− 2
1IN+ 3
VCC 4
2IN+ 5
2IN− 6
2OUT 7
LM 324
引脚图
14 4OUT
13 4IN−
12 4IN+
11 GND
10 3IN+
9 3IN−
8 3OUT
+VS
VIN +
VIN −
VOUT
符号
−VS
LM324N
SZYCC0618
CHINA
外形

图 9-23 LM324 引脚排列

9.4.2 常用模拟运算放大器 LM324 的检测

① 使用万用表测量 LM324 引脚间电阻值。用万用表电阻挡分别

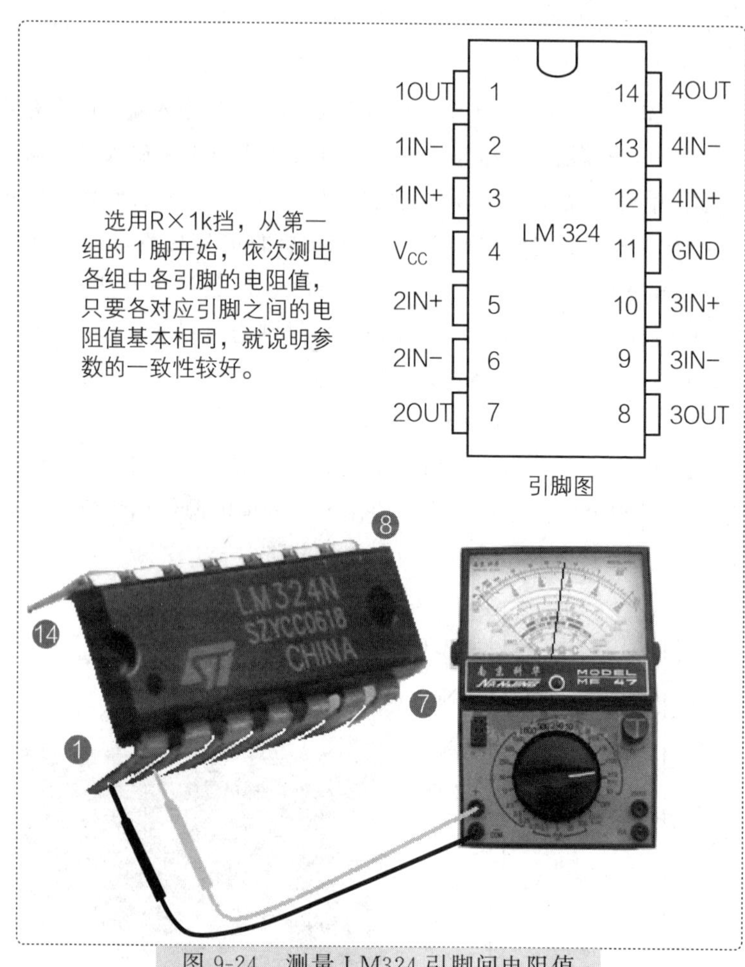
选用R×1k挡，从第一组的1脚开始，依次测出各组中各引脚的电阻值，只要各对应引脚之间的电阻值基本相同，就说明参数的一致性较好。
1OUT
1IN−
1IN+
V_{CC}
2IN+
2IN−
2OUT
1
2
3
4
5
6
7
LM 324
14
13
12
11
10
9
8
4OUT
4IN−
4IN+
GND
3IN+
3IN−
3OUT
引脚图
LM324N
SZYCC0618
CHINA
8
14
7
1
MODEL
ME 47

图 9-24 测量 LM324 引脚间电阻值

测出 LM324 的各运放引脚的电阻值，不仅可以判断运放的好坏，而且还可以检查内部各运放参数的一致性。测量方法如图 9-24 所示。表 9-4 是实测的 LM324 一组运放各引脚间的正常电阻值。检测时可照参考对此数值，对 LM324 的好坏及性能进行判断。

表 9-4 LM324 一组运放各引脚间的正常电阻值

序号	黑表笔	红表笔	正常阻值
1	地	正电源输入端	4.5～6.5kΩ
2	正电源输入端	地	16～17.5kΩ
3	输出端	正电源输入端	21kΩ
4	输出端	地	59～65kΩ
5	正电源输入端	同相输入端	51kΩ
6	正电源输入端	反相输入端	56kΩ

② 检测放大能力。方法如图 9-25 所示。

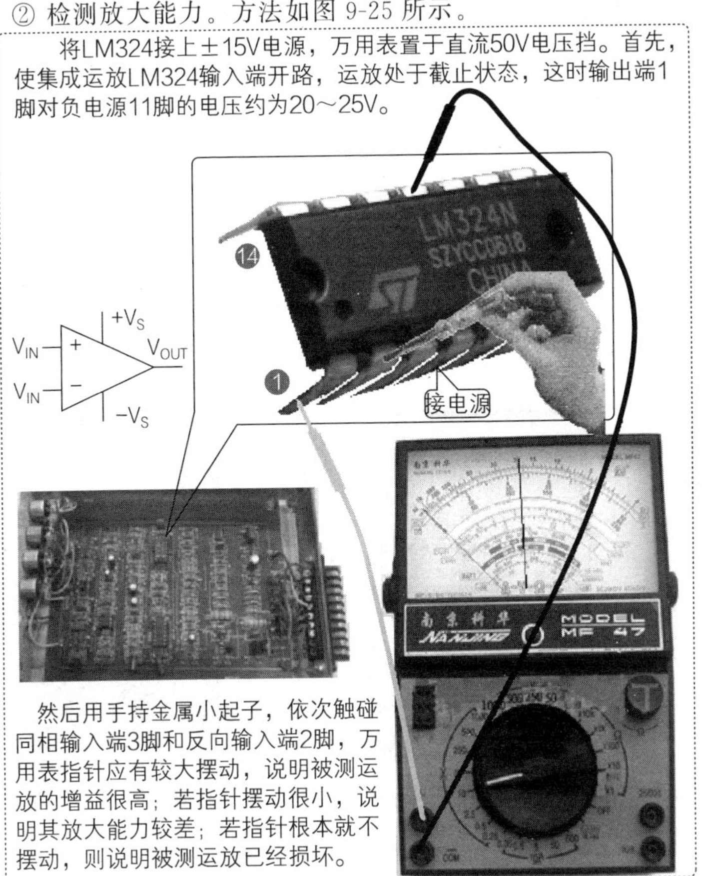
将LM324接上±15V电源，万用表置于直流50V电压挡。首先，使集成运放LM324输入端开路，运放处于截止状态，这时输出端1脚对负电源11脚的电压约为20～25V。
LM324N
SZYCC0518
CHINA
14
1
接电源
+VS
VIN
VIN
+
−
VOUT
−VS
MODEL
MF 47
然后用手持金属小起子，依次触碰同相输入端3脚和反向输入端2脚，万用表指针应有较大摆动，说明被测运放的增益很高；若指针摆动很小，说明其放大能力较差；若指针根本就不摆动，则说明被测运放已经损坏。

图 9-25 检测 LM324 的放大能力

9.5 用万用表检测光电耦合器

① 用万用表检测光电耦合器引脚阻值，判断它是否损坏。测量输入端的正反向电阻，如图 9-26 所示。

提示!

检查时，要注意不能使用R×10k 挡，因为发光二极管工作电压一般在1.5～2.3V，而R×10k 挡电池电压为9～15V，会导致发光二极管击穿。

用R×100或R×1k挡测量输入端的正向电阻，通常正向电阻为几百欧。

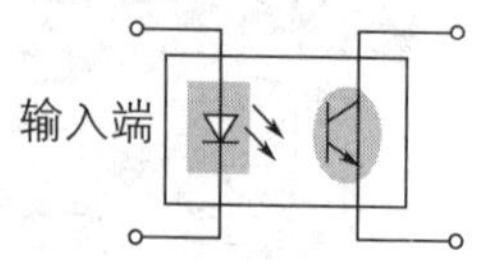
输入端

用R×100或R×1k挡测量输入端的反向电阻，反向电阻为几千欧或几十千欧。

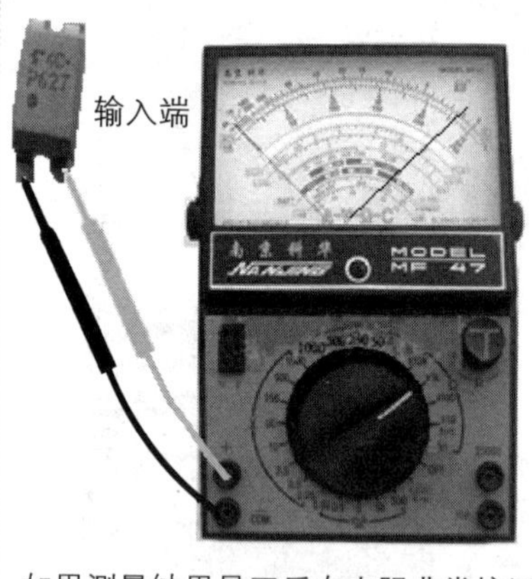
输入端
MODEL
MF 47

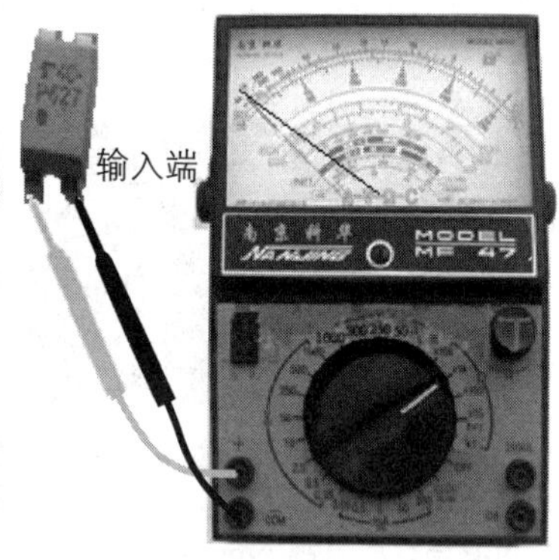
输入端
MODEL
MF 47

如果测量结果是正反向电阻非常接近，表明发光二极管性能欠佳或已损坏。

图 9-26 测量输入端的正反向电阻

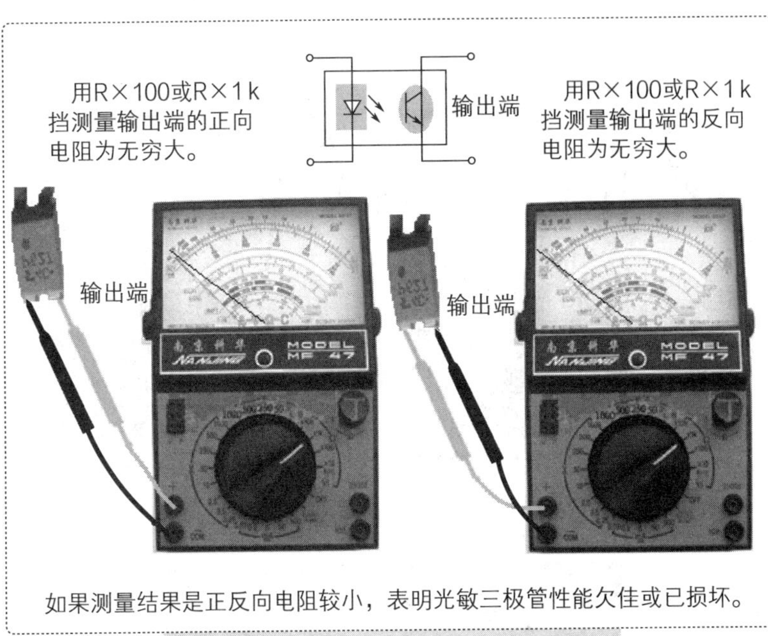
用R×100或R×1k挡测量输出端的正向电阻为无穷大。
输出端
用R×100或R×1k挡测量输出端的反向电阻为无穷大。
输出端
MODEL MF 47
输出端
MODEL MF 47
如果测量结果是正反向电阻较小，表明光敏三极管性能欠佳或已损坏。

图 9-27 测量输出端的正、反向电阻

② 测量输出端的集电结与发射结的正、反向电阻。方法如图 9-27所示。

③ 检测输入端与输出端的绝缘电阻，应为无穷大。方法如图 9-28所示。

④ 判断输出端的极性。方法如图 9-29 所示。

上述发光二极管或光敏三极管只要有一个元件损坏，或者它们之间绝缘不良，则该光电耦合器不能正常使用。

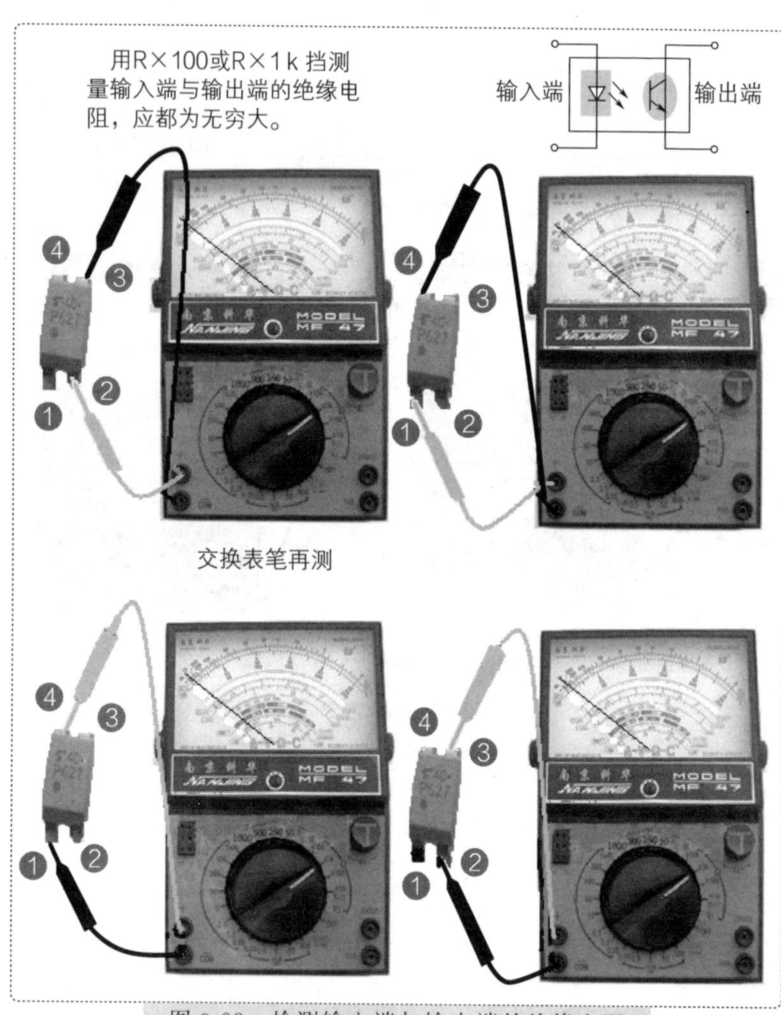
用R×100或R×1k挡测量输入端与输出端的绝缘电阻，应都为无穷大。
输入端
输出端
④
③
②
①
MODEL
MF 47
交换表笔再测

图 9-28　检测输入端与输出端的绝缘电阻

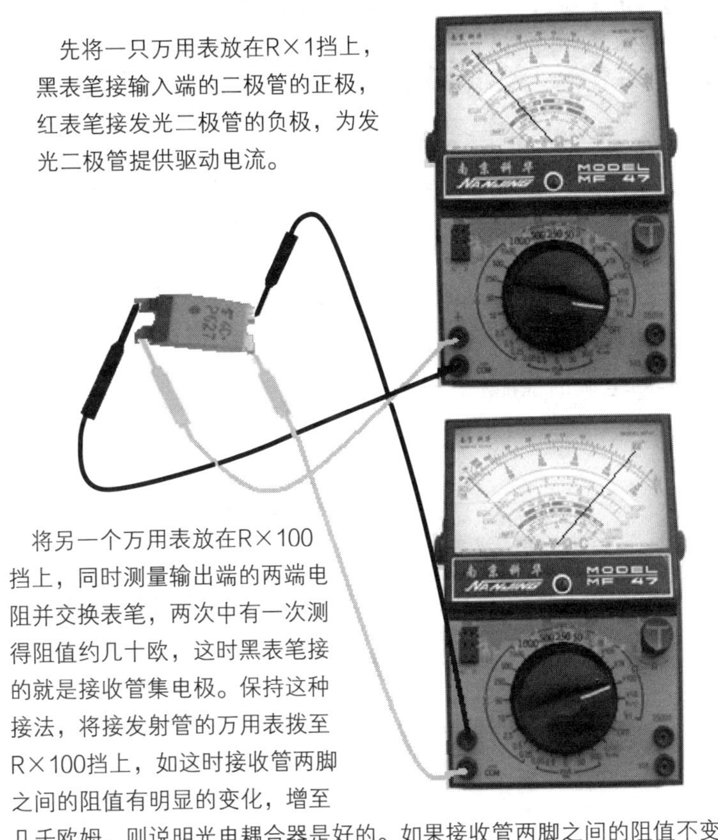
先将一只万用表放在R×1挡上，黑表笔接输入端的二极管的正极，红表笔接发光二极管的负极，为发光二极管提供驱动电流。
MODEL MF 47
MODEL MF 47
将另一个万用表放在R×100挡上，同时测量输出端的两端电阻并交换表笔，两次中有一次测得阻值约几十欧，这时黑表笔接的就是接收管集电极。保持这种接法，将接发射管的万用表拨至R×100挡上，如这时接收管两脚之间的阻值有明显的变化，增至几千欧姆，则说明光电耦合器是好的。如果接收管两脚之间的阻值不变或变化不大，则说明光电耦合器损坏。

图 9-29　判断输出端的极性

第10章 使用万用表检测基本电量和电路

10.1 检测直流电源电路

图 10-1 是简单直流电源原理图。在装配调试和使用过程中，可使用万用表对其输入电压、输出电压及电路中的各点数值进行检测，以判断电源的性能和工作状况。

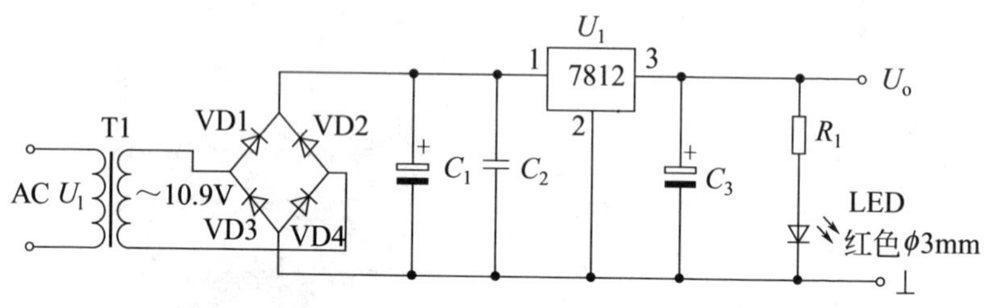

U1
1
7812
3
2
Uo
T1
VD1
VD2
AC U1
~10.9V
VD3
VD4
C1
C2
C3
R1
LED
红色φ3mm

图 10-1　简单直流电源原理

① 静态检测。静态检测主要是对线路中主要元器件阻值的测量。在检测过程中，如果是在线检测，所测得数值只能作参考，不能作为判断线路好与坏的的唯一依据。如果要准确判断，就必须选择合适的点断开相关的器件，进行离线检测，以最后确定线路的状态。使用万用表检测直流电源电路静态数值如图 10-2 所示。

② 通电检测。通电检测是快速、准确判断直流电源的状态的最好方法。如图 10-3 所示。

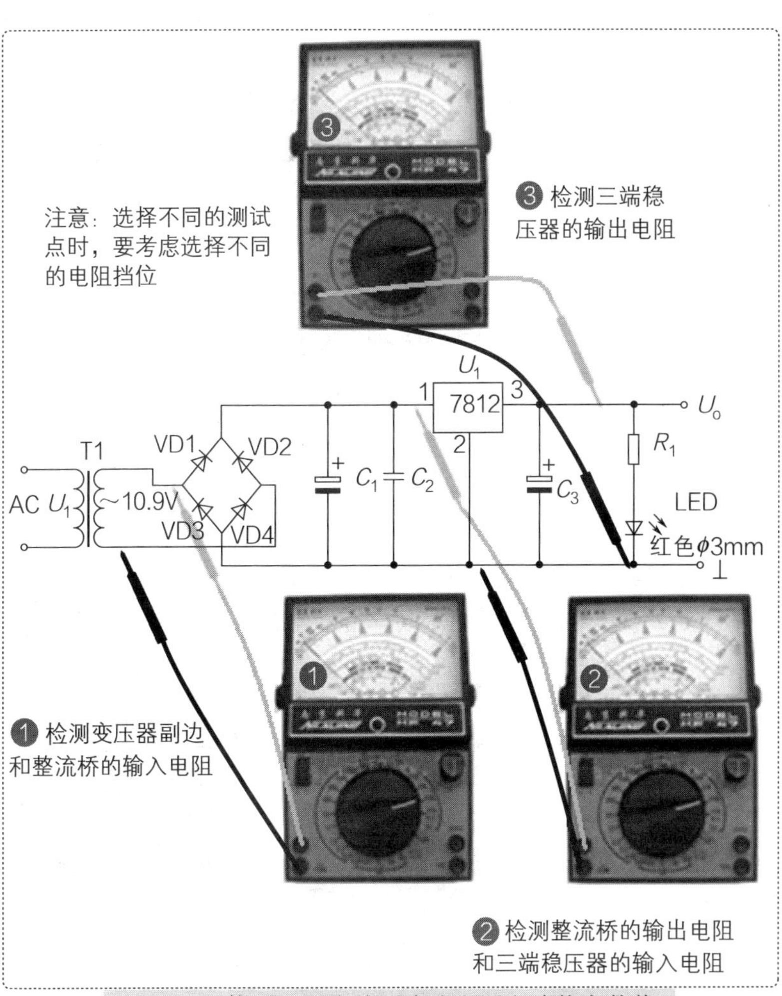
③
③ 检测三端稳压器的输出电阻
注意：选择不同的测试点时，要考虑选择不同的电阻挡位
U_1
1
7812
3
2
U_o
T1
VD1
VD2
VD3
VD4
AC U_1
~10.9V
C_1
C_2
C_3
R_1
LED
红色φ3mm
①
②
① 检测变压器副边和整流桥的输入电阻
② 检测整流桥的输出电阻和三端稳压器的输入电阻

图 10-2 使用万用表检测直流电源电路静态数值

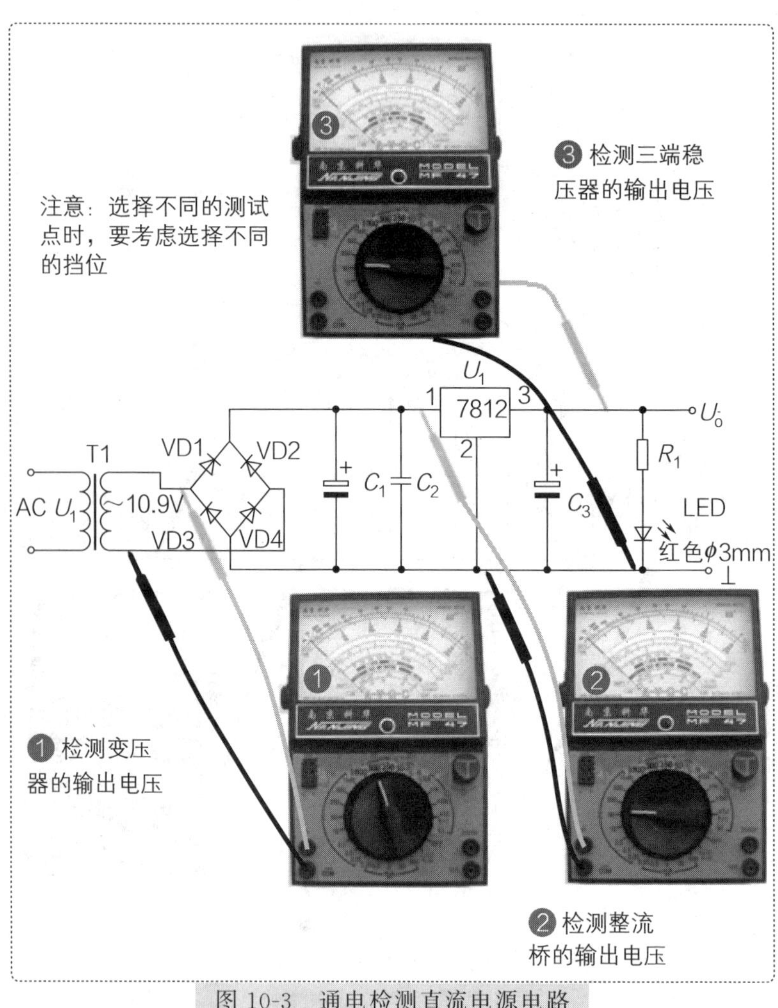
3
检测三端稳压器的输出电压
注意：选择不同的测试点时，要考虑选择不同的挡位
U1
7812
1
3
2
Uo
R1
LED
红色φ3mm
T1
VD1
VD2
VD3
VD4
AC U1
~10.9V
C1
C2
C3
1
检测变压器的输出电压
2
检测整流桥的输出电压
MODEL MF 47

图 10-3　通电检测直流电源电路

10.2 万用表在机电控制电路检修中的应用

10.2.1 使用万用表检测电动机控制电路

图 10-4 是交流电动机典型控制电路。对于此类电路，不论是在运行检查，还是故障检修中，万用表是最常使用的仪表。下面以此电路的检修为例，介绍万用表在检修过程中的应用。

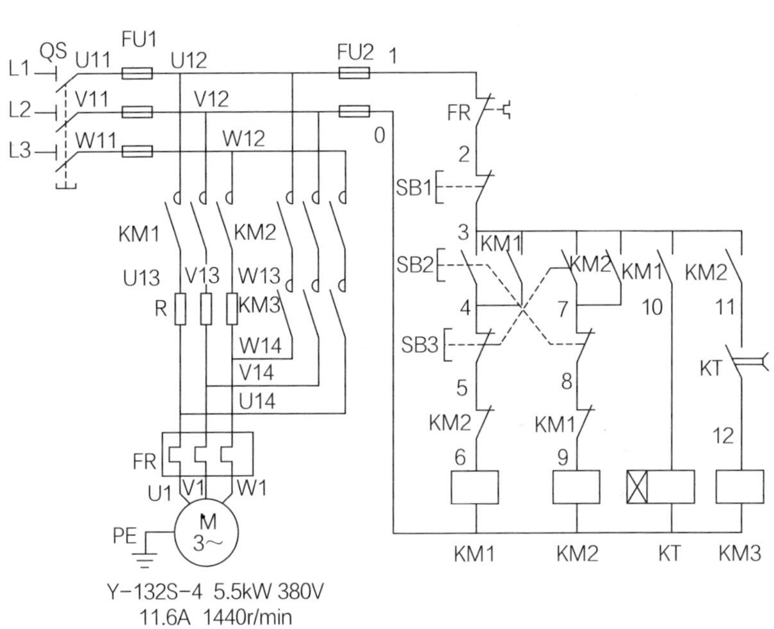
L1
L2
L3
QS
U11
V11
W11
FU1
U12
V12
W12
FU2
1
0
FR
2
SB1
3
KM1
SB2
KM2
KM1
KM2
4
7
10
11
SB3
KT
5
8
KM2
KM1
12
6
9
KM1
KM2
KT
KM3
U13
V13
W13
R
KM3
W14
V14
U14
FR
U1
V1
W1
M
3~
PE
Y-132S-4 5.5kW 380V
11.6A 1440r/min

图 10-4 正反转串电阻降压气动控制电路

电气线路的故障现象虽多种多样，但一般可归纳为开路、短路、接地三类现象，而每一类又可分为三种情况：接触良好的故障（即完全的开路、短路、接地）；存在接触电阻或虚连接的故障；不稳定、存在时通时断的故障。

电气线路检修一般分为4个阶段：调查阶段、电路逻辑分析阶段、断电检查阶段和通电检查阶段，根据调查结果，参阅电气原理图及有关技术说明进行电路分析，大概估计有可能产生故障的部位是主电路还是控制电路，是交流电路还是直流电路。通过分析缩小故障范围，达到迅速找出故障点并予以排除。

断电检查时，应先断开电源，必要时取下熔体。在确保安全的情况下，根据故障性质不同和可能产生故障的部位，进行故障检查。

通电检查时，一般按先易后难，一部分一部分地进行下去。而每次通电检查的部位、范围不要太大，范围越小，故障越明显。其顺序：先检查控制电路，后检查主电路；先检查辅助系统，后检查传动系统；先检查控制系统后检查调整系统；先检查交流系统，后检查直流系统；先检查重点怀疑部位，后检查一般部位。

（1）电压法

电压法是在交流电动机控制线路检修过程中，使用万用表测量线路的通断情况和测量电路中某点的电压数值，以此找出或判断故障点。电压法是在带电情况下进行检修，检修时要把万用表扳到交流500V。

① 分阶测量法。分阶测量法实际上是在线圈两端进行测量。电压分阶测量法如图10-5所示。这种测量方法像上台阶一样，所以叫分阶测量法。

② 分段测量法。电压分段测量法如图10-6所示。

（2）电阻测量法

就是在断电情况下进行检修，检修时较安全，但有时容易产生误判断。电阻测量法也有两种方法。

① 电阻分阶测量法：电阻分阶测量法如图10-7所示。

② 电阻分段测量法：电阻分段测量法如图10-8所示。

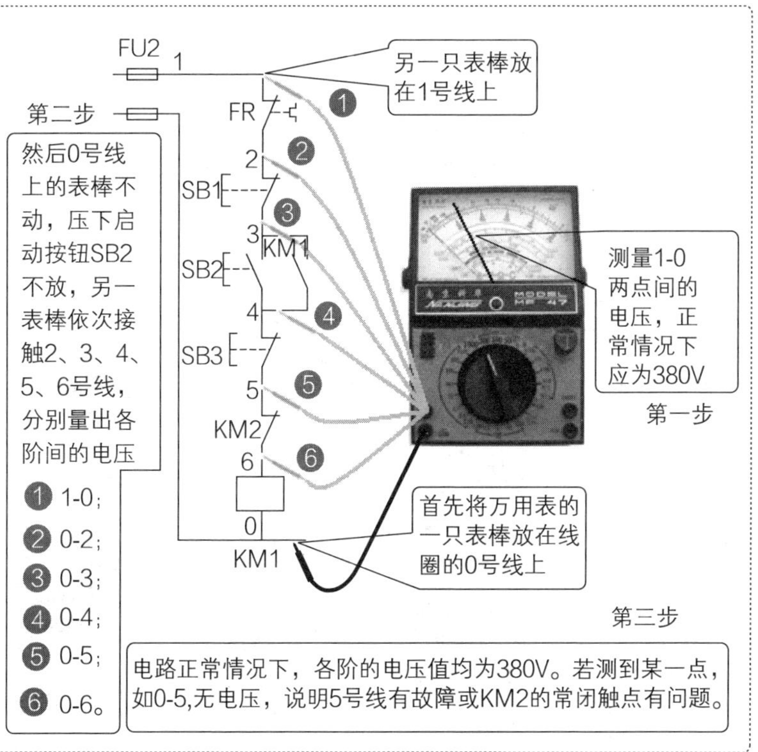
FU2
1
另一只表棒放在1号线上
第二步
FR
然后0号线上的表棒不动，压下启动按钮SB2不放，另一表棒依次接触2、3、4、5、6号线，分别量出各阶间的电压
2
SB1
3
KM1
SB2
4
SB3
5
KM2
6
0
KM1
测量1-0两点间的电压，正常情况下应为380V
第一步
首先将万用表的一只表棒放在线圈的0号线上
① 1-0；
② 0-2；
③ 0-3；
④ 0-4；
⑤ 0-5；
⑥ 0-6。
第三步
电路正常情况下，各阶的电压值均为380V。若测到某一点，如0-5,无电压，说明5号线有故障或KM2的常闭触点有问题。

图 10-5 电压分阶测量法示意图

提示!

电压表检查断路故障应注意：

• 熟悉电气原理图、搞清线路走向、元件的位置，测量时要核对导线标号，防止出错。

• 测量用的导线绝缘一定要良好，线路裸线段要尽量短，防止线路短路而造成故障。

首先测量1-10两点间的电压，正常情况下应为380V。用万用表的两端逐段测量相邻两号间的电压。当电压正常时，按下启动按钮SB2后，除6-0两点间的电压为380V外，其他任何相邻两点间的电压值都为零。若测量到某相邻两点间的电压为380V，说明这两点间有断路故障。

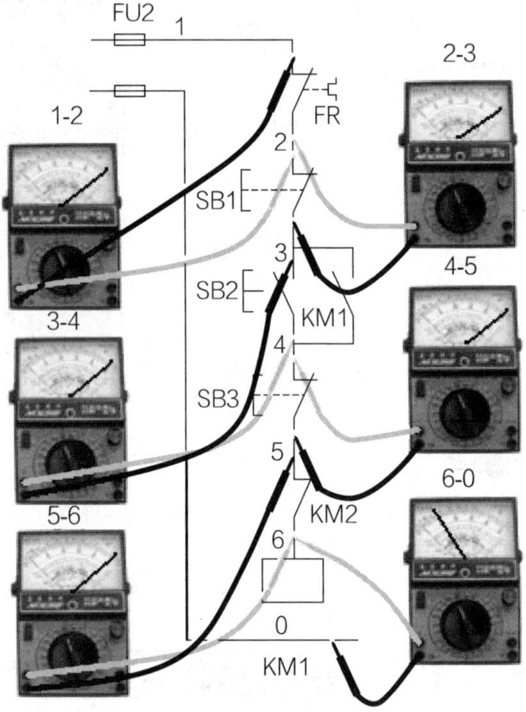

FU2
1
2-3
FR
1-2
2
SB1
3
4-5
SB2
KM1
3-4
4
SB3
5
6-0
KM2
5-6
6
0
KM1

图 10-6　电压分段测量法示意图

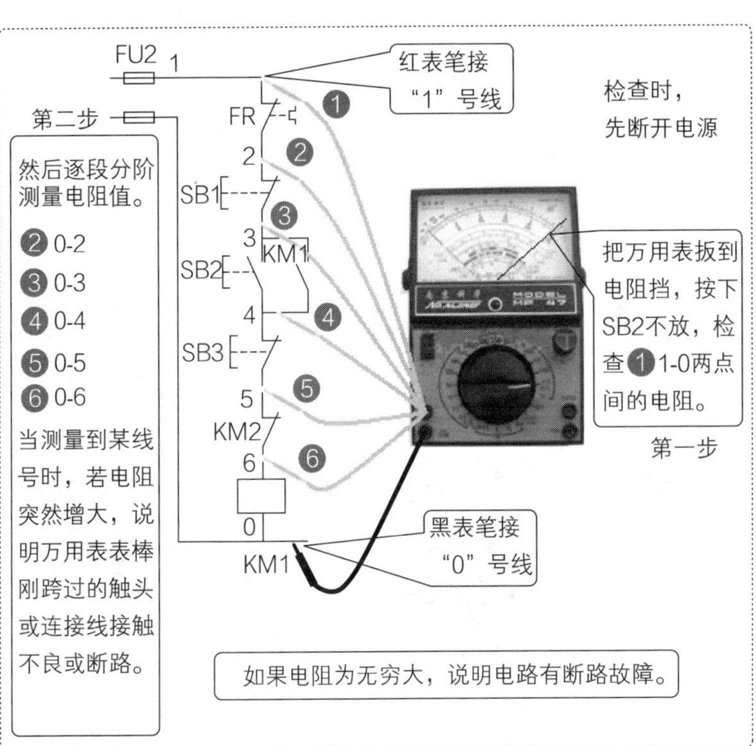
FU2
1
红表笔接
“1”号线
检查时，
先断开电源
第二步
FR
2
SB1
3
KM1
SB2
4
SB3
5
KM2
6
0
KM1
然后逐段分阶
测量电阻值。
❷ 0-2
❸ 0-3
❹ 0-4
❺ 0-5
❻ 0-6
当测量到某线
号时，若电阻
突然增大，说
明万用表表棒
刚跨过的触头
或连接线接触
不良或断路。
把万用表扳到
电阻挡，按下
SB2不放，检
查❶1-0两点
间的电阻。
第一步
黑表笔接
“0”号线
如果电阻为无穷大，说明电路有断路故障。

图 10-7 电阻分阶测量法示意图

检查时，先切断电源，按下启动按钮SB2，然后逐段测量相邻两线号点1-2、2-3、3-4、4-5、5-6的电阻。如测得某两点间电阻很大。说明该触头接触不良或导线断路。例如测得2-3两点间电阻很大时，说明停止按钮SB1接触不良。

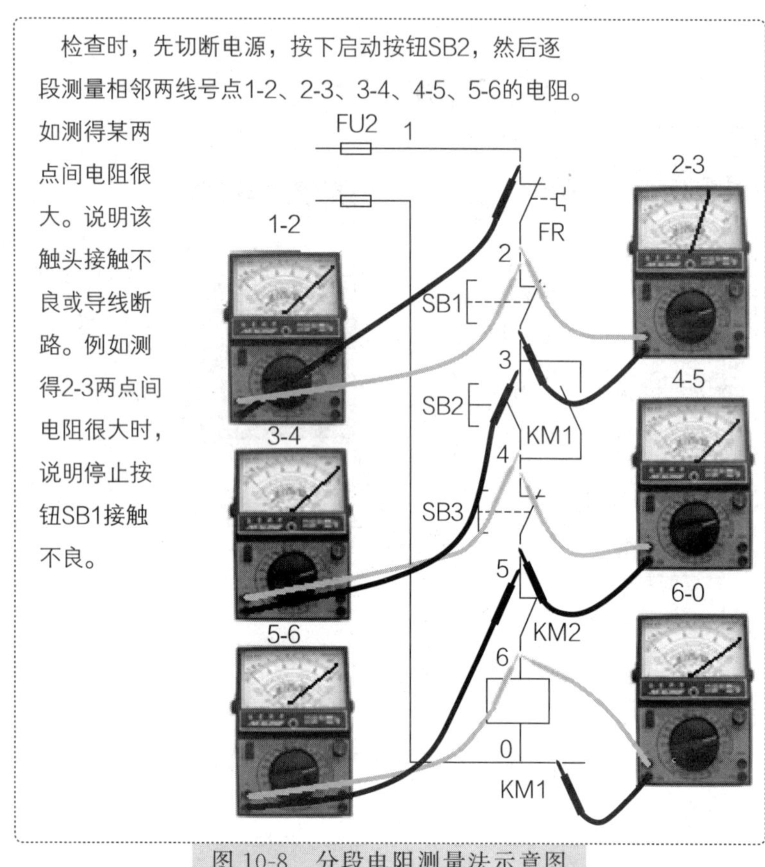
FU2
1
FR
2
SB1
3
SB2
KM1
4
SB3
5
KM2
6
0
KM1
1-2
3-4
5-6
2-3
4-5
6-0

图 10-8　分段电阻测量法示意图

提示!

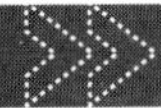

电阻法测量注意事项：

- 电阻测量法检查故障时一定要断开电源；
- 所测量电路如与其他电路并联，必须将该电路与其他电路断开，否则所测电阻值不准确。

10.2.2 使用万用表检测电动机

① 使用万用表检查绕组并联支路数 $a=1$ 的断路故障。对于星形接法的电机，使用万用表检测绕组的阻值如图 10-9 所示。

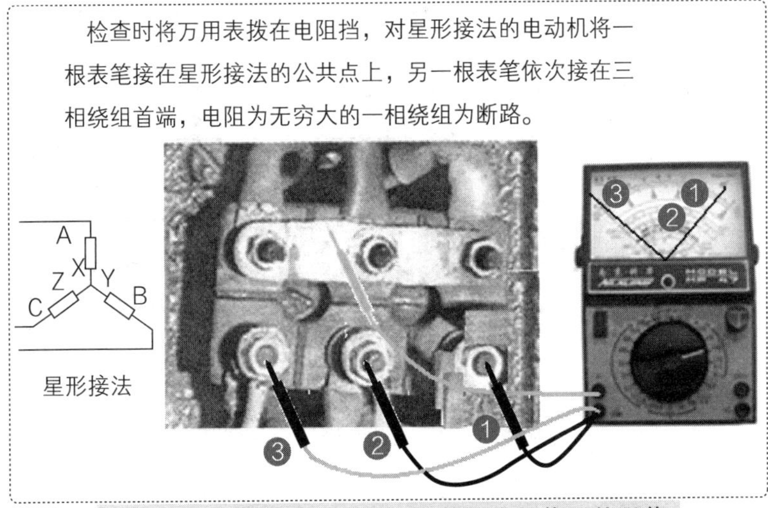

检查时将万用表拨在电阻挡，对星形接法的电动机将一根表笔接在星形接法的公共点上，另一根表笔依次接在三相绕组首端，电阻为无穷大的一相绕组为断路。
A
X
Z
Y
C
B
星形接法
③
①
②

图 10-9 使用万用表检测星形接法电机绕组的阻值

② 对三角形接法的电动机，使用万用表检测绕组的阻值如图 10-10 所示。

检查时将万用表拨在电阻挡，对三角形接法的电动机，先把三相绕组的连接片拆开后，再分别测量每相绕组，电阻为一定值时，正常。

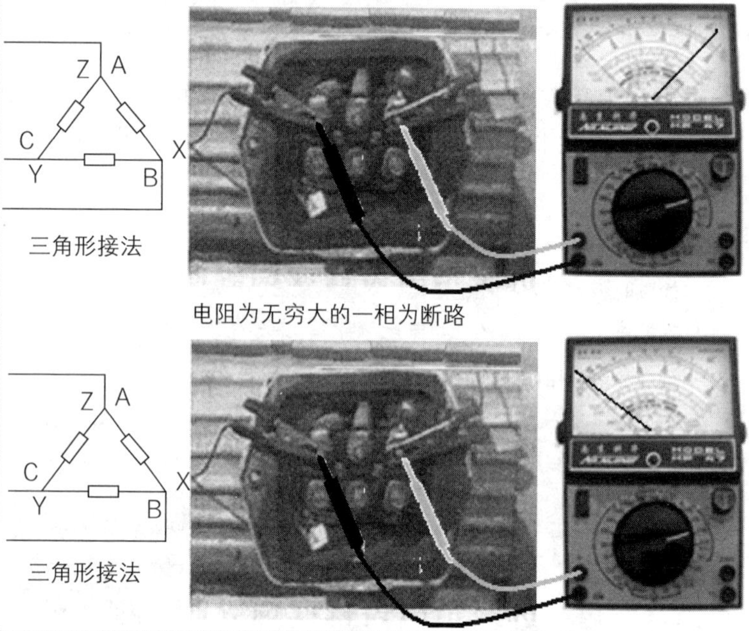

Z A C X Y B

三角形接法

电阻为无穷大的一相为断路

Z A C X Y B

三角形接法

图 10-10　使用万用表检测三角形接法的电动机绕组的阻值

参考文献

[1] 蔡建军主编．电工识图．北京：机械工业出版社，2006

[2] 高玉奎主编．维修电工问答．第2版．北京：机械工业出版社，2006

[3] 韩广兴等编著．电子产品调试技能上岗实训．北京：电子工业出版社，2008

[4] 韩广兴等编著．电子产品装配技能上岗实训．北京：电子工业出版社，2008

[5] 刘建清等编著．用万用表检测电子元器件与电路从入门到精通．北京：国防工业出版社，2008

[6] 辛长平．电气电工实用技术问答．北京：电子工业出版社，2005

[7] 宋健雄．实用电工问答．北京：高等教育出版社，2006

[8] 梅更华．实用电气维修与安装技术问答．北京：机械工业出版社，2005

[9] 宫德福．维修电工．北京：化学工业出版社，2001

[10] 沙占友 沙江著．数字万用表检测方法与应用．北京：人民邮电出版社，2004

[11] 赵广林编著．常用电子元件识别/检测/选用一读通．北京：电子工业出版社，2008